数据库技术项目化教程（基于MySQL）

新世纪高等职业教育教材编审委员会 组编
主 编 陈 彬
副主编 康 彦 何长龙 缪 华

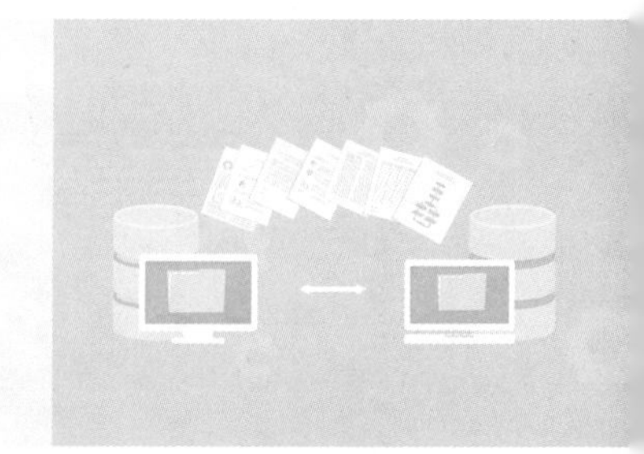

大连理工大学出版社

图书在版编目(CIP)数据

数据库技术项目化教程：基于 MySQL / 陈彬主编
. -- 2 版. --大连：大连理工大学出版社，2023.1(2025.1 重印)
新世纪高等职业教育计算机应用技术专业系列规划教材
ISBN 978-7-5685-3951-7

Ⅰ. ①数… Ⅱ. ①陈… Ⅲ. ①关系数据库系统—高等职业教育—教材 Ⅳ. ①TP311.132.3

中国版本图书馆 CIP 数据核字(2022)第 212080 号

大连理工大学出版社出版
地址：大连市软件园路 80 号　邮政编码：116023
营销中心：0411-84707410 84708842　邮购及零售：0411-84706041
E-mail：dutp@dutp.cn　URL：https://www.dutp.cn
辽宁星海彩色印刷有限公司印刷　　大连理工大学出版社发行

幅面尺寸：185mm×260mm　印张：18.5　字数：474 千字
2019 年 9 月第 1 版　　2023 年 1 月第 2 版
2025 年 1 月第 4 次印刷

责任编辑：高智银　　责任校对：李　红
封面设计：张　莹

ISBN 978-7-5685-3951-7　　定　价：58.80 元

前言

《数据库技术项目化教程(基于MySQL)》(第二版)是"十四五"职业教育国家规划教材、"十三五"职业教育国家规划教材,也是新世纪高等职业教育教材编审委员会组编的计算机应用技术专业系列规划教材之一。

党的二十大报告中指出,坚持面向世界科技前沿、面向经济主战场、面向国家重大需求、面向人民生命健康,加快实现高水平科技自立自强。数据库作为构建信息世界、数字世界的基础工具,是网络生态体系的安全基础。加强科技创新、加强自主研发,打破技术封锁、实现关键核心技术突破、填补我国数据库高端技术领域空白,建立起自主、创新、安全、可控的基础软硬件生态体系是发展我国网络信息产业的关键。

数据库技术是计算机技术领域中的重要组成部分,在互联网相关技术迅猛发展的今天,对各类海量信息进行存储成为一种基本的需求;而云计算、大数据、物联网、人工智能等新技术的崛起,也对信息的存储提出了更高的要求。可以说数据库技术已经成为当代信息社会的重要基础。

MySQL数据库是当今世界范围内最受欢迎的开源关系型数据库之一,其早期版本由瑞典MySQL AB公司开发,后该公司被美国Oracle公司收购。

MySQL数据库使用的SQL语言,是用于访问数据库的标准化语言。MySQL软件采用了两种授权政策,分为社区免费版和商业版,由于其安装体积小,运行速度快,总体拥有成本低,同时支持Linux/Windows平台,并且开放源码,因此绝大多数中小型网站都选择其作为网站数据库;在云计算、大数据、物联网、人工智能等新兴领域,MySQL数据库也得到了广泛应用。

为了便于读者迅速入门,本教材从实际出发,突出高等职业院校教学的特点,采用任务驱动的方式,注重基本知识的讲解、基本能力的培养。在分析实例的基础上,强化了实际操作,使读者具备解决问题的能力。本教材从MySQL数据库软件的安装配置开始,通过大量实例操作,系统而全面地介绍了数据库中数据的查询、修改、添加等操作,并对数据库中的事务、视图、触发器等部分进行了详细的介绍。

本教材包括 9 个项目:认识和体验数据库技术,掌握 MySQL 数据库的基础知识,认识并理解 MySQL 数据表的结构,在 MySQL 数据库中查询数据,在 MySQL 数据库表中插入、更新与删除数据,使用 MySQL 数据库中的函数,使用 MySQL 数据库的视图与触发器,认识 MySQL 的存储过程,认识 MySQL 数据库中的事务机制与锁机制。

本教材由安徽城市管理职业学院陈彬任主编,安徽城市管理职业学院康彦、何长龙、缪华任副主编,安徽城市管理职业学院宋小倩、张艳丽,安徽电子信息职业技术学院陈俊生,徽商职业学院沈宇杰,合肥中大检测技术有限公司何箭参与编写。具体编写分工如下:陈彬编写项目 2,康彦编写项目 8,何长龙编写项目 1,缪华编写项目 4,宋小倩编写项目 6,张艳丽编写项目 5,陈俊生编写项目 7,沈宇杰编写项目 9,何箭编写项目 3。由陈彬进行统稿审定。

在编写本教材的过程中,编者参考、引用和改编了国内外出版物中的相关资料以及网络资源,在此表示深深的谢意!相关著作权人看到本教材后,请与出版社联系,出版社将按照相关法律的规定支付稿酬。

由于时间仓促,再加上编者水平有限,书中难免有错误和疏漏之处,敬请广大读者批评指正。

编 者

所有意见和建议请发往:dutpgz@163.com

欢迎访问职教数字化服务平台:https://www.dutp.cn/sve/

联系电话:0411-84706671　84707492

目录

本书微课视频列表

(续表)

项目 1

认识和体验数据库技术

学习导航

知识目标

(1)了解什么是数据库。

(2)掌握什么是表、数据类型和主键。

(3)熟悉数据库的技术构成。

(4)熟悉什么是 MySQL。

(5)掌握在 Windows 下安装、配置和操作 MySQL。

素质目标

理解课程的意义和基本概念,构建对数据库课程的整体知识,了解我国科学家的科学探索精神,激发学生不断学习、精益求精的工匠精神。

技能目标

(1)掌握如何在 Windows 下安装 MySQL。

(2)掌握 MySQL 的配置和 MySQL 常用图形管理工具。

(3)掌握启动服务并登录 MySQL 数据库。

(4)掌握退出 MySQL 数据库。

(5)了解如何在 Linux 下安装和配置 MySQL。

任务列表

任务 1　认识数据库技术

任务 2　了解数据库的基本概念

任务 3　初识 MySQL 数据库软件

任务 4　了解 MySQL 数据库软件功能及特点

任务描述

MySQL 是一个跨平台的开源关系型数据库管理系统,广泛地应用在 Internet 上的中小型网站开发中。本项目介绍数据库的基础知识和 MySQL 的安装、配置和使用。通过本项目,读者可以了解数据库的基本概念、数据库的构成;可以了解 MySQL 在不同平台下的安装与配置过程;可以了解 MySQL 数据库的登录和退出。

任务实施

认识数据库技术

任务1 认识数据库技术

数据库技术是信息系统的一个核心技术,是一种计算机辅助管理数据的方法,它研究如何组织和存储数据,如何高效地获取和处理数据。

思政小贴士

20 世纪 70 年代末,以萨师煊为代表的老一辈科学家以一种强烈的责任心和敏锐的学术洞察力,率先在国内开展数据库技术的教学与研究工作。为推动我国数据库技术发展做出了开创性的贡献。

1.1 认识数据库系统的作用

数据库系统(DataBase System,DBS)是由数据库及其管理软件组成的系统。数据库用于存储数据,管理软件用于处理数据。

数据库(DataBase,DB)是一个长期存储在计算机内的、有组织的、共享的、统一管理的数据集合。

数据库管理系统(DataBase Management System,DBMS)是一种操纵和管理数据库的大型软件,用于建立、使用和维护数据库。它对数据库进行统一管理和控制,以保证数据库的安全性和完整性。用户通过 DBMS 访问数据库中的数据,数据库管理员也通过 DBMS 进行数据库维护工作。它可使多个用户同时访问数据库中的海量数据,并对这些数据进行查询、修改、添加及删除等操作。

数据库系统的出现是计算机应用的一个里程碑,它使得计算机应用从以科学计算为主扩展到可以兼顾数据处理,从而使计算机得以在各行各业乃至家庭普遍使用。

1.2 认识关系型数据库

关系型数据库是建立在关系模型基础上的数据库,借助于集合代数等数学概念和方法来处理数据库中的数据。它广泛采用了选择、投影、连接、并、交、差等基于数学运算的方法来实现对数据的存储和查询。用户可以用规范化的数据库操作语言在一个表或者多个表之间做非常复杂的数据查询。

关系型数据库的优点:采用二维表结构表示关系,易于理解;使用 SQL 语言,数据库操作方便;数据库具备原子性、一致性、隔离性、持久性,大大降低了数据冗余和数据不一致的概率,易于维护。

关系型数据库的缺点:在面对海量访问和查询时读写数据库慢,查询数据效率低;横向扩展难。目前常用的关系型数据库有 Oracle、DB2、Microsoft SQL Server、Microsoft Access、MySQL 等。

思政小贴士

我国阿里巴巴公司开发的 OceanBase、PolarDB 及腾讯公司开发的 TDSQL 等多种新型数据库系统陆续投入使用，为我国数据库技术的发展做出了积极的贡献。

1.3 认识非关系型数据库

非关系型数据库主要是建立在基于键值对（Key-Value）的对应关系上的数据库，表和表之间是分离的，没有复杂的表和表之间的关系，处理数据时不需要经过 SQL 层的解析，性能高。

非关系型数据库的优点：适应海量数据的增加和数据结构的变化，具有很高的并发读/写性能，在海量数据中能够实现快速查询。

非关系型数据库的缺点：它实际上是一种数据结构化存储方法的集合，不提供 SQL 语言支持，主要适用于海量存储，使用范围相对较窄；无事务处理，数据的安全性不高；较难实现多表联合查询和一些较复杂的查询。

目前常用的非关系型数据库有 MongoDB 等。

1.4 了解结构化查询语言 SQL

SQL（Structured Query Language）的含义是结构化查询语言。SQL 包含以下四个部分：

（1）数据定义语言（DDL）：DROP、CREATE、ALTER 等语句。

（2）数据操作语言（DML）：INSERT、UPDATE、DELETE 等语句。

（3）数据查询语言（DQL）：SELECT 语句。

（4）数据控制语言（DCL）：GRANT、REVOKE、COMMIT、ROLLBACK 等语句。

下面是一条 SQL 语句的例子，该语句声明创建一个名叫 student 的表：

```
CREATE TABLE student
(
    id       varchar(15),
    name     varchar(30),
    sex      char(1),
    birth    date,
    PRIMARY  KEY(id)
);
```

student 表包含 4 个字段，分别为 id、name、sex、birth，代表的属性分别是学号、姓名、性别、出生日期，其中 id 字段被定义为表的主键。

现在向 student 表添加一条记录，该记录中包含了一位学生的信息，其学号为 18010304001，姓名为张三，性别为男，出生日期为 2000-7-28，实现语句如下：

```
INSERT INTO student(id,name,sex,birth) VALUES(18010304001,张三,男,2000-7-28);
```

执行完该 SQL 语句之后，student 表中就会增加一行新记录，该记录中字段 id 的值为“18010304001”，name 字段的值为“张三”，sex 字段值为“男”，birth 字段值为“2000-7-28”。

如果需要在数据库中查询学号为 18010304001 的学生信息，实现语句如下：

```
SELECT * FROM student WHERE id = 18010304001;
```

上面简单列举了常用的 SQL 语句，在这里给读者一个直观的印象，后面的任务会详细介绍 SQL 知识。

任务 2　了解数据库的基本概念

数据库是由一批数据构成有序的集合,这些数据被存放在结构化的数据表里。数据表之间相互关联,反映了客观事物间的本质联系。数据库系统提供对数据的安全控制和完整性控制。本节将介绍数据库中的一些基本概念,包括数据库的定义、数据表的定义和数据类型等。

2.1 初步认识数据库

对于数据库,目前没有一个完全固定的定义。随着数据库历史的发展,定义的内容也在不断地变化,一种比较普遍的观点认为,数据库是一个长期存储在计算机内的、有组织的、共享的、统一管理的数据集合。它是一个按数据结构来存储和管理数据的计算机软件系统,即数据库包含两层含义:保管数据的"仓库",以及数据管理的方法和技术。

数据库的基本特点包括:实现数据共享,减少数据冗余;采用特定的数据类型;具有较高的数据独立性;具有统一的数据控制功能。

思政小贴士

自 1979 年起萨师煊老师发表了大量学术论文,涉及关系数据库理论、数据模型、数据库设计、数据库管理系统实现等诸多方面。他在艰苦的工作环境中忘我工作,践行了"为中华之崛起而读书"的理想信念。

2.2 认识数据库中的数据表

关系数据库用二维表来存储数据和操作数据的逻辑结构。它由纵向的列和横向的行组成,列被称为字段,表示一个属性。例如,学生信息包含学号、姓名、性别、出生日期等属性,于是在 student 表中设置了 id、name、sex、birth 来标记学号、姓名、性别、出生日期这些属性,student 表的各类属性被集中放在二维表的第一行,见表 1-1。

表 1-1　student 表的内容

id	name	sex	birth
18010304001	张三	男	2000-7-28
18010304002	周弱水	女	2001-2-20
18010304003	柯晨曦	女	1999-6-11

行被称为记录,是组织数据的单位,表示具体的一个实例。例如,student 表除去第一行,其他任意一行,都表示一个具体的学生的信息。

二维表中的记录和属性原则上都是不可再分的,且通常来说记录是不分前后顺序的。二维表在生活中应用广泛,例如成绩单、工资表、人员花名册、价格表、物料清单等。

2.3 认识数据类型

二维表的属性通过数据类型和域进行约束。例如姓名必须是字符且不超过 30 个字符,成绩不能低于 0 分等。

数据类型决定了数据在计算机中的存储格式和所能进行的操作。例如，整数类型数据123，代表的意义是壹佰贰拾叁，可以进行加减乘除四则运算，字符串类型数据“123”，代表的含义是由字符 1、2、3 绑定在一起形成的一组字符，不能进行加减乘除四则运算。常用的数据类型有：整数数据类型、浮点数数据类型、精确小数数据类型、二进制数据类型、日期/时间数据类型、字符串数据类型。设置字段的数据类型需要结合实际情况，例如，student 表中“name”（姓名）字段应该设置为字符型，“sex”（性别）应该设置为字符型，且取值范围为“男”或者“女”，“birth date”（出生日期）应该设置为日期型。

思政小贴士

信息系统中的部分数据可以使用多种数据类型，具体选择使用哪种才能精准高效，就需要我们秉承精益求精、一丝不苟的工作态度去研究。

2.4 认识数据表中的主键

主键（Primary Key），用于唯一地标识表中的每一条记录。可以定义表中的一个或多个字段为主键，主键列上不能有两行相同的值，也不能为空值。例如，student 表中，“id”（学号）作为数据表的主键，因此学号不重复且不为空，通过学号可以准确找到某一个具体学生。“name”（姓名）不能作为主键，因为现实中可能出现多个学生姓名相同的情况，此时就无法通过姓名准确找到某个具体学生。

当一个字段无法唯一标识表中的每一条记录时，就需要将几个字段联合起来设置为主键，例如，图书借阅表中一个学号的学生可能借阅了多本书籍，也可能一本书被多名学生借阅过，此时仅以“学号”或“图书编号”字段来作为主键就不合适了，需要将“学号”“图书编号”联合起来设置为主键。

思政小贴士

每个字段代表的意义、使用的场景都要充分调研，正所谓“调查研究是谋事之基、成事之道。没有调查，就没有发言权”。以用户为中心、深入开展调查研究才能设计出合理的数据库。

任务 3 初识 MySQL 数据库软件

MySQL 是一种开放源代码的关系型数据库管理系统，使用结构化查询语言（SQL）进行数据库管理。MySQL 数据库是开源软件，具有规模小、速度快、免费使用的特点，提供的功能对稍微复杂的应用来说已经够用，这些特性使得 MySQL 成为世界上最受欢迎的开放源代码数据库。下面将介绍 MySQL 的特点。

3.1 认识客户端/服务器软件

客户端/服务器（Client/Server）结构简称 C/S 结构，是一种网络架构，通常在该网络架构下软件分为客户端（Client）和服务器（Server）。

服务器是整个应用系统资源的存储与管理中心，多个客户端则各自处理相应的功能，共同实现完整的应用。在客户端/服务器结构中，客户端用户的请求被传送到数据库服务器，数据库服务器进行处理后,将结果返回给用户,从而减少了网络数据传输量。

用户使用应用程序时,首先启动客户端,通过有关命令告知服务器进行连接以完成各种操作,而服务器则按照此请求提供相应的服务。每一个客户端软件的实例都可以向一个服务器或应用程序服务器发出请求。这种系统的特点就是,客户端和服务器程序不在同一台计算机上运行,这些客户端和服务器程序通常归属不同的计算机。

移动设备中的各种 App 是典型 C/S 结构,例如通过手机淘宝进行网购,用户安装的淘宝 App 相当于客户端,组成淘宝网站的计算机、数据库和应用程序就是服务器端。用户通过手机淘宝 App 向淘宝网服务器提出查询物品的请求,淘宝网服务器接收到请求后从淘宝网的数据库中找出符合请求的信息,再发送给用户的手机淘宝 App。用户的手机淘宝 App 将接收到的信息进行解析,然后以适当的形式展现。

服务器端一般使用高性能的服务器并配合使用不同类型的数据库,比如 Oracle、Sybase 和 MySQL 等。客户端需要安装专门的软件,比如专门开发的各类 App 等。

3.2 了解 MySQL 软件的版本

针对不同用户,MySQL 分为社区版和企业服务器版,MySQL Community Server(社区版服务器)完全免费,但是官方不提供技术支持。MySQL Enterprise Server(企业版服务器),它能够以很高的性价比为企业提供数据仓库应用,支持 ACID 事务处理,提供完整的提交、回滚、崩溃恢复和行级锁定功能。但是该版本需付费使用,官方提供技术支持。

MySQL 的命名机制由 3 个数字和 1 个后缀组成,例如:MySQL-8.0.17。其中,第 1 个数字 8 是主版本号,描述了文件格式,所有版本为 8 的发行版都有相同的文件格式;第 2 个数字 0 是发行级别,主版本号和发行级别组合在一起便构成了发行序列号;第 3 个数字 17 代表了此发行系列的版本号,随每次新分发版本递增。通常选择已经发行的最新版本。

通常,MySQL 数据库软件同时存在多个版本系列,当前 MySQL 5.7 仍为主流版本,MySQL 8.0 市场的占有率将逐渐提升。

思政小贴士

MySQL 数据库历经多个版本持续的改进提升,最终才成为比较完善的版本,信息技术专业领域的研究要有久久为功的精神和追求完美的意识。

3.3 了解 MySQL 软件的特点

MySQL 的主要优势如下:运行速度快;开放源代码,提供免费版本;容易使用;能够工作在 Windows、Linux、Mac OS 等众多系统平台上,易于移植;提供了用于 C、C++、Eiffel、Java、Perl、PHP、Python、Ruby 等语言的 API,接口丰富;MySQL 可以利用标准 SQL 语法和支持 ODBC(开放式数据库连接)的应用程序;灵活和安全的权限和密码系统保证了密码安全;由于 MySQL 数据库软件通常是网络化安装的,因此可以在互联网上的任何地方访问,提高了数据共享的效率。

思政小贴士

云计算和开源数据库(特别是 MySQL)的发展让我国的数据库实现了弯道超车,IT 人要保持主动学习心态,及时更新知识储备,与时俱进。

任务 4 了解 MySQL 数据库软件功能及特点

MySQL 数据库一般是安装在服务器上的，在客户端进行连接，然后进行一些添加、删除、修改和查询操作。接下来分服务器端和客户端来介绍一下 MySQL 的实用工具。

4.1 了解 MySQL 数据库的实用工具

MySQL 服务器端实用工具(这些程序通常被位于 MySQL 数据库软件安装目录的 bin 子目录下。例如在 Windows 系统上，如果 MySQL 被安装在"C:\MySQL57\"目录下，则实用工具程序通常在"C:\MySQL57\bin"子目录下)如下：

(1)mysqld：MySQL 后台程序(MySQL 服务器进程)。只有运行该程序之后，数据库服务器端进程才会启动，客户端才能通过连接服务器来访问数据库。

(2)mysqld_safe：服务器启动脚本。在 Linux 和 NetWare 中推荐使用 mysqld_safe 来启动 MySQL 服务器。mysqld_safe 增加了一些安全特性，例如当出现错误时重启服务器并向错误日志文件写入运行时间信息。

(3)mysql. server：服务器启动脚本。在 Linux 中的 MySQL 分发版包括 mysql. server 脚本。该脚本用于使用包含为特定级别的、运行启动服务的脚本的、运行目录的系统。它调用 mysqld_safe 来启动 MySQL 服务器。

(4)mysqld_multi：服务器启动脚本，可以启动或停止系统上安装的多个服务器。

(5)myisamchk：用来描述、检查、优化和维护 MyISAM 表的实用工具。

(6)mysqlbug：MySQL 数据库的缺陷报告脚本。它可以用来向 MySQL 邮件系统发送缺陷报告。

(7)mysql_install_db：通常用于 Linux 系统，该脚本用默认权限创建 MySQL 授权表。通常只是在系统上首次安装 MySQL 时执行一次。

MySQL 客户端实用工具程序如下：

(1)myisampack：压缩 MyISAM 表以产生更小的只读表的一个工具。

(2)mysql：交互式输入 SQL 语句或从文件以批处理模式执行它们的命令行工具。

(3)mysqlaccess：检查访问主机名、用户名和数据库组合权限的脚本。

(4)MySQLadmin：执行管理操作的客户程序，例如创建或删除数据库，重载授权表，将表刷新到硬盘上，以及重新打开日志文件。MySQL admin 还可以用来检索版本、进程，以及服务器的状态信息。

(5)mysqlbinlog：从二进制日志读取语句的工具。在二进制日志文件中包含执行过的语句，可用来帮助系统从崩溃中恢复。

(6)mysqlcheck：检查、修复、分析以及优化表的表维护客户程序。

(7)mysqldump：将 MySQL 数据库转储到一个文件(例如 SQL 语句或 Tab 分隔符文本文件)的客户程序。

(8)mysqlhotcopy：当服务器在运行时，快速备份 MyISAM 或 ISAM 表的工具。

(9)mysqlimport：使用 LOAD DATA INFILE 将文本文件导入相关表的客户程序。

(10)mysqlshow:显示数据库、表、列以及索引相关信息的客户程序。

(11)perror:显示系统或 MySQL 错误代码含义的工具。

4.2 MySQL 数据库的安装(Windows、Linux 系统)

安装 MySQL 数据库软件,可以使用图形化的安装包,图形化界面下的安装包(用于 Windows 系统)提供了详细的安装向导,通过向导,读者可以一步一步地完成对 MySQL 的安装。本节将主要介绍使用图形化安装包安装 MySQL 的步骤。

4.2.1 在 Windows 平台下安装 MySQL

在 Windows 平台下安装 MySQL

安装之前,首先要确定 Windows 操作系统是 32 位还是 64 位,安装相应版本的 MySQL 数据库软件,Windows 可以将 MySQL 主程序作为一项系统服务来运行,在安装时需要具有系统的管理员权限。

Windows 平台下提供两种安装方式:MySQL 二进制分发版(.msi 安装文件)和免安装版(.zip 压缩文件)。一般来讲,应当使用二进制分发版,因为该版本比其他的分发版使用起来要简单,不需要其他软件就可以运行 MySQL。这里,在 Windows 10 平台上选用图形化的二进制安装方式,其他 Windows 平台上安装过程也基本相同。

(1)下载 MySQL 数据库软件的安装文件

步骤 1:打开 IE 浏览器,在地址栏中输入以下网址(MySQL 数据库软件的官方网站):

http://dev.mysql.com/downloads/installer/,单击 Looking for previous GA versions? 。打开下载页面,选择 mysql-installer-community-5.7.27.0.msi,单击右侧【Download】按钮开始下载(图 1-1)。

Generally Available (GA) Releases

MySQL Installer 5.7.27

Select Version:
5.7.27

Select Operating System:
Microsoft Windows

Looking for the latest GA version?

Windows (x86, 32-bit), MSI Installer (mysql-installer-web-community-5.7.27.0.msi)	5.7.27	18.5M	Download MD5: 12cdd52e35d488c3860c0ed0da8799b2 | Signature
Windows (x86, 32-bit), MSI Installer (mysql-installer-community-5.7.27.0.msi)	5.7.27	424.6M	Download MD5: ec83269caea3bd1c44f59bc1513382bb | Signature

We suggest that you use the MD5 checksums and GnuPG signatures to verify the integrity of the packages you download.

图 1-1　MySQL 安装文件下载页面

提示:mysql-installer-community-5.7.27.0.msi 是 MySQL 社区线下安装版,供用户下载后进行安装使用;mysql-installer-web-community-5.7.27.0.msi 是 MySQL 社区在线安装版,用户应在一台连接到国际互联网且安装了 Windows 操作系统的计算机上,先下载此文件,然后运行该文件进行在线安装。

步骤 2：在弹出的页面(图 1-2)中提示开始下载，单击【Login】按钮。

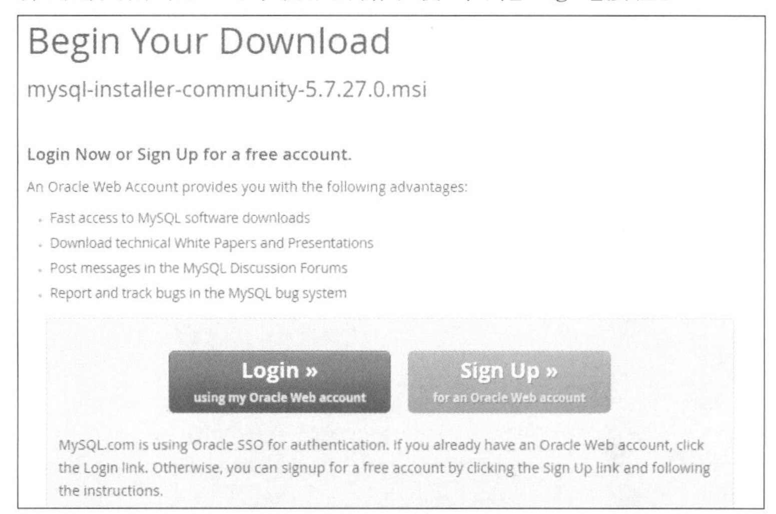

图 1-2　MySQL 下载提示页面

步骤 3：输入 Oracle 帐户用户名和密码，单击【登录】按钮，如果没有 Oracle 帐户，需要先创建帐户，如图 1-3 所示。

图 1-3　登录 Oracle 帐号

在下载页面(图 1-4)中单击【Download Now】按钮，即可开始下载。

图 1-4　开始下载

(2)安装 MySQL 5.7

MySQL 下载完成后，找到下载文件，双击进行安装，具体操作步骤如下：

步骤 1：双击下载的 mysql-installer-community-5.7.27.0.msi 文件，打开“License Agreement”(用户许可证协议)窗口，选中“I accept the license terms”(我接受许可协议)复选框，单击【Next】按钮(图 1-5)。

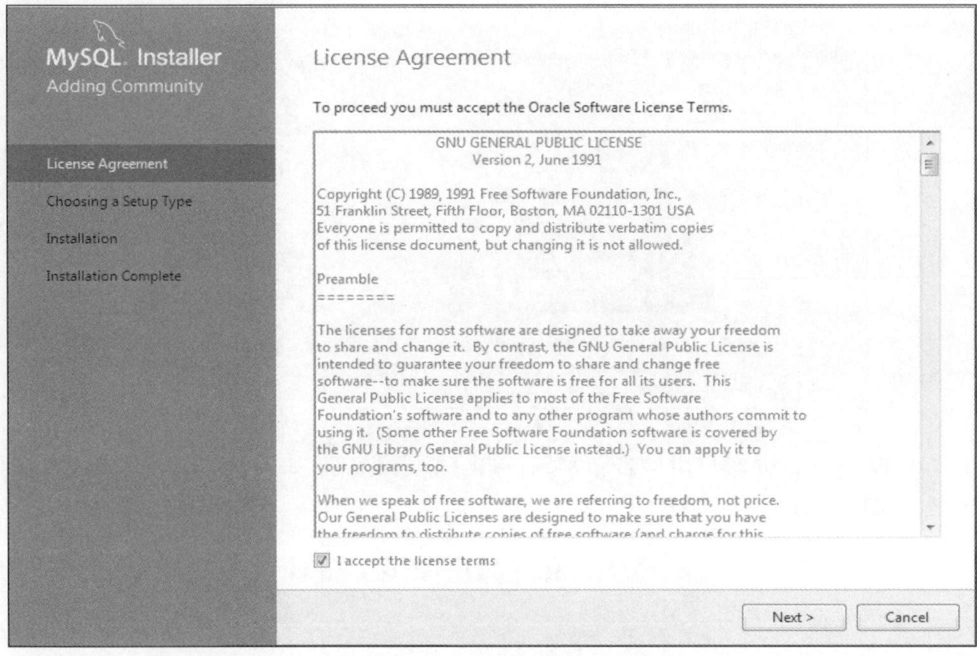

图 1-5　接受 MySQL 数据库软件的用户协议

步骤 2：打开“Choosing a Setup Type”(安装类型选择)窗口，在其中列出了 5 种安装类型，分别是：Developer Default(默认安装类型)、Server only(仅作为服务器)、Client only(仅作为客户端)、Full(完全安装)和 Custom(自定义安装类型)。这里选择“Developer Default”(默认安装类型)单选按钮，单击【Next】按钮(图 1-6)。

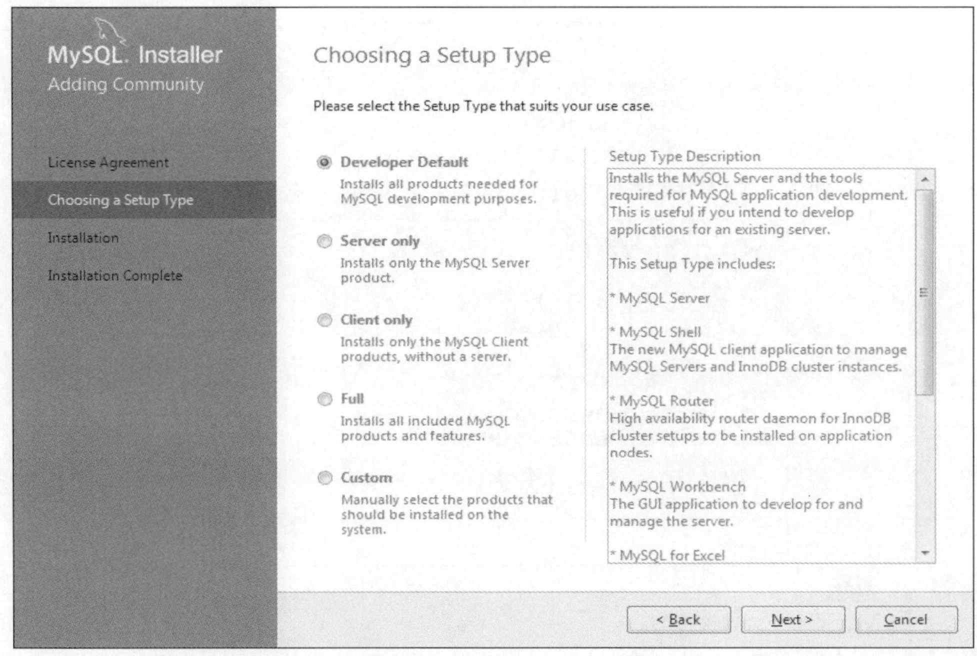

图 1-6　选择 MySQL 数据库软件的安装类型

步骤 3：打开“Check Requirements”(检查必要配置)窗口。本步骤是检查当前系统是否安装了满足 MySQL 正确运行的所有应用程序(按照提示将所有支撑 MySQL 运行的必备应用程序安装完毕)，单击【Execute】按钮(图 1-7)。

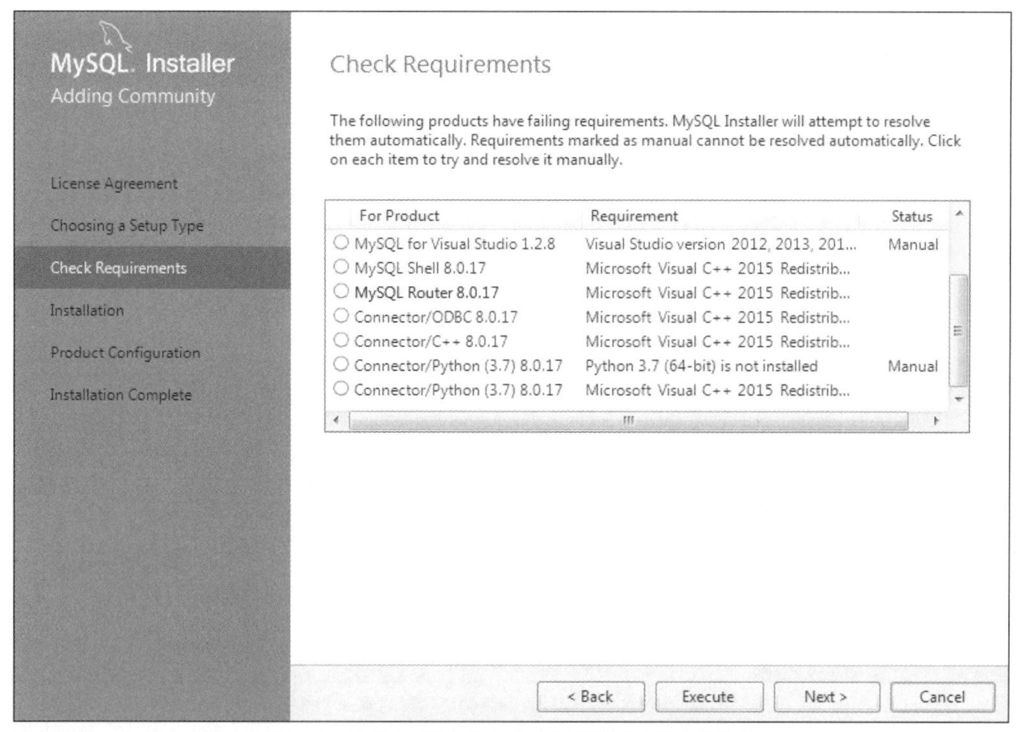

图 1-7 检查 MySQL 数据库软件安装所需的应用程序

步骤 4：系统自动安装 MySQL 各项应用程序(图 1-8)，当 MySQL 各项应用程序“Status”是“Complete”时(图 1-9)，安装工作完成，单击【Next】按钮，将进入配置环节。

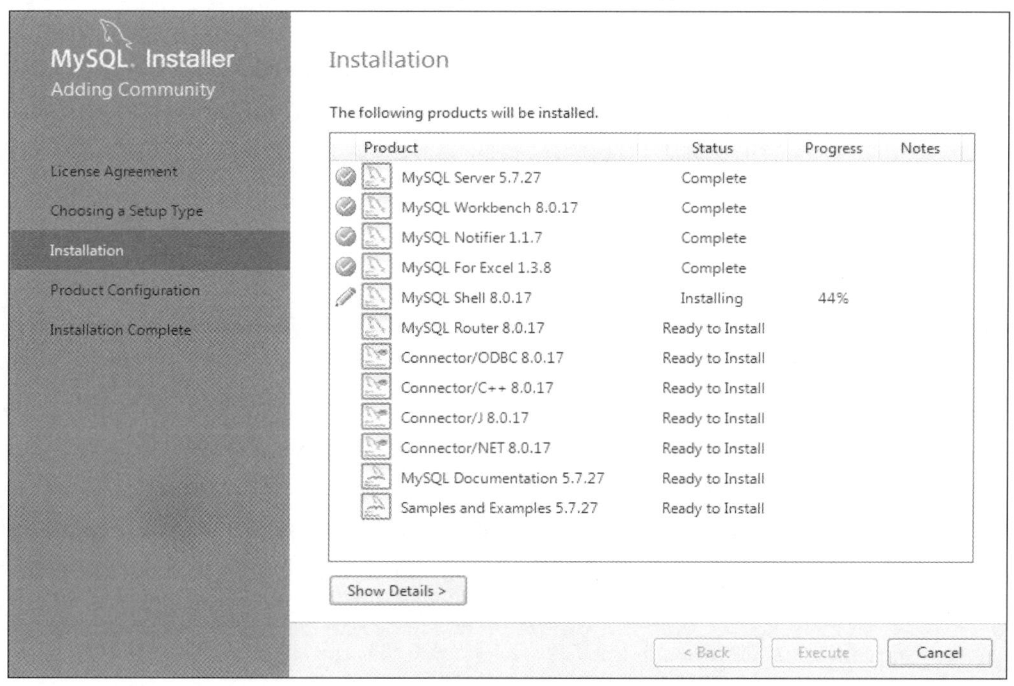

图 1-8 MySQL 数据库软件安装过程中各项应用程序的状态

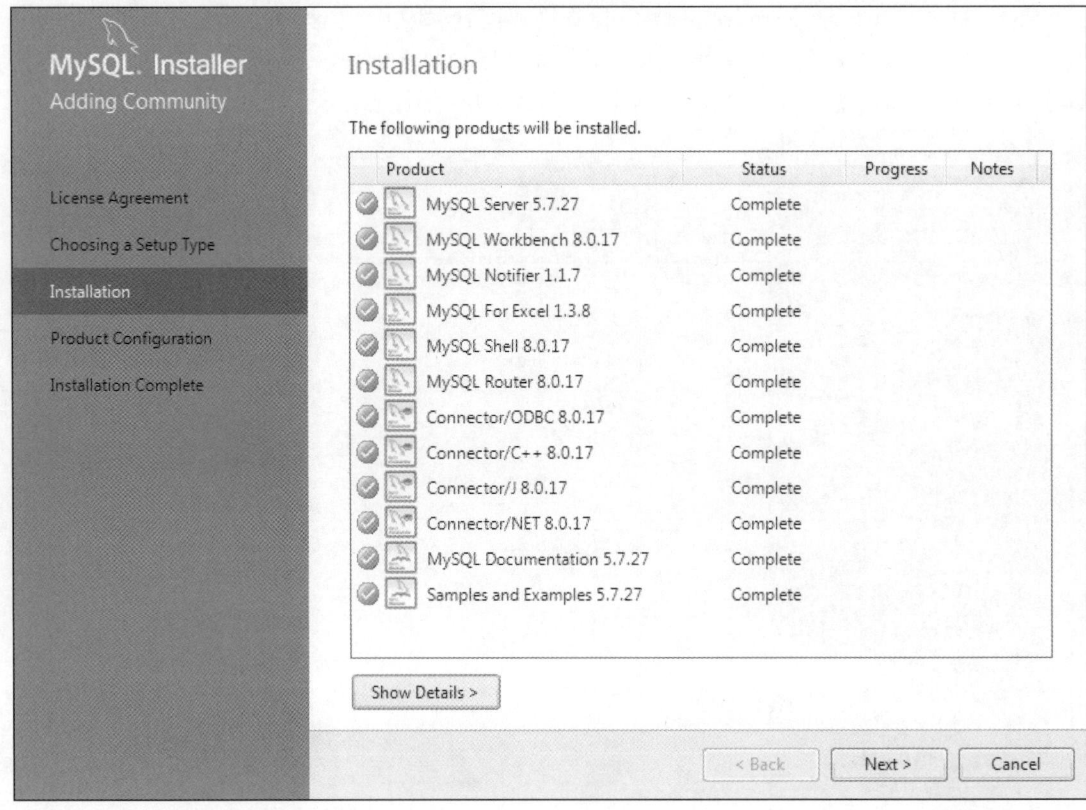

图 1-9　MySQL 数据库中各项应用程序安装完毕

4.2.2　在 Linux 平台下安装 MySQL

Linux 操作系统有众多的发行版，不同的平台上需要安装不同的 MySQL 版本，MySQL 主要支持的 Linux 版本有 SUSE Linux Enterprise Server 和 Red Hat Enterprise Linux。本节将介绍 Red Hat Enterprise Linux 平台下的 MySQL 的安装过程。

步骤 1：进入下载页面 http://dev.mysql.com/downloads/mysql/下载 RPM 安装包。在"Select Operating System"下拉列表中选择"Red Hat Enterprise Linux/oracle Linux"(图 1-10)，在"Download Packages"选区中选择"Red Hat Enterprise Linux 7 / Oracle Linux 7 (x86，64-bit)，RPM Bundle"，单击【Download】按钮，下载安装包。

步骤 2：下载完成后，解压下载的 tar 包。

```
[root@localhost share]# tar - xvf mysql-5.7.27-1.el7.x86_64.rpm-bundle.tar
```

提示：tar 是 Linux 系统上的一个打包工具，通过 tar -help 查看 tar 使用帮助。可以看到，解压出来的文件有 6 个。

(1)mysql-community-client-5.7.27-1.el7.x86_64.rpm 是客户端安装包。

(2)mysql-community-server-5.7.27-1.el7.x86_64.rpm 是服务端安装包。

(3)mysql-community-devel-5.7.27-1.el7.x86_64.rpm 是含开发用的库文件安装包。

(4)mysql-community-libs-5.7.27-1.el7.x86_64.rpm 是含 MySQL 的库文件安装包。

(5)mysql-community-test-5.7.27-1.el7.x86_64.rpm 是一些测试安装包。

(6)mysql-community-embedded-5.7.27-1.el7.x86_64.rpm 是嵌入式 MySQL 安装包。

图 1-10　下载 Linux 版本的 MySQL 安装包

一般情况下，只需要安装客户端和服务端两个包，如果需要进行 MySQL 相关开发工作，请安装 MySQL-devel-5.7.10-1.rhel5.i386.rpm。

步骤 3：用"su -root"命令切换到 root 用户，安装 MySQL Server 5.7。

```
[root@localhost share]$ su -root
[root@localhost share]# rpm - ivh mysql-community-server-5.7.27-1.el7.x86_64.rpm
```

按照提示，执行"usr/bin/mysqladmin -u root password 'new-password' "可以更改 root 用户密码。

步骤 4：启动服务，输入命令如下：

```
[root@localhost share]# service mysql restart
```

MySQL 服务的操作命令是：

service mysql start | stop | restart | status。

start、stop、restart、status 这几个参数的意义如下：

start　　启动服务。

stop　　停止服务。

restart　重启服务。

status　　查看服务状态。

步骤 5：安装客户端，输入命令如下：

```
[root@localhost share]# rpm -ivh mysql-community-client-5.7.27-1.el7.x86_64.rpm
```

步骤 6：安装成功之后，使用命令行登录：

```
[root@localhost share]# mysql -u root -h localhost
```

接下来就可以对 MySQL 数据库进行操作了。建议初学者在熟练使用 Linux 系统后再安装 Linux 版本 MySQL。

4.3 MySQL 数据库的配置

MySQL 安装完毕之后,需要对服务器进行配置(Windows 平台),具体的配置步骤如下:

步骤 1:进入服务器配置窗口,首先进行组件确认(图 1-11),之后单击【Next】按钮。

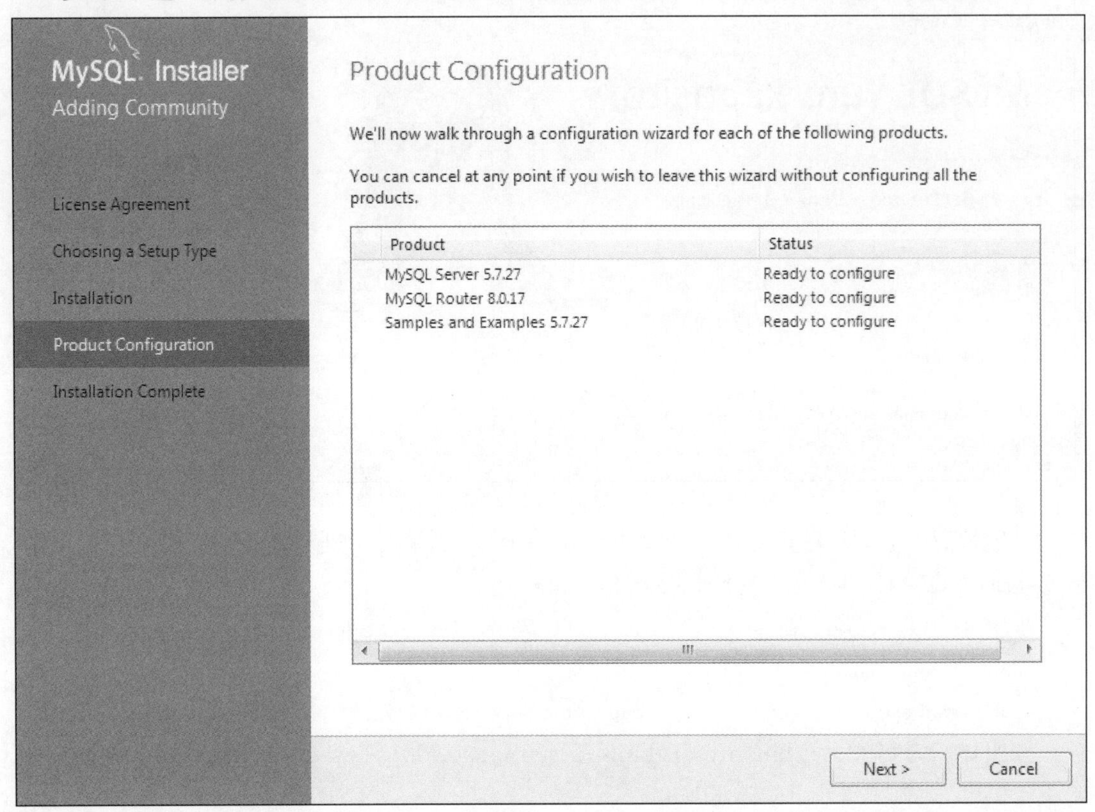

图 1-11 配置 Windows 系统中 MySQL 数据库软件的组件

步骤 2:进入配置 MySQL 数据库的高可用性窗口(图 1-12),采用默认设置,单击【Next】按钮进入"Type and Networking"窗口(图 1-13),在"Type and Networking"窗口中采用默认配置,单击【Next】按钮。

MySQL 服务器"Config Type"配置窗口中有 3 个选项(图 1-14),具体含义如下:

Development Computer(开发机器):该选项代表个人用桌面工作站。假定机器上运行着多个桌面应用程序。将 MySQL 服务器配置成使用最少的系统资源。

Server Computer(服务器):该选项代表服务器,MySQL 服务器可以同其他应用程序一起运行,例如 FTP、E-mail 和 Web 服务器。

Dedicated Computer(专用服务器):该选项代表只运行 MySQL 服务的服务器。假定没有运行其他服务程序,MySQL 服务器使用本服务器上所有可用的系统资源。

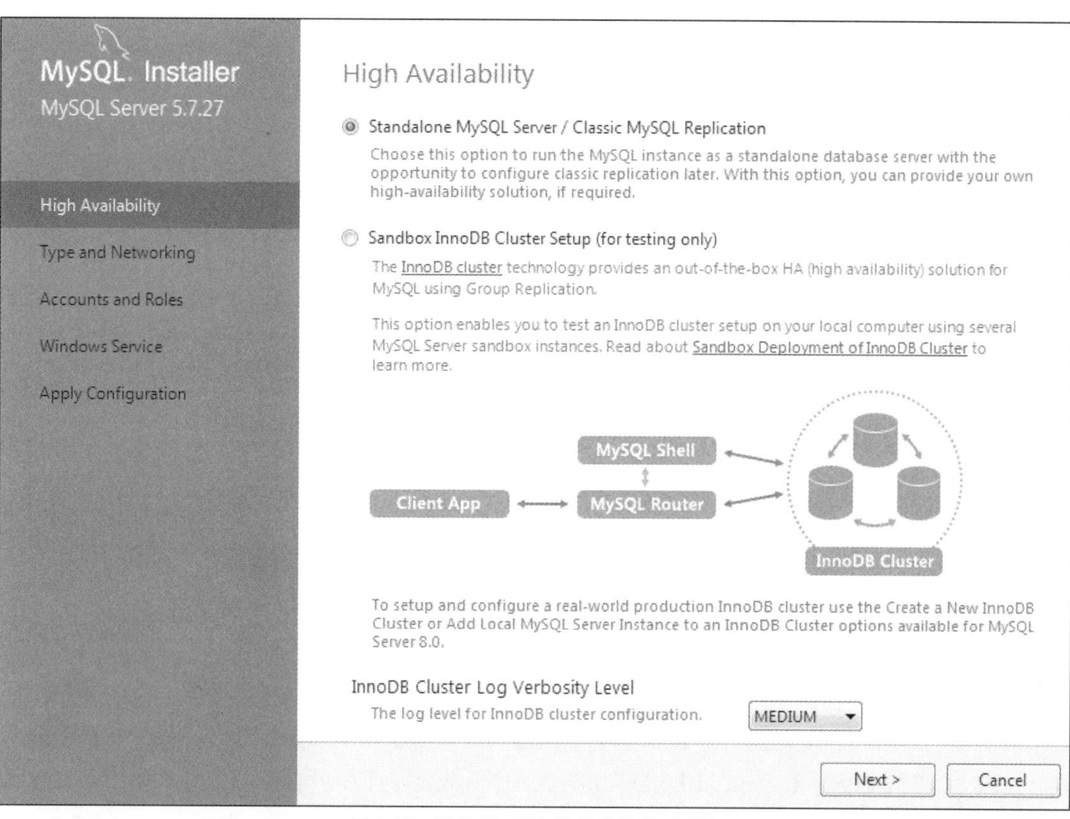

图 1-12　配置 MySQL 数据库的高可用性

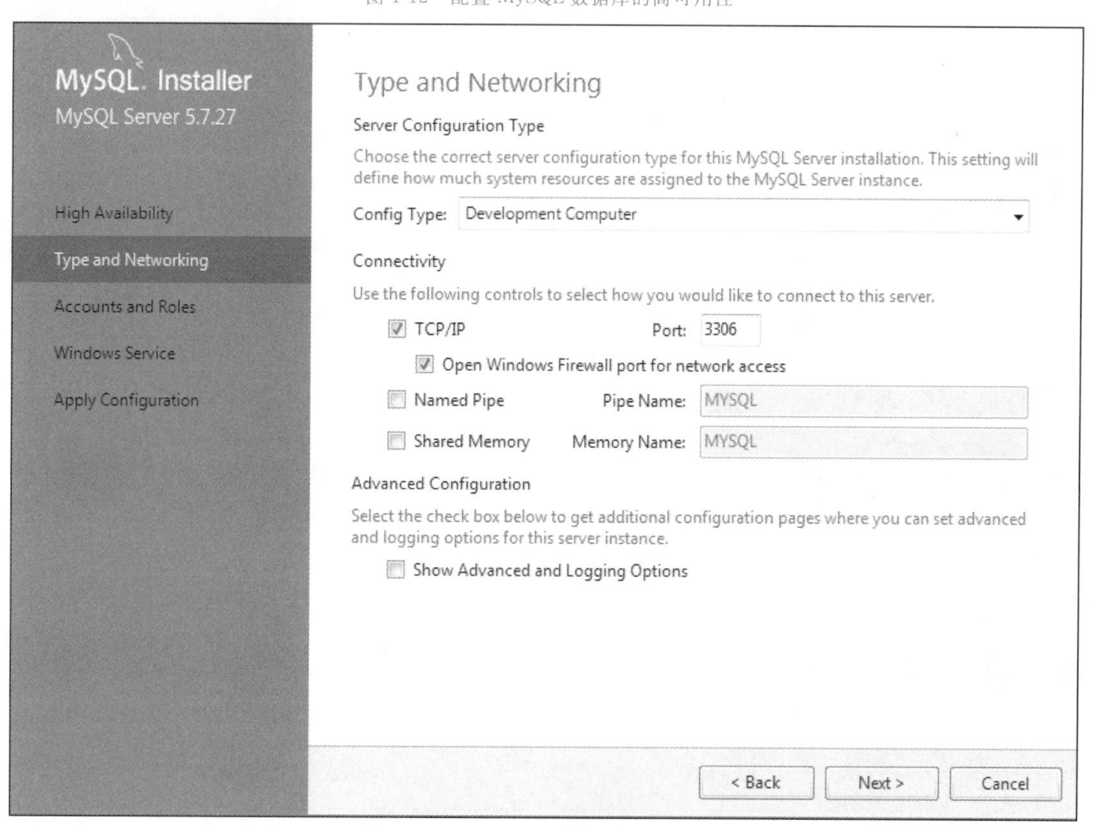

图 1-13　配置 MySQL 数据库的网络功能

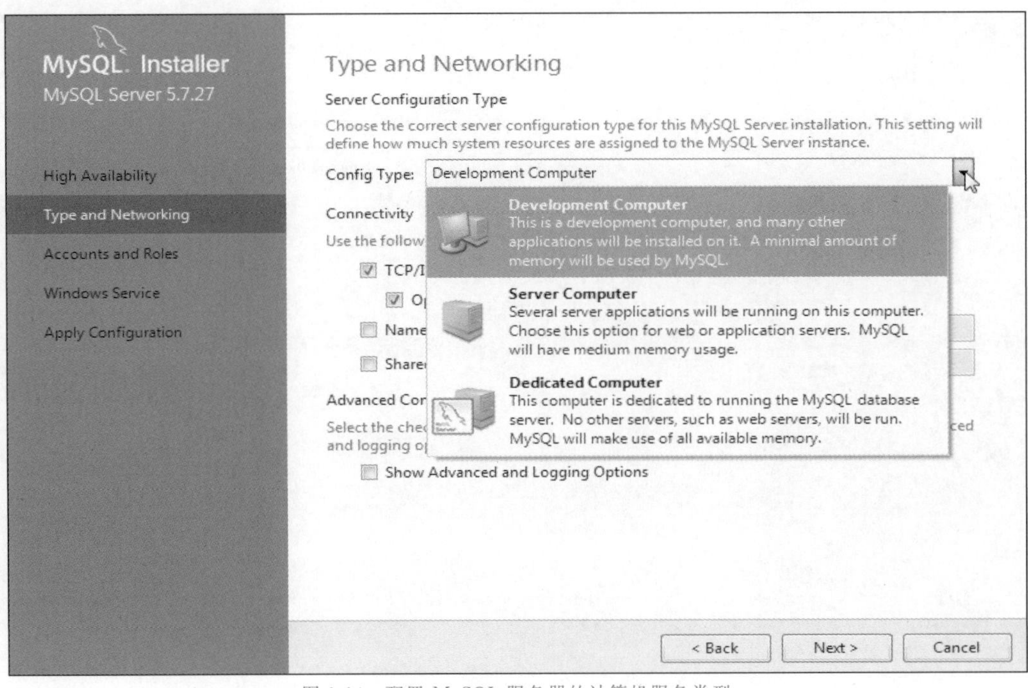

图 1-14　配置 MySQL 服务器的计算机服务类型

步骤 3:打开设置服务器的密码窗口,重复输入两次同样的登录密码后,完成登录密码设置(图 1-15),单击【Next】按钮(如果想添加其他用户,先单击【Add User】按钮完成添加,再单击【Next】按钮)。

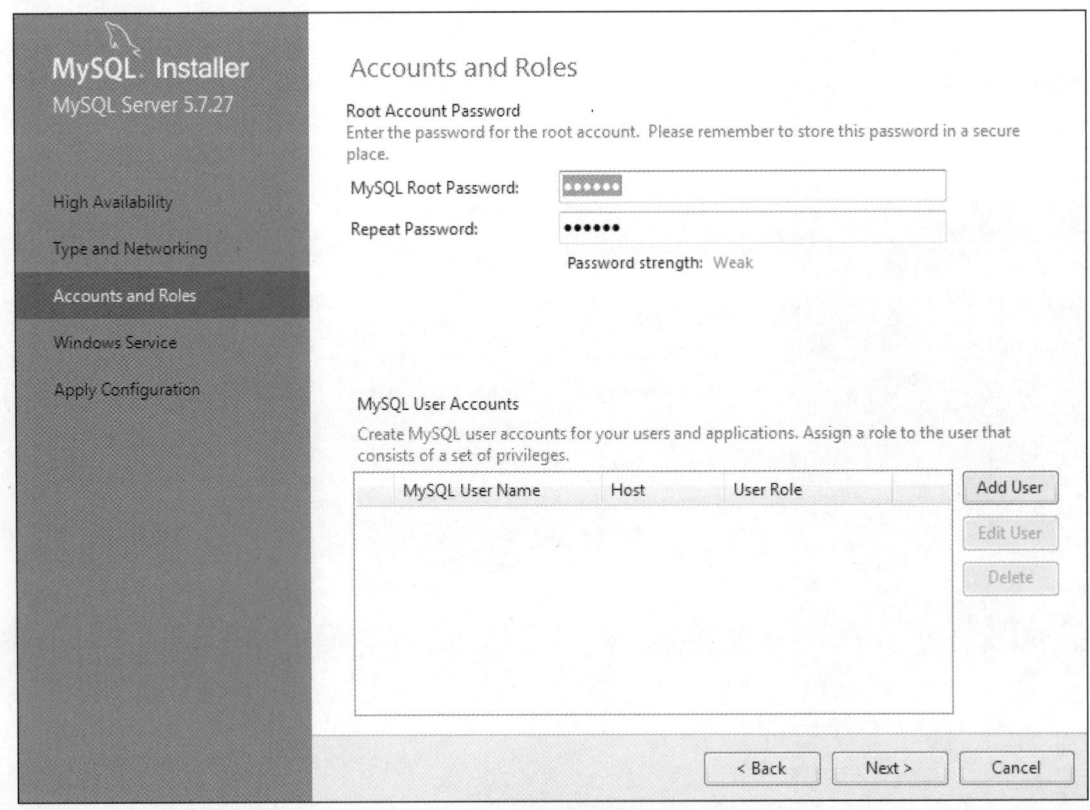

图 1-15　配置 MySQL 数据库的用户帐户和角色

步骤 4：打开设置服务器名称窗口，本案例设置服务器名称为“MySQL57”(图 1-16)。单击【Next】按钮。

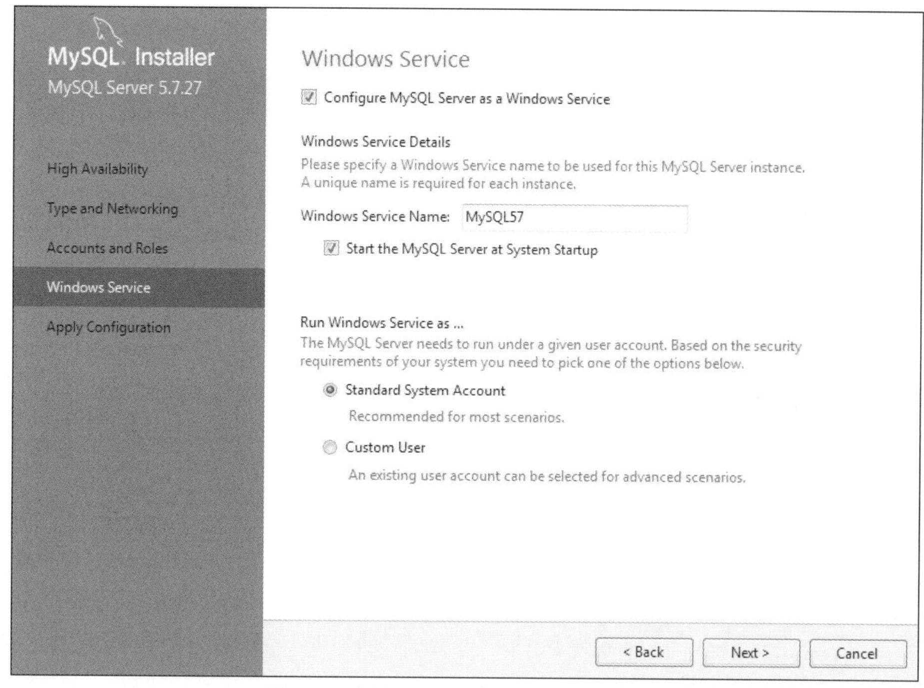

图 1-16　配置 MySQL 为 Windows 系统服务

步骤 5：打开确认设置服务器窗口(图 1-17)，单击【Execute】按钮。

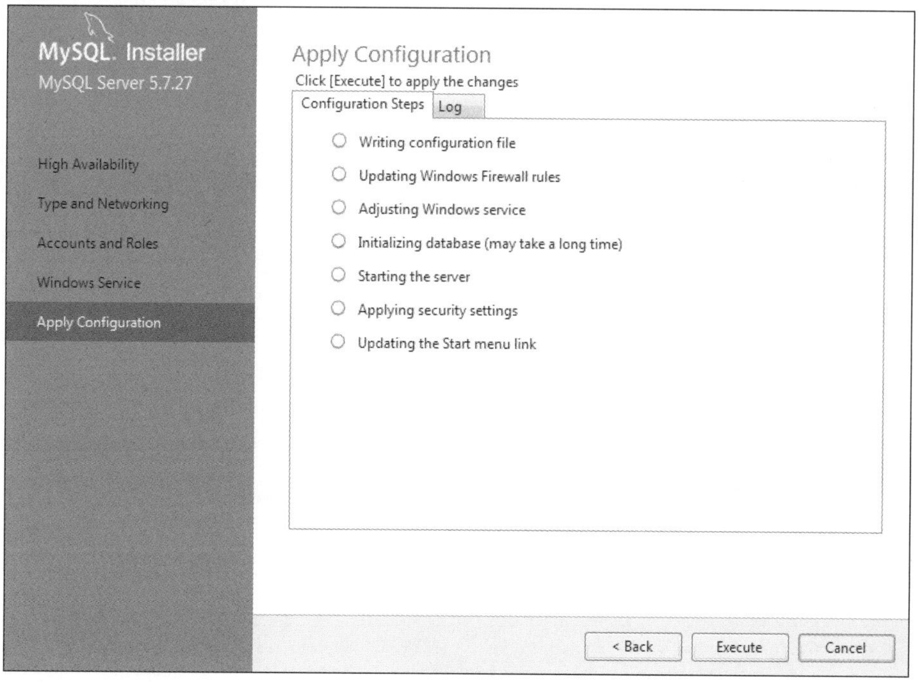

图 1-17　启用所有配置好的选项

步骤 6：系统自动配置 MySQL 服务器。配置完成后，单击【Finish】按钮，即可完成服务器的配置(图 1-18)。至此，已完成了在 Windows 操作系统下安装 MySQL 的操作。

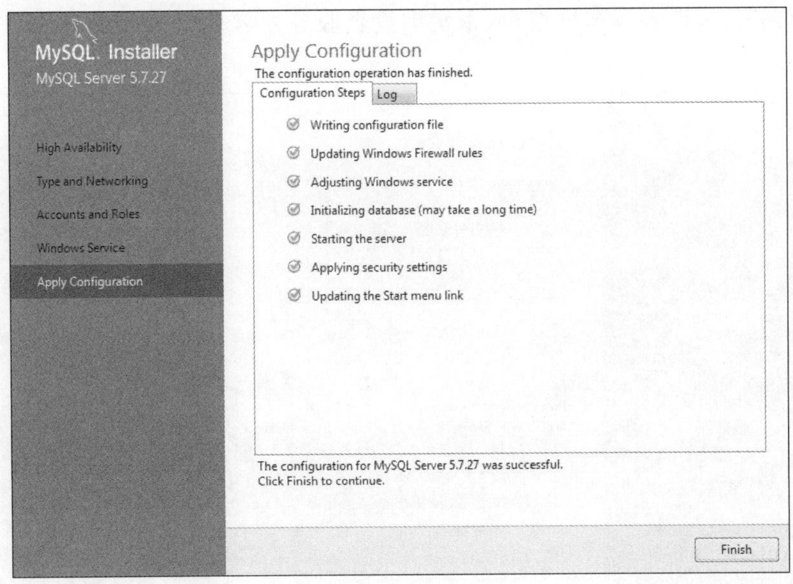

图 1-18 完成所有配置

4.4 连接到 MySQL 服务器

连接到 MySQL 服务器

MySQL 安装完毕之后，需要启动服务器进程，不然客户端无法连接数据库。客户端通过命令行工具登录数据库。本节将介绍如何启动 MySQL 服务器和登录 MySQL 的方法。

1. 启动 MySQL 服务

在前面的配置过程中，已经将 MySQL 安装为 Windows 服务，当 Windows 启动、停止时，MySQL 也自动启动、停止。用户还可以使用图形服务工具来控制 MySQL 服务器或从命令行使用“net”命令。下面通过 Windows 的服务管理器查看 MySQL 进程，具体的操作步骤如下：

步骤 1：单击“开始”菜单，在搜索框中输入“services. msc”，按回车键确认。打开服务窗口，如图 1-19 所示。

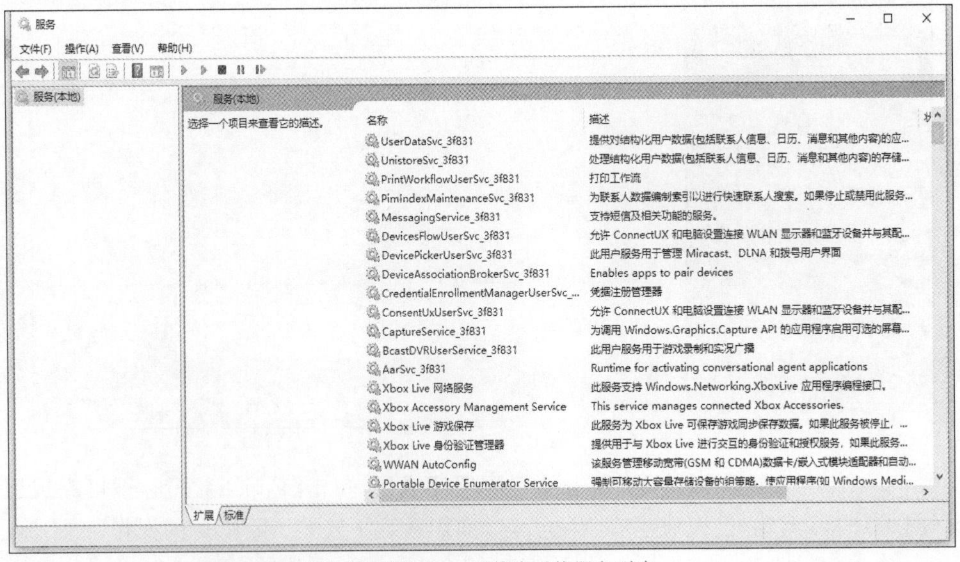

图 1-19 Windows 系统中系统服务列表

步骤 2：找到“MySQL57”的服务项，其右边状态为“已启动”，表明该服务已经启动（图 1-20）。

名称	描述	状态	启动类型	登录为
Microsoft .NET F...	Micr...	已启动	自动(延迟...	本地系统
Microsoft IME D...		已启动	自动	本地系统
Microsoft iSCSI I...	管理...		手动	本地系统
Microsoft Share...			手动	本地服务
Microsoft Softw...	管理...		手动	本地系统
Multimedia Clas...	基于...	已启动	自动	本地系统
MySQL57		已启动	自动	网络服务
Net Driver HPZ12			自动	本地服务
Net.Msmq Liste...	Rece...		禁用	网络服务
Net.Pipe Listene...	Rece...		禁用	本地服务
Net.Tcp Listener...	Rece...		禁用	本地服务
Net.Tcp Port Sh...	Prov...		禁用	本地服务
Netlogon	为用...		手动	本地系统
Network Access ...	网络...		手动	网络服务
Network Connec...	管理...	已启动	手动	本地系统
Network List Ser...	识别...	已启动	手动	本地服务
Network Locatio...	收集...	已启动	自动	网络服务
Network Store I...	此服...	已启动	自动	本地服务
NVIDIA Display ...	Prov...	已启动	自动	本地系统
NVIDIA GeForce ...	NVI...	已启动	自动	本地系统

图 1-20　找到 MySQL 服务进行配置

由于设置了 MySQL 为自动启动，在这里可以看到，服务已经启动，启动类型为“自动”。如果 MySQL 服务未启动，可以通过命令启动。启动方法为：单击“开始”菜单，在搜索框中输入“cmd”，选择以管理员身份运行，按回车键确认，弹出命令提示符窗口。然后输入“net start MYSQL57”，按回车键，就能启动 MySQL 服务了，停止 MySQL 服务的命令为：“net stop MYSQL57”（图 1-21）。

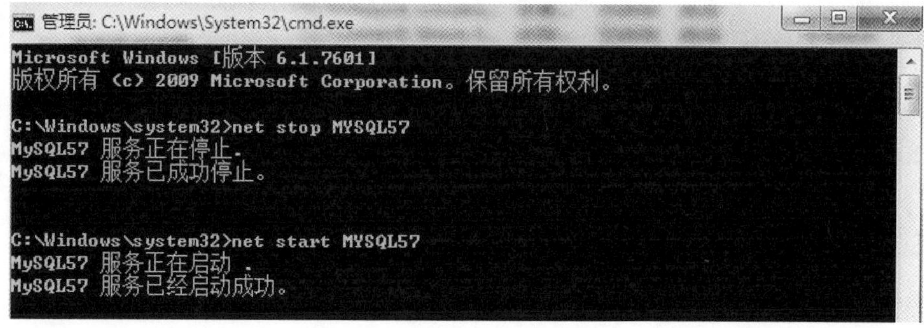

图 1-21　停止和启动 MySQL 服务

2. 登录 MySQL 服务

当 MySQL 服务自动完成后，便可以通过客户端来登录 MySQL 数据库。在 Windows 系统下，可以通过两种方式登录 MySQL 数据库。

（1）以 Windows 命令行方式登录

步骤 1：单击“开始”菜单，在搜索框中输入“cmd ”，按回车键确认，命令提示符窗口，输入“cd C:\Program Files\MySQL\MySQL Server 5. 7\bin”命令（跳转到 MySQL 安装目录下的 bin 目录）并按回车键确认（图 1-22）。

图 1-22 转到 MySQL 安装目录

步骤 2:在命令提示符窗口中,通过登录命令连接到 MySQL 数据库,连接 MySQL 的命令格式为:mysql -h hostname -u username -p。

其中 mysql 为登录命令,-h 后面的参数是服务器的主机地址,在这里客户端和服务器在同一台机器上,所以输入 localhost 或者 IP 地址 127.0.0.1,-u 后面跟登录数据库的用户名称,在这里为 root,-p 后面是用户登录密码(图 1-23)。

接下来,输入如下命令:mysql -h localhost -u root -p。

图 1-23 登录到数据库系统

按回车键,系统会提示输入密码“Enter password:”,输入密码,验证正确后,登录 MySQL 数据库,输入“show databases;”来查看当前所有的数据库,之后输入“exit”退出 MySQL(图 1-24)。

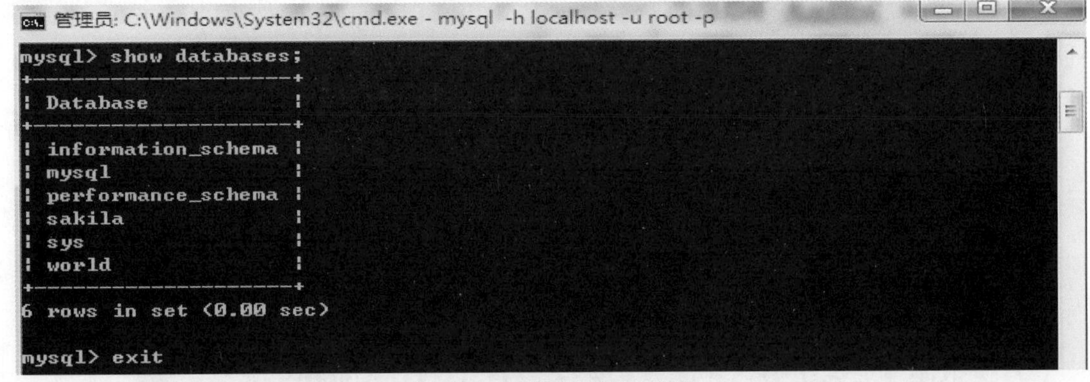

图 1-24 查看当前所有的数据库

(2)使用 MySQL Command Line Client 登录

依次选择“开始”→“所有程序”→“MySQL”→“MySQL Server 5.7”→“MySQL 5.7 Command Line Client”菜单命令,进入密码输入窗口(图 1-25),输入正确的密码之后,就可以登录 MySQL 数据库了。

图 1-25 使用 MySQL Command Line Client 登录

(3)配置 Path 变量

在前面登录 MySQL 服务器的时候,不能直接输入 MySQL 登录命令,是因为没有把

MySQL 的 bin 目录添加到系统的环境变量里面，所以不能直接使用 MySQL 命令。每次登录都需输入“cd C:\Program Files\MySQL\MySQL Server 5.7\bin”，才能使用 MySQL 等其他命令工具。为了避免这种麻烦，需要将“ C:\Program Files\MySQL\MySQL Server 5.7\bin”添加到 Path 变量(图 1-26)，然后就可以直接输入 MySQL 命令来登录数据库了。

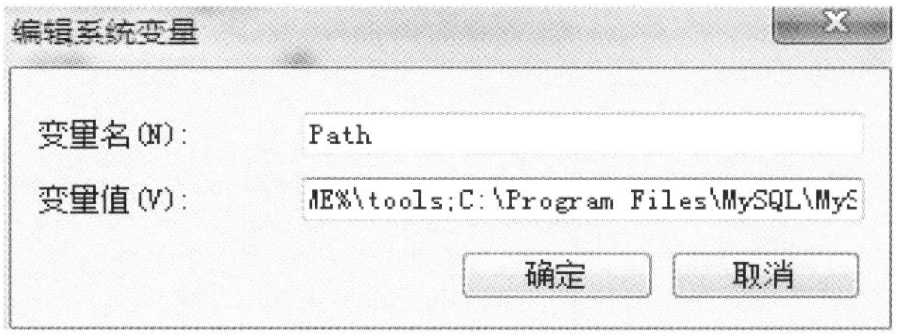

图 1-26 配置 Path 变量

4.5 MySQL 图形化软件的使用

MySQL 图形化管理工具极大地方便了数据库的操作与管理，常用的图形化管理工具有 MySQL Workbench、phpMyAdmin、Navicat、Heidi SQL 等多种。下面简单介绍 MySQL Workbench 图形管理工具的使用。

1. 创建数据库

在“开始”→“所有程序”中找到“MySQL Workbench”，单击运行“MySQL Workbench”，弹出如图 1-27 所示窗口，单击“MySQL Connections”，在登录窗口中输入密码(图 1-28)。

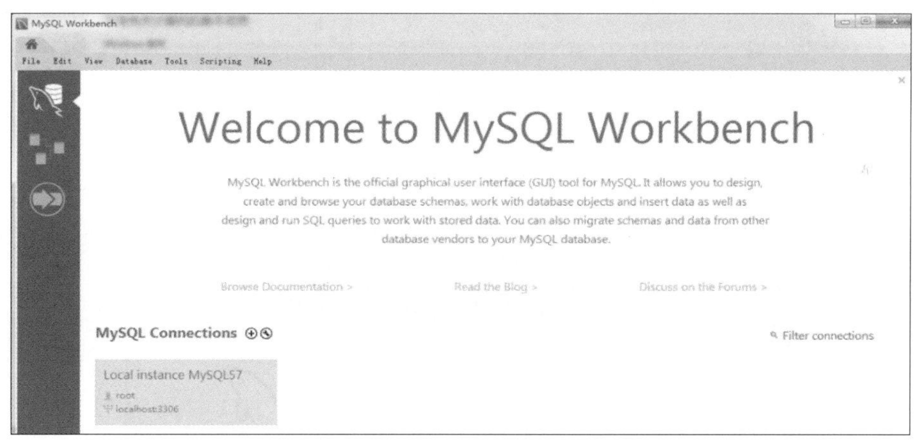

图 1-27 MySQL Workbench 窗口

图 1-28 MySQL Workbench 登录窗口

在“MySQL Workbench”窗口中，单击  【Create a new schema in the connected server】按钮，在“name”文本框中输入数据库名称(本例中数据库名是 db01)，单击【Apply】按

钮(图 1-29),在随后的窗口中都选择默认选项,直至数据库创建完毕。

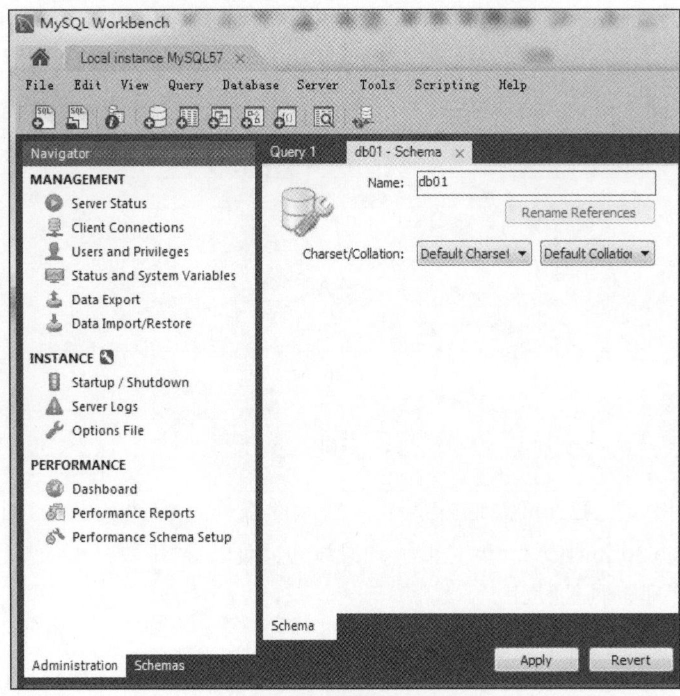

图 1-29 新建数据库实例

2. 创建二维表

在“MySQL Workbench”窗口中,单击“Schema”选项卡,找到数据库“db01”,单击“db01”,找到“Tables”,右键单击“Create Tables”(图 1-30),弹出二维表设计窗口(图 1-30),按照二维表属性要求,设置字段名称、数据类型和数据要求,完成二维表的设计(图 1-31)。

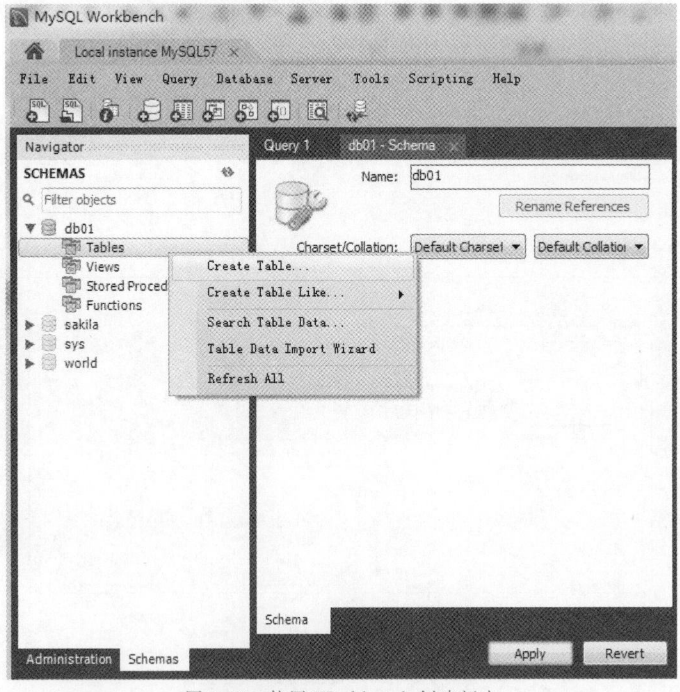

图 1-30 使用 Workbench 创建新表

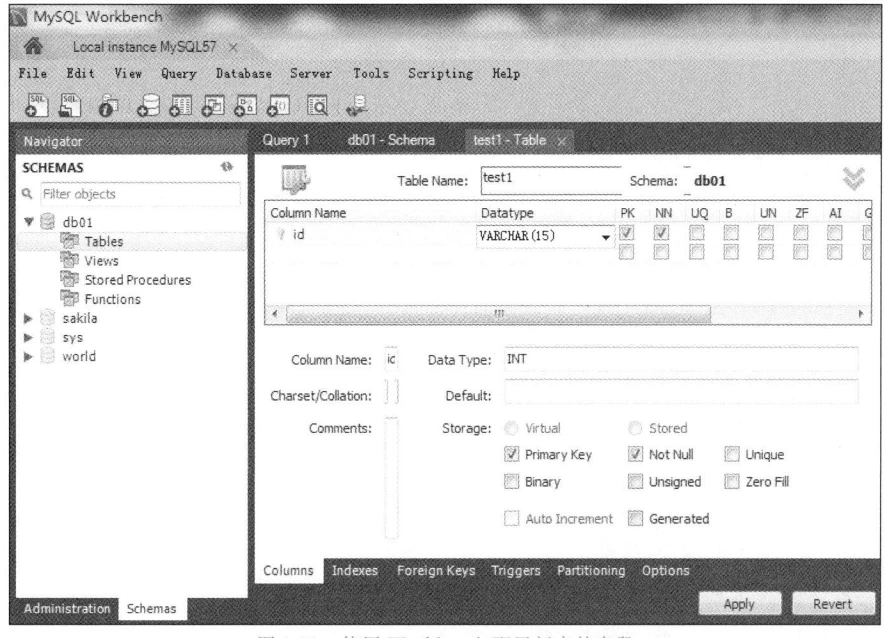

图 1-31 使用 Workbench 配置新表的字段

同步练习与实训

1. 简述数据库软件的概念及作用。
2. 简述 MySQL 数据库软件的特点。
3. 在 Windows 系统中下载并安装 MySQL 数据库软件。
4. 尝试配置 Windows 系统下已经安装好的 MySQL 数据库软件。
5. 使用 net 命令启动或者关闭 MySQL 服务。

项目 2

掌握 MySQL 数据库的基础知识

学习导航

知识目标

(1)了解数据库以及数据库对象的概念。

(2)了解数据库的字符集及校对规则。

(3)了解数据库的用户权限设置。

(4)了解数据库存储引擎的概念及其特点。

(5)了解数据库的系统变量设置。

(6)了解数据库备份及恢复数据的操作。

素质目标

掌握数据库技术基础知识,理解基本用法,建立基本概念。介绍"中国方案""中国创造",树立正确的学习态度,鼓励学生为科学技术的发展贡献中国力量。

技能目标

(1)能够从命令行连接数据库。

(2)能够修改、设定数据库的字符集和校对规则。

(3)能够创建、删除、修改用户数据库。

(4)能够读取、修改数据库的全局系统变量和会话系统变量。

(5)能够利用脚本文件对数据库中的数据进行备份、恢复操作。

任务列表

任务 1　了解 MySQL 数据库基础

任务 2　认识数据库字符集以及校对规则设置

任务 3　对 MySQL 表进行管理

任务 4　认识 MySQL 数据库中的系统变量

任务 5　了解 MySQL 数据库备份和恢复操作

任务描述

通过前面的项目,了解了 MySQL 数据库的基本作用,也掌握了如何对数据库软件进行安装和最基本的配置,接下来,将开始对数据库软件中的基本组成部分即数据库和数据表进行介绍。通过介绍数据库的构成、数据库的创建及配置,将对 MySQL 数据库中的若干重要对象、数据库软件的基本使用及操作有更深入的了解。

任务实施

任务 1 了解 MySQL 数据库基础

子任务 1.1 MySQL 数据库的构成

MySQL 数据库的构成

1.1.1 数据库对象

MySQL 数据库中的数据，被按照逻辑关系组织成了一系列的数据库对象，这些数据库对象包括表、索引、视图等九种，下面逐一进行介绍。

1. 表(Table)

数据库中的表与日常使用的 Excel 表格类似，它是由行(Row)和列(Column)组成的。列由同类的信息组成，每列又称为一个字段，每列的标题称为字段名。行包括了若干列信息项。一行数据称为一个或一条记录，它表示有一定意义的信息组合。一个数据库表由一条或多条记录组成，没有记录的表称为空表。每个表中通常都有一个主关键字(Primary Key)，用于唯一地确定一条记录。

2. 索引(Index)

索引是数据表中根据指定的字段(列)建立起来的顺序。它提供了快速访问数据的途径，并且可监督表的数据，使其索引所指向的列中的数据不重复。

3. 视图(View)

视图看上去同表似乎一模一样，具有一组命名的字段和数据项，但它其实是一个虚拟的表，在数据库中并不实际存在。视图是由查询数据库表产生的，它限制了用户能看到和修改的数据。视图可以用来控制用户对数据的访问，并能简化数据的显示，即通过视图只显示那些需要的数据信息。

4. 图表(Diagram)

图表其实就是数据库表之间的关系示意图。利用它可以编辑表与表之间的关系。

5. 缺省值(Default)

缺省值是指当在表中创建列或插入数据时，对没有指定具体值的列或列数据项赋予事先设定好的值。

6. 规则(Rule)

规则是对数据库表中数据信息的限制。它限定的是表的列。

7. 触发器(Trigger)

触发器是一个用户定义的 SQL 事务命令的集合。当对一个表进行插入、更改、删除时，这组命令就会自动执行。

8. 存储过程(Stored Procedure)

存储过程是一组为完成特定的功能而汇集在一起的 SQL 程序语句，经编译后存储在数据库中等候用户调用。

9. 用户(User)

所谓用户，就是有权限访问数据库的帐号。

1.1.2 数据库对象的标识符

MySQL 数据库中对象的标识符是指由用户自己定义的、可以用来唯一标识某个数据库对象的有意义的字符序列，标识符必须遵循如下规则：

(1)不加引号的标识符，必须由系统字符集中的字母、数字、“_”或“$”组成。

(2)不加引号的标识符，不允许完全由数字字符构成(因为这样难以和数值区分)。

(3)标识符中的第一个字符可以是满足以上条件的任何一个字符(包括数字)。

(4)标识符中不允许使用 MySQL 数据库中的关键字作为数据库名或表名。

(5)标识符中不允许使用特殊字符如“\”，“/”或“.”。

另外，MySQL 关键字和函数名不区分大小写；而数据库名、表名和视图名是否区分大小写则取决于服务器主机上的操作系统。Windows 系列操作系统上安装的 MySQL 系统中通常不区分大小写，而一般来说 UNIX、Linux 主机上安装的 MySQL 系统往往需要区分大小写。

存储程序不区分大小写，列名和索引名不区分大小写。默认情况下，表的别名区分大小写；字符串是否区分大小写，取决于存储该数据的表中所采用的校对规则(通常某数据表的校对规则以_ci 结尾表示不区分大小写，而以_cs 或_bin 结尾表示区分大小写)。

思政小贴士

数据库对象标识符的取名有严格的规定，我们在生活工作中也要遵循各类法律法规，做一个遵纪守法的好公民。

1.1.3 系统数据库

系统数据库是指随安装软件一起安装，用来协助 MySQL 数据库系统实现数据管理与存储操作的数据库，这些数据库是整个 MySQL 数据库运行所必需的重要基础。在这些系统数据库里，保存了系统正常运行所必需的信息，用户不应修改这些数据库，也不应在这些数据库上创建触发器。例 2-1 列出了 MySQL 数据库刚刚安装完毕后系统中包含的 4 个系统数据库。

【例 2-1】 列出数据库系统中自带的 4 个系统数据库。

```
mysql> SHOW DATABASES;
+--------------------------+
| Database                 |
+--------------------------+
| information_schema       |
| mysql                    |
| performance_schema       |
| sys                      |
+--------------------------+
4 rows in set (0.03 sec)
```

下面对 4 个系统数据库的功能逐一进行解释：

(1)information_schema 数据库是 MySQL 系统中的重要系统数据库，其中保存了访问数据库元数据的方式，包括数据库名、数据表名、各字段的数据类型信息以及访问权限等。

(2)mysql 数据库是 MySQL 数据库系统中包括的核心数据库，里面包含了管理信息与核心控制信息。

(3)performance_schema 数据库用来保存 MySQL 数据库的服务器性能参数，MySQL 数据库的很多性能参数都是根据此数据库中保存的数据来设定的，比如数据库中的锁信息、文件信息、历史事件汇总信息、服务器的监控周期等。

(4)sys 数据库存储了很多存储过程、自定义的函数以及视图信息，向用户提供系统的元数据信息。

1.1.4 用户数据库

用户数据库是用户根据自己的需要建立的数据库，其中可包含多个数据表，用户可以根据自己的需要来定义用户数据库中的数据表个数以及数据表的字符集、校对规则。

通常情况下，MySQL 数据库系统中可以容纳多个用户数据库。作为用户，主要集中在对自定义的用户数据库及其所包含的数据表进行操作。

子任务 1.2 连接到数据库

MySQL 数据库安装完毕之后，要想使用就必须进行连接，接下来介绍以命令行形式连接数据库，本书中后面的数据库操作都在命令行窗口下完成。

在键盘上同时按下“win”(就是键盘左下角有 Windows 图标的那个按键，大多数键盘上这个键都在左下角 Ctrl 键的右边)和“R”这两个按键，然后在弹出的窗口中输入命令“cmd”，如图 2-1 所示。

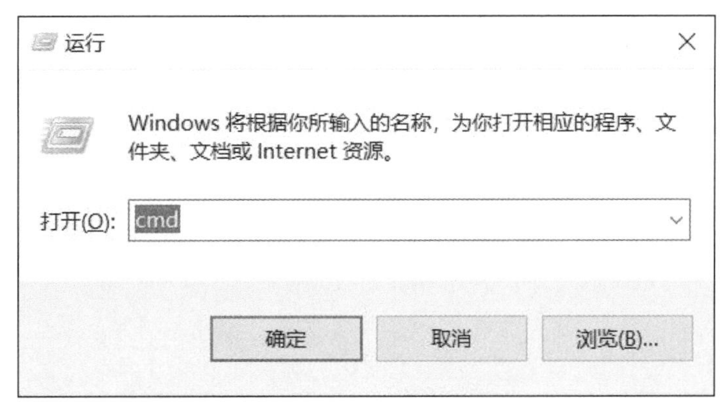

图 2-1 从运行窗口打开命令行窗口

接下来要在命令行窗口内输入命令，通过 cd 命令切换到 MySQL 的安装目录下，再切换到 bin 文件夹里面，本书后继项目中使用到的命令，绝大多数都存在于 bin 文件夹中。例如在 Windows 系统中，将 MySQL 安装在 D 盘根目录，文件夹名称为 mysql-5.7。进入 bin 文件夹的步骤如下：

【例 2-2】 在 Windows 系统中，进入 MySQL 安装目录下的 bin 文件夹(本例中数据库客户端软件安装在 D:\mysql-5.7\bin 目录中)。

```
C:\>d:
D:\>cd mysql-5.7\bin
D:\mysql-5.7\bin>
```

进入 bin 文件夹后，就可以进行登录 MySQL 服务器的操作了，以下介绍登录数据库的命令。命令格式如下：

```
mysql -h 服务器 ip 地址 -P 数据库端口号 -u 用户名 -p 密码
```

mysql 命令的几个常用参数：

-h 表示服务器的 IP 地址或者服务器的名字；localhost 表示本机。

-P 表示数据库对应的端口号，默认值是 3306。如果在数据库安装时用了默认值就可以不加上此参数。

-u 表示用户名，通常用 root 帐号对应数据库管理员，其他的普通用户由管理员分配用户名和密码。

-p 表示登录密码。如果直接在-p 后面输入密码，中间不能有空格；但是直接在 mysql 这个登录命令中输入密码存在一定的安全风险，因为此时的密码是直接显示在命令行中，存在泄露的风险；而且直接输入密码后，整条语句被留在操作系统的命令行缓存中，其他用户可以通过在命令行中查看历史记录而获取到数据库服务器的用户名和密码。比较稳妥的做法是在"-p"后留空不写，然后直接按回车键，这样系统会提示用户输入密码，而此时输入的密码在屏幕上是以"＊"号出现的，不会导致密码泄露。

输入完整的登录命令然后按回车键，即可登录 MySQL 服务器。

【例 2-3】 在 Windows 系统中用命令行登录 MySQL 数据库。

```
D:\mysql-5.7\bin>mysql -h localhost -uroot -p
Enter password: ********
Welcome to the MySQL monitor. Commands end with; or \g.
Your MySQL connection id is 1057
Server version: 5.7.26 MySQL Community Server (GPL)

Copyright (c)2000,2018,Oracle and/or its affiliates. All rights reserved.

Oracle is a registered trademark of Oracle Corporation and/or its
affiliates. Other names may be trademarks of their respective
owners.

Type 'help;' or '\h' for help. Type '\c' to clear the current input statement.

mysql>
```

输入连接命令并按回车键，当看到"Welcome to the MySQL monitor. Commands end with; or \g."开头的一段欢迎文字、连接 id、数据库版本以及版权信息、数据库命令提示符之后，说明已经连接到 MySQL 数据库了。接下来就可以在这个提示符后面输入命令，执行其他的操作了。

子任务 1.3 创建数据库

1.3.1 用命令创建数据库

在 MySQL 中，可以使用 CREATE DATABASE 语句创建数据库，语法格式如下：

```
CREATE DATABASE [IF NOT EXISTS] <数据库名>
[[DEFAULT] CHARACTER SET <字符集名>] [[DEFAULT] COLLATE <校对规则名>];
```

注意这里[ ]中的内容是可选的。语法说明如下：

IF NOT EXISTS：在创建数据库之前进行判断，只有该数据库目前尚不存在时才能执行操作。此选项可以用来避免数据库已经存在而重复创建的错误。

<数据库名>：创建数据库的名称。MySQL 数据库的数据存储区将以目录方式表示 MySQL 数据库，因此数据库名称必须符合操作系统的文件夹命名规则。

[DEFAULT] CHARACTER SET：指定数据库的默认字符集。

[DEFAULT] COLLATE：指定字符集的默认校对规则。

MySQL 数据库的字符集（CHARACTER SET）和校对规则（COLLATION）是两个不同的概念：字符集是用来定义 MySQL 数据库中存储字符串的方式，校对规则定义了比较字符串的方式，解决排序和字符分组的问题，后面的内容将会详细介绍字符集与校对规则的概念。

下面用例子来介绍如何创建数据库。

【例 2-4】 使用默认字符集和默认校对规则创建普通数据库 test。

```
mysql> CREATE DATABASE IF NOT EXISTS test;
Query OK,1 row affected (0.03 sec)

mysql> SHOW DATABASES;
+--------------------+
| Database           |
+--------------------+
| information_schema |
| mysql              |
| performance_schema |
| sys                |
| test               |
+--------------------+
5 rows in set (0.02 sec)
```

【例 2-5】 使用指定字符集和指定校对规则创建普通数据库 test2。

```
mysql> CREATE DATABASE IF NOT EXISTS test2
    -> DEFAULT CHARSET utf8
    -> DEFAULT COLLATE utf8_general_ci;
Query OK,1 row affected (0.02 sec)

mysql> SHOW DATABASES;
```

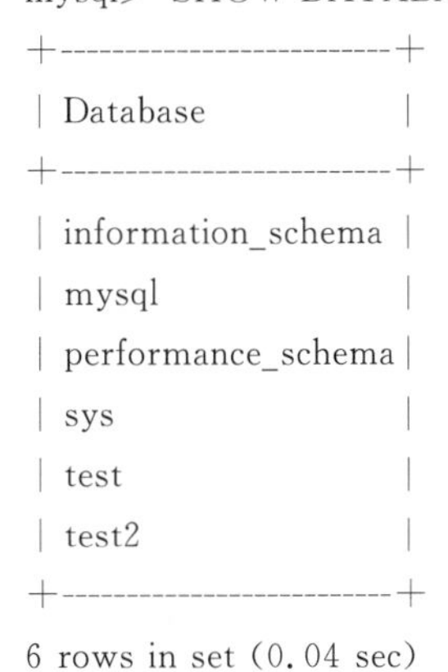

```
+--------------------+
| Database           |
+--------------------+
| information_schema |
| mysql              |
| performance_schema |
| sys                |
| test               |
| test2              |
+--------------------+
6 rows in set (0.04 sec)
```

在例 2-5 中,创建了新的数据库 test2,并且指定 test2 数据库使用 utf8 作为数据库的字符集,utf8_general_ci 作为数据库 test2 的校对规则。

思政小贴士

规范设计,通盘考虑,这是数据表在设计阶段应当遵循的原则,优秀而规范的数据表能让信息系统运行得更加顺畅。我们在做职业生涯规划的时候也要认真思考,根据自己的能力、兴趣与社会需求综合进行规划。

1.3.2 修改数据库参数

修改数据库参数

数据库创建好后也是可以修改的,接下来介绍一下修改数据库的基本操作和基本语法。在 MySQL 中,可以使用 ALTER DATABASE 或 ALTER SCHEMA 语句来修改已经被创建或者存在的数据库的相关参数。修改数据库的语法格式为:

```
ALTER DATABASE [数据库名]
{ [ DEFAULT ] CHARACTER SET <字符集名> |
 [ DEFAULT ] COLLATE <校对规则名>}
```

语法说明如下:

ALTER DATABASE 用于更改数据库的全局特性。使用 ALTER DATABASE 需要获得数据库 的 ALTER 权限。数据库名称可以忽略,此时语句对应于默认数据库。CHARACTER SET 子句用于更改默认的数据库字符集。

下面以本节例 2-5 创建的数据库 test2 为例,进行修改数据库的操作,首先用命令 SHOW CREATE DATABASE 来查看 test2 数据库的定义声明,执行结果如下所示:

```
mysql> SHOW CREATE DATABASE test2;
```

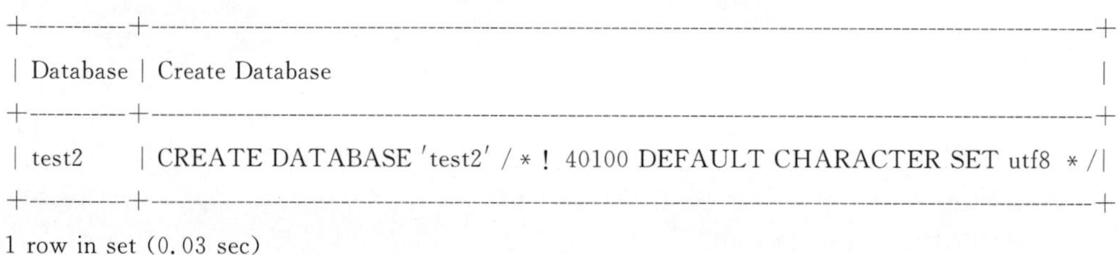

```
+----------+--------------------------------------------------------------------+
| Database | Create Database                                                    |
+----------+--------------------------------------------------------------------+
| test2    | CREATE DATABASE 'test2' /*! 40100 DEFAULT CHARACTER SET utf8 */|
+----------+--------------------------------------------------------------------+
1 row in set (0.03 sec)
```

【例 2-6】 使用命令行工具将数据库 test2 的指定字符集修改为 gb2312,默认校对规则修改为 gb2312_chinese_ci,操作如下:

```
mysql> ALTER DATABASE test2
-> DEFAULT CHARACTER SET gb2312
-> DEFAULT COLLATE gb2312_chinese_ci;
Query OK,1 row affected (0.02 sec)

mysql> SHOW CREATE DATABASE test2;
+----------+------------------------------------------------------------------------+
| Database | Create Database                                                        |
+----------+------------------------------------------------------------------------+
| test2    | CREATE DATABASE 'test2' /*!40100 DEFAULT CHARACTER SET gb2312 */|
+----------+------------------------------------------------------------------------+
1 row in set (0.02 sec)
```

子任务 1.4　选择当前操作的数据库

在 MySQL 数据库中，除了系统数据库以外还有用户自定义的数据库，通常情况下都会有多个数据库存在，而用户在进行查询或修改等操作时，都需要选定某个数据库才能继续进行操作，这个任务要通过 USE 语句来完成，下面通过例子来介绍选择数据库的操作。

【例 2-7】 用 SELECT DATABASE()语句显示当前正在使用的数据库。

```
mysql> SELECT DATABASE();
+--------------------+
| DATABASE()         |
+--------------------+
| NULL               |
+--------------------+
1 row in set (0.03 sec)
```

【例 2-8】 用 SHOW DATABASES 命令显示当前系统中存在的所有数据库。

```
mysql> SHOW DATABASES;
+--------------------+
| Database           |
+--------------------+
| information_schema |
| mysql              |
| performance_schema |
| sys                |
| test               |
| test2              |
+--------------------+
6 rows in set (0.04 sec)
```

【例 2-9】 用 USE 命令选择需要的数据库。

```
mysql> USE test;
Database changed
mysql> SELECT DATABASE();
+--------------------+
| DATABASE()         |
+--------------------+
| test               |
+--------------------+
1 row in set (0.02 sec)
```

在例 2-9 中，用 USE 加上所需的数据库名后会得到提示：Database changed，说明当前所选取的数据库已经变更为 test 数据库，再用 SELECT DATABASE()命令运行后可以确认当前操作的数据库已经变为 test 数据库了。

子任务 1.5　删除数据库

在 MySQL 中，当需要删除已创建的数据库时，可以使用 DROP DATABASE 或 DROP SCHEMA 语句。其语法格式为：

DROP DATABASE [IF EXISTS] <数据库名>

语法说明如下：

IF EXISTS：用于防止当数据库不存在时发生错误。

<数据库名>：指定要删除的数据库名。

DROP DATABASE：删除数据库中的所有表格并同时删除数据库。使用此语句时要非常小心，以免错误删除。注意如果要使用 DROP DATABASE 命令，用户需要获得数据库 DROP 权限，否则不能进行删除操作。

另外需要注意的是，MySQL 数据库在安装后，系统数据库里会自动创建名为 mysql 以及 information_schema 这两个系统数据库，用户不应对这两个库进行删除操作，因为其中存放了和其他系统数据库及用户数据库相关的重要信息。如果删除了这两个数据库，那么 MySQL 数据库系统将不能正常工作。

子任务 1.6　MySQL 数据库权限及管理

MySQL 数据库具有完善的权限管理设计，它主要用来对连接到数据库的用户进行各种访问权限的验证，以此判断用户是否属于合法的用户，如果是合法用户，则赋予相应的数据库访问权限。数据库的权限和数据库的安全是密切相关的，权限设置不合理可能会导致安全隐患。

MySQL 数据库的权限管理通过下面两个阶段进行认证：

(1)先对用户进行身份认证，合法的用户通过认证，不合法的用户拒绝连接。

(2)对于通过认证的合法用户赋予相应的权限，用户可以在这些权限范围内对数据库做相应的操作。

对于身份的认证，MySQL 数据库是通过 IP 地址和用户名联合进行确认的，例如 MySQL 安装后默认创建的管理员用户 root@localhost，表示用户 root 只能从本地(localhost)进行连接才可以通过认证，此用户从其他任何主机对数据库进行的连接都将被拒绝。也就是说，同样的一个用户名，如果来自不同的 IP 地址，则 MySQL 将其视为不同的用户。

MySQL 的权限表在数据库启动的时候就载入内存，当用户需要进行身份认证时，就在内存中进行相应权限的比对。比对后通过认证的用户就可以在数据库中做其权限范围内的各种操作了。

1.6.1　查看用户权限

【例 2-10】　显示 test 用户的权限。

```
mysql> SHOW GRANTS FOR test;
+-----------------------------------------------------------------------+
| GRANTS FOR test@%                                                     |
```

```
+------------------------------------------------------------------------+
| GRANT USAGE ON *.* TO 'test'@'%'                                        |
| GRANT ALL PRIVILEGES ON 'test'.* TO 'test'@'%' WITH GRANT OPTION        |
+------------------------------------------------------------------------+
2 rows in set (0.03 sec)
```

在例 2-10 中运行命令的结果中第二行显示，test 用户可以在任意的 IP 地址上对数据库进行访问；运行命令结果的第三行显示，test 用户具有如下权限：

(1)从任意 IP 地址访问数据库 test 及其中所包含的所有子项目如表、视图等。

(2)对数据库 test 进行添加、删除、修改、创建等所有操作的权限。

(3)可以对其他用户进行再授权，使其他用户也获得对数据库进行添加或删除等操作的权限。

【例 2-11】 显示 root 用户的权限。

```
mysql> SHOW GRANTS FOR root;
```

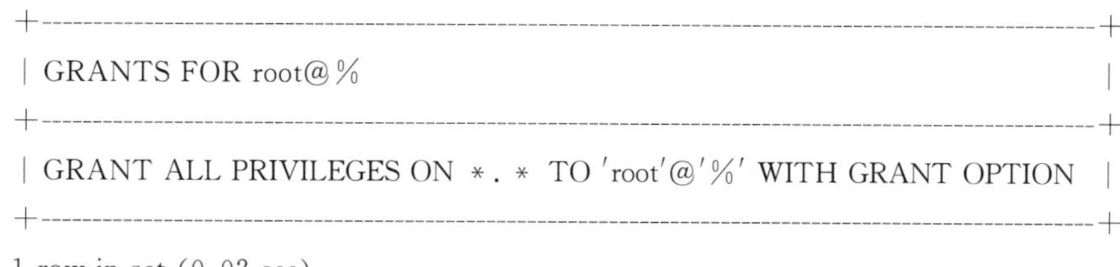

```
+------------------------------------------------------------------+
| GRANTS FOR root@%                                                 |
+------------------------------------------------------------------+
| GRANT ALL PRIVILEGES ON *.* TO 'root'@'%' WITH GRANT OPTION       |
+------------------------------------------------------------------+
1 row in set (0.02 sec)
```

在例 2-11 中运行命令的结果中第二行显示，root 用户具有如下权限：

(1)从任意 IP 地址访问所有数据库及其中所包含的所有子项目如表、视图等。

(2)对所有数据库及其子项进行添加、删除、修改、创建等所有操作的权限。

(3)可以对其他用户进行再授权，使其他用户也获得对一个或多个数据库进行添加或删除等操作的权限。

1.6.2 给用户赋予权限

MySQL 数据库中的 root 用户，具有最高的权限，可以创建数据库及数据表，也可以为其他用户指定访问权限，MySQL 数据库使用 GRANT 命令来进行权限的赋予操作，可以直接用来对帐号进行增加。GRANT 命令语句在执行的时候，如果权限表中不存在目标帐号，则创建帐号；如果已经存在，则执行权限的新增。

语法格式：

```
GRANT
<权限类型>[(<列名>)][,<权限类型>[(<列名>)]]
ON <对象> <权限级别> TO <用户>
```

其中<用户>的格式：

```
<用户名>[IDENTIFIED] BY [PASSWORD] <口令>
[WITH GRANT OPTION]
| MAX_QUERIES_PER_HOUR <次数>
| MAX_UPDATES_PER_HOUR <次数>
| MAX_CONNECTIONS_PER_HOUR <次数>
| MAX_USER_CONNECTIONS <次数>
```

语法说明如下：

(1)＜列名＞

可选项。用于指定权限要授予给表中哪些具体的列。

(2)ON 子句

用于指定权限授予的对象和级别,如在 ON 关键字后面给出要授予权限的数据库名或表名等。

(3)＜权限级别＞

用于指定权限的级别。可以授予的权限有如下几组:

列权限,和表中的一个具体列相关。例如,可以使用 UPDATE 语句更新 students 表中 student_name 列的值的权限。

表权限:和一个具体表中的所有数据相关。例如,可以使用 SELECT 语句查询表 students 的所有数据的权限。

数据库权限:和一个具体的数据库中的所有表相关。例如,可以在已有的数据库 mytest 中创建新表的权限。

用户权限:和 MySQL 中所有的数据库相关。例如,可以删除已有的数据库或者创建一个新的数据库的权限。

另外,在 GRANT 语句中可用于指定权限级别的值有以下几类格式:

*:表示当前数据库中的所有表。

.:表示所有数据库中的所有表。

db_name.*:表示某个数据库中的所有表,db_name 指定数据库名。

db_name.tbl_name:表示某个数据库中的某个表或视图,db_name 指定数据库名,tbl_name 指定表名或视图名。

tbl_name:表示某个表或视图,tbl_name 指定表名或视图名。

db_name.routine_name:表示某个数据库中的某个存储过程或函数,routine_name 指定存储过程名或函数名。

(4)TO 子句

用来设定用户口令,以及指定被赋予权限的用户 user。若在 TO 子句中给系统中存在的用户指定口令,则新密码会将原密码覆盖;如果权限被授予给一个不存在的用户,MySQL 会自动执行一条 CREATE USER 语句来创建这个用户,但同时必须为该用户指定口令。

GRANT 语句中的＜权限类型＞的使用说明如下:

(1)授予数据库权限时,＜权限类型＞可以指定为以下值:

SELECT:授予用户可以使用 SELECT 语句访问特定数据库中所有表和视图的权限。

INSERT:授予用户可以使用 INSERT 语句向特定数据库中所有表添加数据行的权限。

DELETE:授予用户可以使用 DELETE 语句删除特定数据库中所有表的数据行的权限。

UPDATE:授予用户可以使用 UPDATE 语句更新特定数据库中所有数据表的值的权限。

REFERENCES:授予用户可以创建指向特定的数据库中的表外键的权限。

CREATE:授权用户可以使用 CREATE TABLE 语句在特定数据库中创建新表的权限。

ALTER:授予用户可以使用 ALTER TABLE 语句修改特定数据库中所有数据表的权限。

SHOW VIEW:授予用户可以查看特定数据库中已有视图的视图定义的权限。

CREATE ROUTINE:授予用户可以为特定的数据库创建存储过程和存储函数的权限。

ALTER ROUTINE:授予用户可以更新和删除数据库中已有的存储过程和存储函数的权限。

INDEX:授予用户可以在特定数据库中的所有数据表上定义和删除索引的权限。

DROP:授予用户可以删除特定数据库中所有表和视图的权限。

CREATE TEMPORARY TABLES:授予用户可以在特定数据库中创建临时表的权限。

CREATE VIEW:授予用户可以在特定数据库中创建新的视图的权限。

EXECUTE ROUTINE:授予用户可以调用特定数据库的存储过程和存储函数的权限。

LOCK TABLES:授予用户可以锁定特定数据库的已有数据表的权限。

ALL 或 ALL PRIVILEGES:表示以上所有权限。

(2)授予表权限时,＜权限类型＞可以指定为以下值:

SELECT:授予用户可以使用 SELECT 语句进行访问特定表的权限。

INSERT:授予用户可以使用 INSERT 语句向一个特定表中添加数据行的权限。

DELETE:授予用户可以使用 DELETE 语句从一个特定表中删除数据行的权限。

DROP:授予用户可以删除数据表的权限。

UPDATE:授予用户可以使用 UPDATE 语句更新特定数据表的权限。

ALTER:授予用户可以使用 ALTER TABLE 语句修改数据表的权限。

REFERENCES:授予用户可以创建一个外键来参照特定数据表的权限。

CREATE:授予用户可以使用特定的名字创建一个数据表的权限。

INDEX:授予用户可以在表上定义索引的权限。

ALL 或 ALL PRIVILEGES:所有的权限名。

(3)授予列权限时,＜权限类型＞的值只能指定为 SELECT、INSERT 和 UPDATE,同时权限的后面需要加上列名列表 column-list。

(4)最有效率的权限是用户权限。

授予用户权限时,＜权限类型＞除了可以指定为授予数据库权限时的所有值之外,还可以是下面这些值:

CREATE USER:授予用户可以创建和删除新用户的权限。

SHOW DATABASES:授予用户可以使用 SHOW DATABASES 语句查看所有已有的数据库的定义的权限。

下面用几个例子来说明为用户赋予权限的操作方法。

【例 2-12】 为某个用户赋予访问数据库的权限。

```
mysql> CREATE USER abc;
Query OK,0 rows affected (0.02 sec)

mysql> GRANT USAGE ON *.* TO 'abc'@'%';
Query OK,0 rows affected (0.02 sec)

D:\mysql-5.7\bin>mysql -h 118.31.43.209 -u abc
Welcome to the MySQL monitor. Commands end with; or \g.
Your MySQL connection id is 954
Server version: 5.7.26 MySQL Community Server (GPL)
```

Type 'help;' or '\h' for help. Type '\c' to clear the current input statement.

```
mysql> SHOW DATABASES;
```

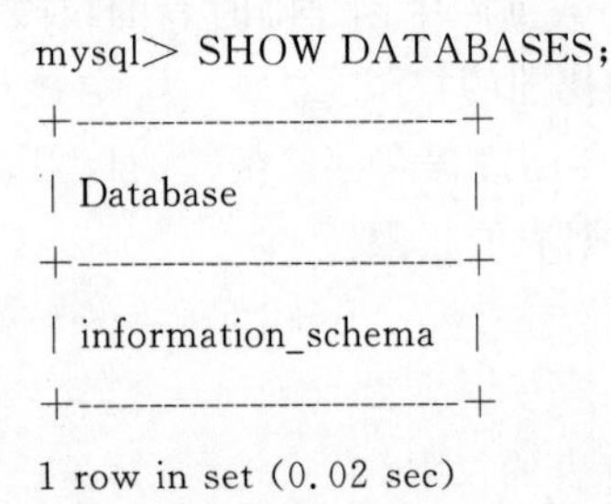

Database
information_schema

1 row in set (0.02 sec)

在这个例子中共出现了四条命令,其中前两条命令是以 root 身份登录的用户执行的,第一条命令的作用是创建用户 abc(注意创建该用户没有设定密码);第二条命令的作用是向用户 abc 赋予登录权限(注意 usage 代表了登录权限,如果只有 usage 权限则该用户只能浏览系统中的 information_schema 数据库及其中的数据表,不能进行查询、修改等操作),并且允许用户 abc 从任何 IP 地址登录数据库。

在创建用户并赋予权限操作成功后,第三条命令的作用是以 abc 作为用户名登录到数据库中去,由于创建用户时没有指定密码,所以登录数据库的命令中只给出了用户名即可登录。

第四条命令的作用是列出 MySQL 数据库中所包含的数据库,可以看到仅能访问系统数据库中的 information_schema 这个数据库,其他数据库无法访问。说明对用户 abc 来说,仅获得了登录数据库的权限,而无法进行其他任何操作。

【例 2-13】 为某个用户赋予查询权限。

以 root 身份登录数据库后执行以下命令,赋予 abc 用户对 test 数据库下的所有内容以 SELECT(查询)权限:

```
mysql> GRANT SELECT ON test. * TO 'abc'@'%';
Query OK,0 rows affected (0.03 sec)
```

执行完毕后查询 abc 用户的权限情况:

```
mysql> SHOW GRANTS FOR abc;
```

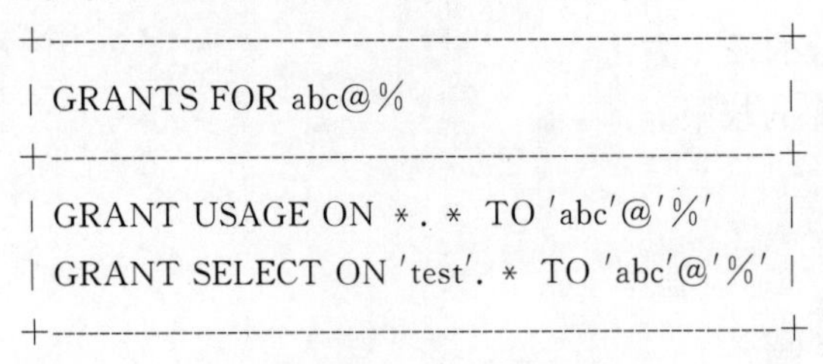

GRANTS FOR abc@%
GRANT USAGE ON *. * TO 'abc'@'%'
GRANT SELECT ON 'test'. * TO 'abc'@'%'

2 rows in set (0.03 sec)

root 用户退出登录,以 abc 用户登录 MySQL 数据库后对 test 数据库里的 books 数据表进行查询:

```
mysql> SELECT * FROM test. books;
```

isbn	bookname	press	price	version	author

```
+------------------+------------------+--------------+--------+-------------+----------+
| 9345532332325 | 程序设计基础 | 科学出版社 |    28 | 2013-05-12 | 何力   |
| 9347234498337 | 数据库技术   | 时代出版社 |  28.6 | 2013-04-02 | 李克   |
| 9347766333424 | 高等数学     | 科学出版社 |    30 | 2013-09-12 | 王伟   |
| 9347893744534 | 线性代数     | 历史出版社 |    23 | 2012-01-08 | 张欣   |
| 9348723634634 | 大学英语     | 世界出版社 |    30 | 2014-01-02 | 李新   |
| 9787076635886 | 计算机基础   | 科学出版社 |  23.5 | 2015-03-02 | 张小小 |
| 9847453433422 | 普通物理学   | 教育出版社 |  27.4 | 2012-05-12 | 张力   |
+------------------+------------------+--------------+--------+-------------+----------+
7 rows in set (0.02 sec)
```

在例 2-13 中可见，经过 root 用户赋予查询权限后，用户 abc 从原本只具有登录系统，不可执行其他任何操作的情况，转变为具有查询权限，可以对 test 数据库所包含的所有数据表进行查询操作。

【例 2-14】　使用 GRANT 语句创建一个新的用户 testUser，密码为 testPwd。用户 testUser 对所有的数据库中的所有表有查询、插入权限，并授予 testUser 用户以 GRANT 权限。输入的 SQL 语句和执行过程如下所示：

```
mysql> GRANT SELECT,INSERT ON *.*
    -> TO 'testUser'@'localhost'
    -> IDENTIFIED BY 'testPwd'
    -> WITH GRANT OPTION;
Query OK,0 rows affected,1 warning (0.05 sec)
```

1.6.3　收回用户权限

MySQL 数据库中可以使用 REVOKE 语句收回一个用户的权限，但此用户不会被删除。

语法格式有两种形式，如下所示：

(1)第一种

```
REVOKE <权限类型> [ (<列名>)] [,<权限类型> [ (<列名>)] ]...
ON <对象类型> <权限名> FROM <用户 1> [,<用户 2> ]...
```

(2)第二种

```
REVOKE ALL PRIVILEGES,GRANT OPTION
FROM user <用户 1> [,<用户 2> ]...
```

REVOKE 语法和 GRANT 语句的语法格式相似，但具有相反的效果。

第一种语法格式用于回收某些特定的权限。

第二种语法格式用于回收特定用户的所有权限。

要使用 REVOKE 语句，必须拥有 MySQL 数据库的全局 CREATE USER 权限或 UPDATE 权限。

【例 2-15】　使用 REVOKE 语句取消用户 testUser 的插入权限，输入的 SQL 语句和执行过程如下所示，并在执行完毕后，从 MySQL 数据库的 user 表中查询 testUser 的权限。

```
mysql> REVOKE INSERT ON *.*
    -> FROM 'testUser'@'localhost';
Query OK,0 rows affected (0.00 sec)
mysql> SELECT Host,User,Select_priv,Insert_priv,Grant_priv
```

```
    -> FROM mysql. user
    -> WHERE User='testUser';
+-------------+-----------+-------------+------------+------------+
| Host        | User      | Select_priv | Insert_priv | Grant_priv |
+-------------+-----------+-------------+------------+------------+
| localhost   | testUser  | Y           | N          | Y          |
+-------------+-----------+-------------+------------+------------+
1 row in set (0.00 sec)
```

子任务 1.7　SQL 脚本文件

SQL 脚本文件是指一种特殊的文本文件，其中包含一到多个 sql 命令的 sql 语句集合，MySQL 数据库可以利用这种脚本文件来进行数据库及数据表的创建，也可以对数据进行还原/备份操作，还原操作是将 SQL 脚本文件中包含的数据引入数据库中去；备份操作则是将 MySQL 数据库中的指定数据引出到 SQL 脚本文件中。

【例 2-16】 SQL 脚本文件代码片段。

```
CREATE TABLE IF NOT EXISTS 'admin' (
    'admin-name' varchar(10)NOT NULL
) ENGINE=InnoDB DEFAULT CHARSET=utf8;

CREATE TABLE IF NOT EXISTS 'books' (
    'isbn' bigint(13)NOT NULL,
    'bookname' varchar(50)NOT NULL,
    'press' varchar(50)NOT NULL,
    'price' float NOT NULL,
    'version' date NOT NULL,
    'author' varchar(30)NOT NULL,
PRIMARY KEY ('isbn')
) ENGINE=InnoDB DEFAULT CHARSET=utf8;

INSERT INTO 'books' ('isbn','bookname','press','price','version','author') VALUES
(9345532332325,'程序设计基础','科学出版社',28,'2013-05-12','何力'),
(9347234498337,'数据库技术','时代出版社',28.6,'2013-04-02','李克'),
(9347766333424,'高等数学','科学出版社',30,'2013-09-12','王伟'),
(9347893744534,'线性代数','历史出版社',23,'2012-01-08','张欣'),
(9348723634634,'大学英语','世界出版社',30,'2014-01-02','李新'),
(9787076635886,'计算机基础','科学出版社',23.5,'2015-03-02','张小小'),
(9847453433422,'普通物理学','教育出版社',27.4,'2012-05-12','张力');
```

例 2-16 中的代码为一个 SQL 脚本文件的片段，包括了三段功能，其中第一、二段分别创建表 admin 及 books，第三段向 books 表中插入了 7 条记录。

任务 2　认识数据库字符集以及校对规则设置

子任务 2.1　了解字符集及校对规则的概念

2.1.1　认识字节与字符

字节是计算存储容量的一种计量单位。我们知道计算机只能识别 1 和 0 组成的二进制位。一个数就是 1 位(bit)，为了方便计算，规定 8 位就是一个字节。例如：十进制数 15，转为二进制是 00001111，这个 8 位二进制数就占了一个字节的存储容量。

字符和字节不同，任何一个文字或符号都是一个字符，但所占字节数目是不固定的，不同的编码导致一个字符所占的内存不同。例如一个英文字符“a”，以 ASCII 码来表示时，仅用一个字节；而一个汉字“中”，如果在 UTF-8 编码中占 3 个字节，在 GBK 编码中占 2 个字节。

2.1.2　认识编码方式

字符集其实是一套编码规范中的子概念，国际标准化组织制定了编码规范，希望使用不同的二进制数来表示代表不同的字符，这样计算机就可以根据二进制数来显示其对应的字符。我们通常称其为 XX 字符集(或是 XX 编码)。

早期的计算机，计算能力、存储空间都非常有限，到了 20 世纪中期，美国率先制定了 ASCII(美国信息交换标准代码)码，后又对其进行了扩展，规定了以 8 个二进制位表示一个字符的具体规范(其中最高位未使用，实际使用 7 个二进制位)，ASCII 码具体内容见表 2-1。

表 2-1　美国信息交换标准代码(ASCII 码)

Bin（二进制）	Dec（十进制）	Hex（十六进制）	缩写/字符	Bin（二进制）	Dec（十进制）	Hex（十六进制）	缩写/字符	Bin（二进制）	Dec（十进制）	Hex（十六进制）	缩写/字符	Bin（二进制）	Dec（十进制）	Hex（十六进制）	缩写/字符
0000 0000	0	0x00	NUL	0010 0000	32	0x20	(space)	0100 0000	64	0x40	@	0110 0000	96	0x60	、
0000 0001	1	0x01	SOH	0010 0001	33	0x21	!	0100 0001	65	0x41	A	0110 0001	97	0x61	a
0000 0010	2	0x02	STX	0010 0010	34	0x22	″	0100 0010	66	0x42	B	0110 0010	98	0x62	b
0000 0011	3	0x03	ETX	0010 0011	35	0x23	#	0100 0011	67	0x43	C	0110 0011	99	0x63	c
0000 0100	4	0x04	EOT	0010 0100	36	0x24	$	0100 0100	68	0x44	D	0110 0100	100	0x64	d
0000 0101	5	0x05	ENQ	0010 0101	37	0x25	%	0100 0101	69	0x45	E	0110 0101	101	0x65	e
0000 0110	6	0x06	ACK	0010 0110	38	0x26	&	0100 0110	70	0x46	F	0110 0110	102	0x66	f
0000 0111	7	0x07	BEL	0010 0111	39	0x27	'	0100 0111	71	0x47	G	0110 0111	103	0x67	g

（续表）

Bin（二进制）	Dec（十进制）	Hex（十六进制）	缩写/字符	Bin（二进制）	Dec（十进制）	Hex（十六进制）	缩写/字符	Bin（二进制）	Dec（十进制）	Hex（十六进制）	缩写/字符	Bin（二进制）	Dec（十进制）	Hex（十六进制）	缩写/字符
0000 1000	8	0x08	BS	0010 1000	40	0x28	(	0100 1000	72	0x48	H	0110 1000	104	0x68	h
0000 1001	9	0x09	HT	0010 1001	41	0x29	)	0100 1001	73	0x49	I	0110 1001	105	0x69	i
0000 1010	10	0x0A	LF	0010 1010	42	0x2A	*	0100 1010	74	0x4A	J	0110 1010	106	0x6A	j
0000 1011	11	0x0B	VT	0010 1011	43	0x2B	+	0100 1011	75	0x4B	K	0110 1011	107	0x6B	k
0000 1100	12	0x0C	FF	0010 1100	44	0x2C	,	0100 1100	76	0x4C	L	0110 1100	108	0x6C	l
0000 1101	13	0x0D	CR	0010 1101	45	0x2D	—	0100 1101	77	0x4D	M	0110 1101	109	0x6D	m
0000 1110	14	0x0E	SO	0010 1110	46	0x2E	.	0100 1110	78	0x4E	N	0110 1110	110	0x6E	n
0000 1111	15	0x0F	SI	0010 1111	47	0x2F	/	0100 1111	79	0x4F	O	0110 1111	111	0x6F	o
0001 0000	16	0x10	DLE	0011 0000	48	0x30	0	0101 0000	80	0x50	P	0111 0000	112	0x70	p
0001 0001	17	0x11	DC1	0011 0001	49	0x31	1	0101 0001	81	0x51	Q	0111 0001	113	0x71	q
0001 0010	18	0x12	DC2	0011 0010	50	0x32	2	0101 0010	82	0x52	R	0111 0010	114	0x72	r
0001 0011	19	0x13	DC3	0011 0011	51	0x33	3	0101 0011	83	0x53	S	0111 0011	115	0x73	s
0001 0100	20	0x14	DC4	0011 0100	52	0x34	4	0101 0100	84	0x54	T	0111 0100	116	0x74	t
0001 0101	21	0x15	NAK	0011 0101	53	0x35	5	0101 0101	85	0x55	U	0111 0101	117	0x75	u
0001 0110	22	0x16	SYN	0011 0110	54	0x36	6	0101 0110	86	0x56	V	0111 0110	118	0x76	v
0001 0111	23	0x17	ETB	0011 0111	55	0x37	7	0101 0111	87	0x57	W	0111 0111	119	0x77	w
0001 1000	24	0x18	CAN	0011 1000	56	0x38	8	0101 1000	88	0x58	X	0111 1000	120	0x78	x
0001 1001	25	0x19	EM	0011 1001	57	0x39	9	0101 1001	89	0x59	Y	0111 1001	121	0x79	y
0001 1010	26	0x1A	SUB	0011 1010	58	0x3A	:	0101 1010	90	0x5A	Z	0111 1010	122	0x7A	z
0001 1011	27	0x1B	ESC	0011 1011	59	0x3B	;	0101 1011	91	0x5B	[	0111 1011	123	0x7B	{
0001 1100	28	0x1C	FS	0011 1100	60	0x3C	<	0101 1100	92	0x5C	\	0111 1100	124	0x7C	|
0001 1101	29	0x1D	GS	0011 1101	61	0x3D	=	0101 1101	93	0x5D	]	0111 1101	125	0x7D	}

（续表）

Bin（二进制）	Dec（十进制）	Hex（十六进制）	缩写/字符	Bin（二进制）	Dec（十进制）	Hex（十六进制）	缩写/字符	Bin（二进制）	Dec（十进制）	Hex（十六进制）	缩写/字符	Bin（二进制）	Dec（十进制）	Hex（十六进制）	缩写/字符
0001 1110	30	0x1E	RS	0011 1110	62	0x3E	>	0101 1110	94	0x5E	^	0111 1110	126	0x7E	~
0001 1111	31	0x1F	US	0011 1111	63	0x3F	?	0101 1111	95	0x5F	_	0111 1111	127	0x7F	DEL

在英语中，用 128 个符号编码便可以表示所有的字母数字标点符号等字符，但是用来表示其他语言如中文、日文、韩文、阿拉伯文，128 个符号是远远不够的。以中文为例，常用汉字就近一万个，仅用 1 个字节(8 个二进制位)最多只能表示 256 个字符，根本无法满足需要。随着计算机技术的发展与应用，一系列面向全球各种语言文字的编码方式被提出，目前的文字编码主要有以下几种：ASCII、GB 2312、GBK、Unicode 等。ASCII 编码是最简单的西文编码方案。GB 2312、GBK、GB 18030 是汉字字符编码方案的中国国家标准。ISO/IEC 10646 和 Unicode 都是全球字符编码的国际标准。

根据这些编码规范，计算机就可以在各类字符和二进制数之间相互转换。如 Windows 系统中默认使用 GBK 编码，在相应的计算机信息系统中凡以 GBK 编码方式的二进制文字信息都可以正常显示。表 2-2 为常见字符集列表。

表 2-2　常见字符集列表

字符集	是否定长	编码方式	其他说明
ACSII	是	单字节 7 位编码	计算机发展早期的主要字符集
ISO-8859-1/latin1	是	单字节 8 位编码	西欧字符集经常被用来转码
GB 2312	是	双字节编码	早期汉字编码标准(1980 年国标)，不推荐再使用
GBK	是	双字节编码	1995 年制定汉字编码，非国标但支持系统较多
GB 18030	否	2 字节或 4 字节编码	2005 年制定中国国标，对数据库支持度一般
UTF-32	是	4 字节编码	原始编码，目前很少采用
UCS-2	是	2 字节编码	国际标准，Windows 2000 内部用 UCS-2
UTF-16	否	2 字节或 4 字节编码	Java 和 Windows XP/NT 等内部使用 UTF-16
UTF-8	否	1 至 4 字节编码	互联网和 UNIX/Linux 广泛支持的 Unicode 字符集，MySQL 也使用 UTF-8

思政小贴士

随着我国综合国力快速发展，不仅仅在计算机编码领域出现中国标准，在数据库软件、大型工业产品、科学理论等领域不断出现“中国方案”“中国创造”，我们要继续努力，为全人类的发展贡献中国力量。

2.1.3　统一的 Unicode

进入 20 世纪 90 年代，多种编码规范并存且互不兼容，只能表示面向部分国家或地区的特定文字字符。于是，国际标准化组织(ISO)决定制定一套全世界通用的编码规范，这就是 Unicode。

Unicode 包含了全世界所有的字符。Unicode 最多可以保存 4 个字节容量的字符。也就是说,要区分每个字符,每个字符的地址需要 4 个字节。这十分浪费存储空间,为了灵活运用以节约存储空间,又出现 UTF-8、UTF-16、UTF-32 这些编码方式,其中较为通用的是 UTF-8,这也是较为推荐的在 MySQL 数据库中建表时使用的编码方式。

子任务 2.2 认识 MySQL 数据库的字符集与校对规则

2.2.1 MySQL 数据库的字符集

MySQL 数据库作为广泛应用的数据库系统,支持几乎所有的常见字符集,MySQL 还可以在同一台服务器、同一个数据库,甚至同一个表的不同字段都可以指定使用不同的字符集,相比 Oracle 等其他数据库管理系统(在同一个数据库只能使用相同的字符集),MySQL 明显具有更大的灵活性。

在 MySQL 客户端中输入“SHOW CHARSET;”命令,可以看到当前连接的 MySQL 数据库软件所支持的字符集列表(代码及返回结果如下):

```
mysql> SHOW CHARSET;
+----------+-----------------------------+---------------------+--------+
| Charset  | Description                 | Default collation   | Maxlen |
+----------+-----------------------------+---------------------+--------+
| big5     | Big5 Traditional Chinese    | big5_chinese_ci     |      2 |
| dec8     | DEC West European           | dec8_swedish_ci     |      1 |
| cp850    | DOS West European           | cp850_general_ci    |      1 |
| hp8      | HP West European            | hp8_english_ci      |      1 |
| koi8r    | KOI8-R Relcom Russian       | koi8r_general_ci    |      1 |
| latin1   | cp1252 West European        | latin1_swedish_ci   |      1 |
| latin2   | ISO 8859-2 Central European | latin2_general_ci   |      1 |
| swe7     | 7bit Swedish                | swe7_swedish_ci     |      1 |
| ascii    | US ASCII                    | ascii_general_ci    |      1 |
| ujis     | EUC-JP Japanese             | ujis_japanese_ci    |      3 |
| sjis     | Shift-JIS Japanese          | sjis_japanese_ci    |      2 |
| hebrew   | ISO 8859-8 Hebrew           | hebrew_general_ci   |      1 |
| tis620   | TIS620 Thai                 | tis620_thai_ci      |      1 |
| euckr    | EUC-KR Korean               | euckr_korean_ci     |      2 |
| koi8u    | KOI8-U Ukrainian            | koi8u_general_ci    |      1 |
| gb2312   | GB2312 Simplified Chinese   | gb2312_chinese_ci   |      2 |
| greek    | ISO 8859-7 Greek            | greek_general_ci    |      1 |
| cp1250   | Windows Central European    | cp1250_general_ci   |      1 |
| gbk      | GBK Simplified Chinese      | gbk_chinese_ci      |      2 |
| latin5   | ISO 8859-9 Turkish          | latin5_turkish_ci   |      1 |
| armscii8 | ARMSCII-8 Armenian          | armscii8_general_ci |      1 |
| utf8     | UTF-8 Unicode               | utf8_general_ci     |      3 |
| ucs2     | UCS-2 Unicode               | ucs2_general_ci     |      2 |
| cp866    | DOS Russian                 | cp866_general_ci    |      1 |
| keybcs2  | DOS Kamenicky Czech-Slovak  | keybcs2_general_ci  |      1 |
| macce    | Mac Central European        | macce_general_ci    |      1 |
| macroman | Mac West European           | macroman_general_ci |      1 |
| cp852    | DOS Central European        | cp852_general_ci    |      1 |
| latin7   | ISO 8859-13 Baltic          | latin7_general_ci   |      1 |
| utf8mb4  | UTF-8 Unicode               | utf8mb4_general_ci  |      4 |
```

```
| cp1251     | Windows Cyrillic              | cp1251_general_ci    |     1 |
| utf16      | UTF-16 Unicode                | utf16_general_ci     |     4 |
| utf16le    | UTF-16LE Unicode              | utf16le_general_ci   |     4 |
| cp1256     | Windows Arabic                | cp1256_general_ci    |     1 |
| cp1257     | Windows Baltic                | cp1257_general_ci    |     1 |
| utf32      | UTF-32 Unicode                | utf32_general_ci     |     4 |
| binary     | Binary pseudo charset         | binary               |     1 |
| geostd8    | GEOSTD8 Georgian              | geostd8_general_ci   |     1 |
| cp932      | SJIS for Windows Japanese     | cp932_japanese_ci    |     2 |
| eucjpms    | UJIS for Windows Japanese     | eucjpms_japanese_ci  |     3 |
| gb18030    | China National Standard GB18030 | gb18030_chinese_ci |     4 |
+------------+-------------------------------+----------------------+-------+
41 rows in set (0.02 sec)
```

在以上命令得到的结果中，第一列表示字符集、第二列是字符集的描述信息、第三列表示默认排序规则、第四列表示字符集的一个字符占用的最大字节数。

每一行都显示了一个 MySQL 支持的字符集，可以看到 MySQL 支持 gb2312、gb18030 等简体中文字符集，还支持 big5 这样的繁体中文字符集，以及 swe7、hp8 等欧洲语系的字符集，以及更为通用的 utf-8 字符集。

可以使用“SHOW VARIABLES LIKE '%character_set%';”命令来查看 MySQL 服务器默认使用的字符集。

```
mysql> SHOW VARIABLES LIKE '%character_set%';
+--------------------------+----------------------------+
| Variable_name            | Value                      |
+--------------------------+----------------------------+
| character_set_client     | gbk                        |
| character_set_connection | gbk                        |
| character_set_database   | utf-8                      |
| character_set_filesystem | binary                     |
| character_set_results    | gbk                        |
| character_set_server     | latin1                     |
| character_set_system     | utf8                       |
| character_sets_dir       | /usr/share/mysql/charsets/ |
+--------------------------+----------------------------+
```

在以上的命令返回值列表中，出现了 8 个变量，以下进行逐一解读：

(1)character_set_client 变量表示连接到 MySQL 数据库的客户端数据所使用的字符集。

(2)character_set_connection 变量表示连接层字符集。

(3)character_set_database 变量代表了当前选择的数据库字符集。

(4)character_set_filesystem 变量表示的是文件系统字符集。

(5)character_set_results 变量表示查询结果字符集，就是在返回查询结果集或者错误信息到客户端时，使用的编码字符集。

(6)character_set_server 变量代表了 MySQL 服务器级别(实例级别)的字符集。如果创建数据库时，不指定字符集，就默认使用服务器的编码字符集。

(7)character_set_system 变量代表了系统元数据(表名、字段名等)存储时使用的编码字符集，该字段和具体存储的数据无关，总是固定不变的 UTF8 字符集。

(8)character_sets_dir 变量代表了字符集数据在 MySQL 数据库所在服务器上的安装路径。

2.2.2 MySQL 数据库的校对规则

MySQL 的校对规则(collation),是指对某一字符集中字符串之间的比较、排序制定的规则,MySQL 数据库支持 30 多种字符集的 70 多种校对规则。MySQL 校对规则具有以下特征:

(1)两个不同的字符集不能有相同的校对规则。

(2)每个字符集有一个默认校对规则。

(3)存在校对规则命名约定:以其相关的字符集名开始,中间一般包括一个语言名,并且以_ci(不区分大小写)、_cs(区分大小写)或_bin(二进制,即比较是基于字符编码的值而与具体的语言无关)结束。

通常来说,每个字符集可以适用多种校对规则,例如某系统数据库使用 utf8 字符集时,若使用 utf8_bin 校对规则,则执行 SQL 查询时区分大小写;若使用 utf8_general_ci 校对规则,就不区分大小写(默认的 utf8 字符集对应的校对规则是 utf8_general_ci)。

MySQL 数据库中每个字符集至少对应一个校对规则。可以用管理员权限登录到 MySQL 数据库中,然后使用“SHOW COLLATION LIKE '* * *';”命令查看相关字符集的校对规则;或者使用命令“SELECT * FROM information_schema. COLLATIONS”也可以列出系统中所有的校对规则。

子任务 2.3 MySQL 字符集的设置

MySQL 的字符集和校对规则有 4 个级别的默认设置:服务器级、数据库级、表级和字段级。它们分别在不同的地方设置,作用也不相同。

服务器级的字符集和校对规则,在 MySQL 服务启动的时候确定,由 MySQL 的配置文件中指定。如果没有特别的指定服务器字符集,默认使用 latin1 作为服务器字符集。

数据库的字符集和校对规则在创建数据库的时候指定,也可以在创建完数据库后通过“ALTER DATABASE”命令进行修改。需要注意的是,如果数据库里已经存在数据,因为修改字符集并不能将已有的数据按照新的字符集进行存放,所以不能通过修改数据库的字符集直接修改。数据库中表的字符集和校对规则在创建表的时候指定,可以通过“ALTER TABLE”命令进行修改,同样,如果表中已有记录,修改字符集对原有的记录并没有影响,不会按照新的字符集进行存放。表的字段仍然使用原来的字符集。

MySQL 可以定义列级别的字符集和校对规则,主要是针对相同的表不同字段需要使用不同的字符集的情况。列字符集和校对规则的定义可以在创建表时指定,或者在修改表时调整,如果在创建表的时候没有特别指定字符集和校对规则,则默认使用表的字符集和校对规则。

如果在应用开始阶段没有正确地设置字符集,在运行一段时间以后才发现存在不能满足要求需要调整,又不想丢弃这段时间的数据,那么就需要进行字符集的修改。字符集的修改不能直接通过“ALTER DATABASE CHARACTER SET * * *”或者“ALTER TABLE TABLENAME CHARACTER SET * * *”命令进行,这两个命令都没有更新已有记录的字符集,而只是对新创建的表或者记录生效(已有记录的字符集调整,需要先将数据备份,经过适当的调整重新还原后才可完成)。

任务 3 对 MySQL 表进行管理

子任务 3.1 了解存储引擎的概念

MySQL 中的数据用各种不同的技术存储在文件(或内存)中。这些技术中的每一种技术都使用不同的存储机制、索引技巧和数据锁定水平,并且提供不同的功能和特性。通过在这些技术中进行选择,用户可以在数据访问的速度、数据安全性、功能丰富性之间进行选择和折中,从而改善数据库应用的整体性能。这些不同的技术以及配套的相关功能在 MySQL 中被称作存储引擎。MySQL 中可以针对不同的存储需求选择最优的存储引擎。本任务将介绍存储引擎的概念、分类以及实际应用中的选择原则。

存储引擎是 MySQL 数据库最重要的特性之一,用户可以根据应用的需要选择适合的存储引擎,来订制数据库如何存储和索引数据、是否使用事务等。MySQL 默认支持多种存储引擎,以适应用户需要,通过选择使用不同的存储引擎可以提高应用的效率,提供灵活的存储,用户甚至可以按照自己的需要定制和使用自己的存储引擎,以实现最大限度的可定制性。

以下命令的运行结果列出了 MySQL 数据库服务器当前所支持的存储引擎(以安装于 CentOS 系统上的 5.7.26 MySQL Community Server 为例)。

```
mysql> SHOW ENGINES;
+--------------------+---------+----------------------------------------------------------------+--------------+------+------------+
| Engine             | Support | Comment                                                        | Transactions | XA   | Savepoints |
+--------------------+---------+----------------------------------------------------------------+--------------+------+------------+
| InnoDB             | DEFAULT | Supports transactions,row-level locking,and foreign keys       | YES          | YES  | YES        |
| MRG_MYISAM         | YES     | Collection of identical MyISAM tables                          | NO           | NO   | NO         |
| MEMORY             | YES     | Hash based,stored in memory,useful for temporary tables        | NO           | NO   | NO         |
| BLACKHOLE          | YES     | /dev/null storage engine (anything you write to it disappears) | NO           | NO   | NO         |
| MyISAM             | YES     | MyISAM storage engine                                          | NO           | NO   | NO         |
| CSV                | YES     | CSV storage engine                                             | NO           | NO   | NO         |
| ARCHIVE            | YES     | Archive storage engine                                         | NO           | NO   | NO         |
| PERFORMANCE_SCHEMA | YES     | Performance Schema                                             | NO           | NO   | NO         |
| FEDERATED          | NO      | Federated MySQL storage engine                                 | NULL         | NULL | NULL       |
+--------------------+---------+----------------------------------------------------------------+--------------+------+------------+
9 rows in set (0.03 sec)
```

MySQL 5.7 支持的存储引擎包括 MyISAM、InnoDB、MEMORY、CSV 等,其中 InnoDB 提供事务安全表,其他存储引擎都提供非事务安全表。表 2-3 中列出了三种典型存储引擎的特性对比。

表 2-3 MySQL 数据库三种典型存储引擎特性对比

特性	MyISAM	InnoDB	MEMORY
存储限制	有	64 TB	有
事务安全		支持	
锁机制	表锁	行锁	表锁
B 树索引	支持	支持	支持
哈希索引			支持
全文索引	支持		

(续表)

特性	MyISAM	InnoDB	MEMORY
集群索引		支持	
数据缓存		支持	支持
索引缓存	支持	支持	支持
数据压缩	支持		
空间使用	低	高	N/A
内存使用	低	高	中等
批量插入的速度	高	低	高
支持外键		支持	

子任务 3.2　了解 MyISAM 和 InnoDB 存储引擎

3.2.1　MyISAM 存储引擎

MyISAM 是 MySQL 数据库的默认存储引擎。MyISAM 不支持事务,也不支持外键,其优势是访问速度快,对事务完整性没有要求或者以 SELECT、INSERT 为主的应用基本上都可以使用这个引擎来创建表。

MyISAM 的表又支持 3 种不同的存储格式,分别是静态(固定长度)表、动态表及压缩表。其中,静态表是默认的存储格式。静态表中的字段都是非变长字段,这样每个记录都是固定长度的,这种存储方式的优点是存储非常迅速,容易缓存,出现故障容易恢复;缺点是占用的空间通常比动态表多。静态表的数据在存储的时候会按照列的宽度定义补足空格,但是在应用访问的时候并不会得到这些空格,这些空格在返回给应用之前已经去掉。

动态表中包含变长字段,记录不是固定长度的,这样存储的优点是占用的空间相对较少,但是频繁地更新删除记录会产生碎片,需要定期执行 OPTIMIZE TABLE 语句或 myisamchk -r 命令来改善性能,并且出现故障的时候恢复相对比较困难。

压缩表由 myisampack 工具创建,占据非常小的磁盘空间。

3.2.2　InnoDB 存储引擎

InnoDB 存储引擎提供了具有提交、回滚和崩溃恢复能力的事务安全。但是对比 MyISAM 存储引擎,InnoDB 写的处理效率略差一些,并且会占用更多的磁盘空间以保留数据和索引。

微课

认识数据库表的结构

子任务 3.3　认识数据库表的结构

数据表是数据库中的最基本也最重要的操作对象,是数据存储的基本单位。数据表是数据的载体,表中存放了若干的行和列,其中一列被称为一个字段,一行被称为一条记录。以下的数据表中显示了本书例子数据库中的教材信息表,该表包含了 isbn、bookname 等列(字段),每一行则代表了一本教材的具体信息值。

【例 2-17】　教材信息表示例。

```
+----------------+----------------+----------------+---------+------------+---------+
| isbn           | bookname       | press          | price   | version    | author  |
+----------------+----------------+----------------+---------+------------+---------+
| 9345532332325  | 程序设计基础   | 科学出版社     | 28      | 2013-05-12 | 何力    |
| 9347234498337  | 数据库技术     | 时代出版社     | 28.6    | 2013-04-02 | 李克    |
| 9347766333424  | 高等数学       | 科学出版社     | 30      | 2013-09-12 | 王伟    |
| 9347893744534  | 线性代数       | 历史出版社     | 23      | 2012-01-08 | 张欣    |
| 9348723634634  | 大学英语       | 世界出版社     | 30      | 2014-01-02 | 李新    |
| 9787076635886  | 计算机基础     | 科学出版社     | 23.5    | 2015-03-02 | 张小小  |
| 9847453433422  | 普通物理学     | 教育出版社     | 27.4    | 2012-05-12 | 张力    |
+----------------+----------------+----------------+---------+------------+---------+
```

在 MySQL 数据库中，数据表具有以下特点：

(1)数据表由行和列组成，每一行代表了一条完整的记录，例如 bookname 字段值为"程序设计基础"的记录，就显示了该教材的完整信息。总共 6 个字段，如 isbn 代表了教材的编号，而 press 字段代表了出版社名称，price 字段代表了教材价格，version 代表了教材的出版年月日，最后的 author 字段代表了教材作者。

(2)每一行的值在同一个表中具有唯一性。在数据表中不允许存在两个或者两个以上完全一致的行。

(3)字段名的唯一性。在同一个表中，不允许存在完全相同的两个字段名。

(4)行与列的无序性。在同一个表中，行的顺序可以任意排列，通常情况下按照插入表的顺序进行排列。列的顺序也是可以任意排列的。

子任务 3.3.1　查看数据库中包含的所有表

查看当前数据库中的所有表，使用的命令是 SHOW TABLES。

【例 2-18】　查看 test 数据库下存在哪些数据表。

```
mysql> USE test;
Database changed
mysql> SHOW TABLES;
+----------------+
| Tables_in_test |
+----------------+
| admin          |
| books          |
| courses        |
| department     |
| selected       |
| student        |
| teacher        |
+----------------+
7 rows in set (0.03 sec)
```

子任务 3.3.2　查看数据表的结构

使用 DESCRIBE 语句可以查看指定表结构的相关信息。

语法格式如下：

```
{ DESCRIBE | DESC } <表名> [字段名]
```

【例 2-19】　查看 books 表的结构信息。

```
mysql> DESC books;
+------------------+-------------------+----------+-----------+-------------+------------+
| Field            | Type              | Null     | Key       | Default     | Extra      |
+------------------+-------------------+----------+-----------+-------------+------------+
| isbn             | bigint(13)        | NO       | PRI       | NULL        |            |
| bookname         | varchar(50)       | NO       |           | NULL        |            |
| press            | varchar(50)       | NO       |           | NULL        |            |
| price            | float             | NO       |           | NULL        |            |
| version          | date              | NO       |           | NULL        |            |
| author           | varchar(30)       | NO       |           | NULL        |            |
+------------------+-------------------+----------+-----------+-------------+------------+
6 rows in set (0.01 sec)
```

查看表的结构信息命令返回的也是一张表，其中共有 6 个字段，分别代表了以下含义：

Field：该字段表示的是列名。

Type：该字段表示的是列的数据类型。

Null：该字段表示这个列是否能取空值，就是在表中是否允许该字段中没有数据。

Key：在 MySQL 数据库系统中 key 和 index 是一样的意思，这个 Key 列可能会看到有如下的值：PRI(主键)、MUL(普通的 b-tree 索引)、UNI(唯一索引)。

Default：列的默认值，如果为 NULL，说明没有默认值。

Extra：其他信息。

子任务 3.4　创建数据库表

在 MySQL 数据库中，可以使用 CREATE TABLE 语句创建表。其语法格式为：

```
CREATE TABLE <表名> ([表定义选项])[表选项][分区选项];
```

其中，[表定义选项]的格式为：

```
<列名 1> <类型 1> [,...] <列名 n> <类型 n>
```

CREATE TABLE 语句的主要语法及使用说明如下：

CREATE TABLE：用于创建给定名称的表，必须拥有表 CREATE 的权限。

＜表名＞：指定要创建表的名称，在 CREATE TABLE 之后给出，必须符合标识符命名规则。表名称被指定为 db_name. tbl_name，以便在特定的数据库中创建表。无论是否已选定当前数据库，都可以通过这种方式创建。在当前数据库中创建表时，可以省略 db_name。如果使用加引号的识别名，则应对数据库和表名称分别加引号。例如，'mydb' . mytbl'是合法的，但'mydb. mytbl'是不合法的。

＜表定义选项＞：表创建定义，由列名(col_name)、列的定义(column_definition)以及可能的空值说明、完整性约束或表索引组成。

默认的情况是，表被创建到当前的数据库中。若表已存在、没有当前数据库或者数据库不存在，则会出现错误。

使用 CREATE TABLE 创建表时，必须指定以下信息：

(1)要创建的表的名称(不区分大小写)，不能使用 SQL 语言中的关键字，如 DROP、ALTER、INSERT 等。

(2)数据表中每个列(字段)的名称和数据类型，如果创建多个列，要用逗号隔开。

在指定的数据库中创建表时，由于数据表属于数据库，在创建数据表之前，应使用语句“USE<数据库>”指定操作在哪个数据库中进行，如果没有选择数据库，就会抛出“No database selected”的错误。

思政小贴士

数据库中的表需要充分结合实际问题进行设计，站在使用者角度进行规划，做到以用户为中心，提供易于维护、易于扩展的软件服务，这是设计师的基本素质。

子任务 3.5　对数据表进行删除

MySQL 数据库中以 DROP TABLE 来进行数据表的删除操作，语法形式如下：

```
DROP [TEMPORARY] TABLE [IF EXISTS]
TABLE_NAME [,TABLE_NAME] ...
[RESTRICT | CASCADE]
```

此命令可一次删除一张或多张表。执行删除操作时需具有所删除表上的 DROP 权限。操作完成后表定义文件和数据文件均被移除。参数中指定的表名不存在则报错。可通过指定 IF EXISTS 阻止表不存在时引发的错误(此时对于不存在的表进行删除操作仅产生一个警告而不会报错)。

命令的参数解释如下：

TEMPORARY 参数指定了当前的删除操作只针对临时表，防止了用户无意中删除非临时表，确保了数据表的安全。

TABLE_NAME 指定了将要删除的数据表的名字，可以一次指定多个。

RESTRICT：确保只有不存在相关视图和完整性约束的表才能删除。

CASCADE：任何相关视图和完整性约束一并被删除。即在删除一个表时，如果该表的主键是另一个表的外键，就必须用 CASCADE 关键字，否则就会报错。

任务 4　认识 MySQL 数据库中的系统变量

MySQL 系统变量(system VARIABLES)是指 MySQL 实例的各种系统变量，实际上是一些系统参数，用于初始化或设定数据库对系统资源的占用，文件存放位置等等。这些变量包含 MySQL 编译时的参数默认值，或者 my.cnf 配置文件里配置的参数值。默认情况下系统变量的值都是由小写字母组成。

子任务 4.1　认识全局系统变量及会话系统变量

系统变量(system VARIABLES)按作用域范围，分为会话系统变量和全局系统变量。

每一个客户机成功连接服务器后，都会产生与之对应的会话(Session)。会话持续期间，服务实例会在数据库服务器的内存中生成与该会话对应的会话系统变量。这些会话系统变量的初始值就是从全局系统变量值复制过来的。为了标记不同的会话，会话系统又新增了一些变量，这些变量是全局系统变量没有的。

会话系统变量的特点在于，它仅仅用于定义当前会话的属性，会话期间对某个会话系统变量值的修改，不会影响到其他会话中同一个会话系统变量的值。例如两台客户机同时连接到一台 MySQL 数据库服务器，则用户 1 无法访问用户 2 的会话系统变量，同理用户 2 也无法访问用户 1 的会话系统变量。任何一个会话结束后(客户机与服务器断开连接)，所有与该会话相关的会话系统变量都会被系统自动释放。

全局系统变量的特点在于，它是用于定义 MySQL 服务实例的属性、特点。当某个会话对某个全局系统变量值被修改时，会导致其他会话中同一全局系统变量值也被修改。

全局系统变量对所有会话系统变量生效，如果两台客户机同时连接到一台服务器则这两个会话中任何一个修改了全局系统变量，都会导致另外一个会话中的全局系统变量也发生变化。

子任务 4.2　查看 MySQL 数据库系统变量的值

查看全局系统变量的命令是“SHOW GLOBAL VARIABLES;”。

【例 2-20】 查看 MySQL 数据库系统中所有的全局系统变量。

```
mysql> SHOW GLOBAL VARIABLES;
| Variable_name                                  | Value
| AUTO_INCREMENT_increment                       | 1
| AUTO_INCREMENT_offset                          | 1
| autocommit                                     | ON
| automatic_sp_privileges                        | ON
| avoid_temporal_upgrade                         | OFF
| back_log                                       | 80
| basedir                                        | /usr/
| big_tables                                     | OFF
| bind_address                                   | *
| binlog_cache_size                              | 32768
| binlog_checksum                                | CRC32
| binlog_direct_non_transactional_updates        | OFF
| binlog_error_action                            | ABORT_SERVER
| binlog_format                                  | ROW
| binlog_group_commit_sync_delay                 | 0
| binlog_group_commit_sync_no_delay_count        | 0
| binlog_gtid_simple_recovery                    | ON
| binlog_MAX_flush_queue_time                    | 0
| binlog_order_commits                           | ON
| binlog_row_image                               | FULL
……
```

```
……
499 rows in set (0.04 sec)
```

限于篇幅，仅列出了例 2-20 的全局系统变量部分结果。

【例 2-21】 查看 MySQL 数据库系统中所有的当前会话系统变量。

```
mysql> SHOW SESSION VARIABLES;
| Variable_name                                 | Value
| AUTO_INCREMENT_increment                      | 1
| AUTO_INCREMENT_offset                         | 1
| autocommit                                    | ON
| automatic_sp_privileges                       | ON
| avoid_temporal_upgrade                        | OFF
| back_log                                      | 80
| basedir                                       | /usr/
| big_tables                                    | OFF
| bind_address                                  | *
| binlog_cache_size                             | 32768
| binlog_checksum                               | CRC32
| binlog_direct_non_transactional_updates       | OFF
| binlog_error_action                           | ABORT_SERVER
| binlog_format                                 | ROW
| binlog_group_commit_sync_delay                | 0
| binlog_group_commit_sync_no_delay_count       | 0
| binlog_gtid_simple_recovery                   | ON
| binlog_MAX_flush_queue_time                   | 0
| binlog_order_commits                          | ON
| binlog_row_image                              | FULL
| binlog_rows_query_log_events                  | OFF
| binlog_stmt_cache_size                        | 32768
| binlog_transaction_dependency_history_size    | 25000
| binlog_transaction_dependency_tracking        | COMMIT_ORDER
| block_encryption_mode                         | aes-128-ecb
| bulk_insert_buffer_size                       | 8388608
……
……
513 rows in set (0.18 sec)
```

限于篇幅，仅列出了例 2-21 获得的会话系统变量的部分结果。

子任务 4.3 设置 MySQL 数据库系统变量的值

思政小贴士

“牵一发而动全身”，全局系统变量影响着整个数据库系统的运行特性，一旦变更会对所有的会话系统生效，修改该类系统变量的值应当非常慎重，必须考虑其可能造成的全局影响。

为某个系统变量赋值。服务器每次启动都将为所有的全局系统变量赋初始值，并且这些全局系统变量针对所有新会话(连接)有效,直至有用户修改这些系统变量。如果要想每次数据库服务器启动后,自动将某个全局系统变量修改成自定义的值,则需要修改配置文件。限于篇幅,我们这里只介绍在会话中修改全局或会话系统变量的方法。

设置 MySQL 数据库系统变量的值

方式 1:

SET GLOBAL|[SESSION].系统变量名 = 值;

方式 2:

SET @@GLOBAL|[SESSION].系统变量名 = 值;

如果是修改全局级别系统变量值,需要在 SET 命令后面加 GLOBAL。

如果是修改会话级别系统变量值,需要在 SET 命令后面加 SESSION。

如果在 set 命令后面不加任何单词,则默认修改会话级别系统变量值。

【例 2-22】 以方式 1 修改数据库的当前会话系统变量 character_set_connection,将其值从 gbk 变为 utf8。

```
mysql> SHOW VARIABLES LIKE "%character_set_connection%";
+--------------------------+--------+
| Variable_name            | Value  |
+--------------------------+--------+
| character_set_connection | gbk    |
+--------------------------+--------+
1 row in set (0.03 sec)

mysql> SET character_set_connection = utf8;
Query OK,0 rows affected (0.04 sec)

mysql> SHOW VARIABLES LIKE "%character_set_connection%";
+--------------------------+--------+
| Variable_name            | Value  |
+--------------------------+--------+
| character_set_connection | utf8   |
+--------------------------+--------+
1 row in set (0.03 sec)
```

【例 2-23】 以方式 2 修改数据库的当前会话系统变量 character_set_connection,将其值从 gbk 变为 utf8。

```
mysql> SHOW SESSION VARIABLES LIKE "%character_set_connection%";
+--------------------------+--------+
| Variable_name            | Value  |
+--------------------------+--------+
| character_set_connection | gbk    |
+--------------------------+--------+
1 row in set (0.05 sec)

mysql> SET @@SESSION.character_set_connection = utf8;
Query OK,0 rows affected (0.03 sec)
```

```
mysql> SHOW SESSION VARIABLES LIKE "%character_set_connection%";
+--------------------------+-------+
| Variable_name            | Value |
+--------------------------+-------+
| character_set_connection | utf8  |
+--------------------------+-------+
1 row in set (0.03 sec)
```

在例 2-22、例 2-23 中，通过第二次调用 SHOW VARIABLES 的结果，可以看到对于会话系统变量 character_set_connection 的修改操作已经成功，其值已经从 gbk 变为了 utf8。注意：我们是在修改会话系统变量而不是全局系统变量。下面的例子将会进行全局系统变量的修改。

【例 2-24】 以方式 1 修改数据库的全局系统变量 character_set_connection，将其值从 latin1 变为 utf8。

```
mysql> SHOW GLOBAL VARIABLES LIKE "%character_set_connection%";
+--------------------------+--------+
| Variable_name            | Value  |
+--------------------------+--------+
| character_set_connection | latin1 |
+--------------------------+--------+
1 row in set (0.22 sec)

mysql> SET GLOBAL character_set_connection=utf8;
Query OK,0 rows affected (0.39 sec)

mysql> SHOW GLOBAL VARIABLES LIKE "%character_set_connection%";
+--------------------------+-------+
| Variable_name            | Value |
+--------------------------+-------+
| character_set_connection | utf8  |
+--------------------------+-------+
1 row in set (0.28 sec)
```

【例 2-25】 以方式 2 修改数据库的全局系统变量 character_set_connection，将其值从 utf8 改为 latin1。

```
mysql> SHOW GLOBAL VARIABLES LIKE "%character_set_connection%";
+--------------------------+-------+
| Variable_name            | Value |
+--------------------------+-------+
| character_set_connection | utf8  |
+--------------------------+-------+
1 row in set (0.03 sec)

mysql> SET @@GLOBAL.character_set_connection = latin1;
Query OK,0 rows affected (0.04 sec)
```

```
mysql> SHOW GLOBAL VARIABLES LIKE "%character_set_connection%";
+--------------------------+---------+
| Variable_name            | Value   |
+--------------------------+---------+
| character_set_connection | latin1  |
+--------------------------+---------+
1 row in set (0.03 sec)
```

在例 2-24、例 2-25 的操作中,都出现了两次 SHOW GLOBAL VARIABLES 命令操作,来对全局系统变量 character_set_connection 进行对比,说明 set 命令对全局系统变量进行修改操作已经成功。

任务 5　了解 MySQL 数据库备份和恢复操作

备份和恢复在任何数据库里面都是非常重要的内容,良好的备份方法和备份策略将会使得数据库中的数据更加高效和安全。和很多数据库类似,MySQL 的备份也主要分为逻辑备份和物理备份。

在 MySQL 数据库中,逻辑备份的最大优点是对于各种存储引擎,都可以用同样的方法来备份;而物理备份则不同,不同的存储引擎有着不同的备份方法。因此,对于不同存储引擎混合的数据库,用逻辑备份会更简单一些。限于篇幅,本书仅介绍逻辑备份以及相应的恢复方法。

思政小贴士

"有备无患",在实际应用中,数据库中存储的数据直接关系着用户的信息安全,影响着用户对信息系统的信赖,为了应对意外断电、自然灾害、系统故障等情况,数据库的设计者和管理者应当高度重视数据的备份工作。

子任务 5.1　进行数据备份操作

备份操作使用 mysqldump 工具(此命令程序在 MySQL 安装目录中的 bin 子目录下,因此在使用这个命令时,需要在 bin 目录下启动命令行窗口),mysqldump 工具的主要作用就是进行数据库中数据的备份操作。

注意:使用 mysqldump 命令时要在 Windows 命令行中使用,而不是在 mysql 命令行下面使用。也就是说 mysqldump 和连接数据库的 mysql 命令相似,也是一个直接操作数据库的命令,使用 mysqldump 命令要在 mysql 命令退出连接之后再使用(或者另外打开一个命令行窗口来使用)。

子任务 5.1.1　备份整个数据库

备份整个数据库的命令形式如下:

```
mysqldump -h 数据库服务器地址 -P 数据库端口号 -u 用户名 -p --databases 数据库名 > 备份的文件名
```

注意:在 mysqldump 命令中,-h 参数后面要跟数据库服务器的地址,-p 参数要和数据库名分开，两者之间至少要有一个空格，-p 参数类似于前面介绍的 mysql 命令中的-p 参数，是用来登录数据库时输入密码用的，与数据库名无关；--databases 参数指定了在备份到 SQL 文件时，是否也包括创建数据库的语句，即命令中如果没有加上--databases 参数，则备份的 SQL 文件中只有数据库中全部的数据表及创建数据表的语句，而不包含创建数据库的语句；在还原 SQL 文件中数据的时候就只能还原数据表而不会自动创建原有数据库。

在指定备份文件名时，可以指定路径，比如“d:\test. sql”这样的绝对路径；或者直接写“test. sql”，在此种情况下，备份数据生成的 test. sql 文件将被保存到当前目录下。

【例 2-26】 备份 test 数据库下的全部内容，并保存到 D 盘根目录下，文件名为 test. sql。

```
D:\mysql-5.7\bin>mysqldump -h 118.31.43.209 -u root -p test > d:\test.sql
Enter password: ********
```

注意 mysqldump 命令成功之后没有其他提示，只是返回到命令提示符。

子任务 5.1.2 备份数据库中的某个表

仅备份某个表时的 mysqldump 命令格式与例 2-26 中相同，只是在指定数据库名后加上数据表的名字。命令形式如下：

```
mysqldump -u 用户名 -p 数据库名 表名 > 备份的文件名
```

【例 2-27】 查询 test 数据库中存在哪些数据表，并备份其中的 books 表，保存到 D 盘根目录，文件名为 books. sql。

```
mysql> USE test;
Database changed
mysql> SHOW TABLES;
+------------------+
| Tables_in_test |
+------------------+
| admin          |
| books          |
| courses        |
| department     |
| selected       |
| student        |
| teacher        |
+------------------+
7 rows in set (0.02 sec)
mysql> EXIT
Bye

D:\mysql-5.7\bin>mysqldump -h 118.31.43.209 -u root -p test books > D:\books.sql
Enter password: ********
```

在例 2-27 中，先利用 SHOW TABLES 命令查看了 test 数据库中包含的数据表，确认存在 books 表之后，用 mysqldump 命令将其备份为 books. sql。以下为备份的 books. sql 的部分内容片段：

```
-- MySQL dump 10.13  Distrib 5.7.24, for Win64 (x86_64)
```

```
-- Host: 118.31.43.209    Database: test
-- ------------------------------------------------------
-- Server version5.7.26
--
-- Table structure for table 'books'
--
DROP TABLE IF EXISTS 'books';
/*! 40101 SET @saved_cs_client = @@character_set_client */;
/*! 40101 SET character_set_client = utf8 */;
CREATE TABLE 'books' (
  'isbn' bigint(13)NOT NULL,
  'bookname' varchar(50)NOT NULL,
  'press' varchar(50)NOT NULL,
  'price' float NOT NULL,
  'version' date NOT NULL,
  'author' varchar(30)NOT NULL,
  PRIMARY KEY ('isbn')
)ENGINE=InnoDB DEFAULT CHARSET=utf8;
/*! 40101 SET character_set_client = @saved_cs_client */;

-- Dumping data for table 'books'

LOCK TABLES 'books' WRITE;
/*! 40000 ALTER TABLE 'books' DISABLE KEYS */;
INSERT INTO 'books' VALUES(9345532332325,'程序设计基础','科学出版社',28,'2013-05-12','何力'),(9347234498337,'数据库技术','时代出版社',28.6,'2013-04-02','李克'),(9347766333424,'高等数学','科学出版社',30,'2013-09-12','王伟'),(9347893744534,'线性代数','历史出版社',23,'2012-01-08','张欣'),(9348723634634,'大学英语','世界出版社',30,'2014-01-02','李新'),(9787076635886,'计算机基础','科学出版社',23.5,'2015-03-02','张小小\r\n'),(9847453433422,'普通物理学','教育出版社',27.4,'2012-05-12','张力');
-- Dump completed on 2019-08-07 15:04:06
```

通过查看 SQL 文件的内容,可以发现 mysqldump 命令将数据表的结构以及表内包含的数据,全部都备份到了文件中,利用这个 SQL 脚本文件,可以很方便地在其他的 MySQL 数据库服务器上重建内容完全相同的数据表或数据库。

子任务 5.1.3　备份数据库中的多个表

mysqldump 命令支持同时备份多个数据表,其命令格式与备份单个表类似,仅需将多个目标表名连续输入即可。命令形式如下:

```
mysqldump -u 用户名 -p 数据库名 表1 表2 表3 ... > 备份的文件名
```

【例 2-28】 备份 test 数据库下的 books、teacher、student 表的内容及结构,并保存到 D 盘根目录下,文件名为 teacher.sql。

```
D:\mysql-5.7\bin> mysqldump -h 118.31.43.209 -u root -p test books teacher student > D:\teacher.sql
```

```
Enter password: ********
```

执行上述命令后，在 D:\mysql-5.7\bin 目录下可以找到对应的 *.sql 文件，其中包括了 books、teacher、student 表的全部内容。

子任务 5.2　进行数据恢复操作

MySQL 数据库在使用过程中，因为意外断电或是意外关机以及数据迁移等多种原因，有时需要将已经备份的 SQL 脚本文件中数据重新还原到数据库中，本书仅介绍逻辑还原操作，逻辑还原的两种主要方式为使用 mysql 命令还原和使用 source 命令还原。

子任务 5.2.1　用 mysql 命令还原数据

对于包含有 CREATE、INSERT、DROP 等语句的 SQL 脚本文件，使用 mysql 命令可以实现 SQL 脚本文件中数据的还原，其语法格式如下：

```
mysql -h 数据库地址或主机名 -u 用户名 -p [数据库名] < filename.sql
```

使用 mysql 命令进行数据还原时，如果 SQL 脚本文件中已经包含了创建数据库的语句（CREATE DATABASE）语句，则数据库名参数可以省略，直接进行数据还原操作；否则，必须在 mysql 命令中加上数据库名，而且该数据库必须已经存在，否则还原操作将失败。另外，需要注意的是 mysql 命令还原数据操作完成后，将直接返回进入系统的提示符，而不会连接到 MySQL 数据库。

【例 2-29】　不指定数据库名，使用 mysql 命令还原 test.sql 文件中的数据表及其中的数据。

```
d:\mysql-5.7\bin>mysql -h 118.31.43.209 -u root -p < d:\test.sql
Enter password: ********
```

【例 2-30】　指定数据库名，使用 mysql 命令还原 test.sql 文件中的数据表及其中的数据。

```
d:\mysql-5.7\bin>mysql -h 118.31.43.209 -u root -p test < d:\test.sql
Enter password: ********
```

注意：例 2-29 和例 2-30 的区别在于，前者的 test.sql 文件中已经包含了创建 test 数据库的命令，因此可以省去指定数据库名的 test 参数，而后者的 test.sql 中没有创建 test 数据库的命令。如果要在 SQL 脚本中加入创建数据库的命令，需要在调用 mysqldump 命令备份数据时就指定--databases 参数（参见上一节相关内容）。

子任务 5.2.2　用 source 命令进行数据还原

MySQL 数据库中的 source 命令也可以用来通过 SQL 脚本文件进行数据的还原操作，这种方法与 mysql 命令还原数据的主要区别在于：source 命令必须在 mysql 命令行中运行，也就是说要先用 mysql 命令连接到数据库之后再进行数据还原操作。具体操作步骤如下：

使用 mysql 命令连接到数据库进入 MySQL 控制台，执行下述指令：

```
mysql> USE 数据库名
mysql> source filename.sql
```

注意：这里的 filename.sql 脚本文件可以使用绝对路径，如 d:\\test.sql；也可以使用相对路径，如直接写 test.sql（这时将会使用系统当前目录下的 test.sql 文件）。

同步练习与实训

一、选择题

1. 以下哪个 mysql 命令可以查看数据表的结构信息？（　　）

A. SHOW TABLES;　　B. DESC 表名

C. CREATE TABLE 表名　　D. SELECT * FROM 表名

2. 以下哪些 mysql 命令可以用于选择数据库？（　　）

A. SHOW DATABASES　　B. USE DATABASE 数据库名

C. USE 数据库名　　D. USER 数据库名

3. 修改数据库参数的命令是（　　）。

A. SHOW 数据库名　　B. SHOW CREATE 数据库名

C. ALTER 数据库名　　D. USE 数据库名

4. 下列选项中哪个不是 MySQL 数据库中的合法标识符？（　　）

A. abc123　　B. 123abc

C. _abc123　　D. /abc123

5. 以下哪个命令可为数据库中的用户赋予访问权限？（　　）

A. grant　　B. SHOW

C. revoke　　D. USE

6. 以下哪个数据库不是 MySQL 系统中的系统数据库？（　　）

A. mysql　　B. information_schema

C. sys　　D. time

7. 下列哪个选项不属于 MySQL 数据库的字符集和校对规则默认设置？（　　）

A. 服务器级　　B. 数据库级

C. 表级　　D. 字符级

8. 下列哪个字符编码方案不是汉字字符编码方案的中国国家标准？（　　）

A. GB 2312　　B. GBK

C. UTF8　　D. GB 18030

二、简答题

1. 简述 MySQL 数据库中九种基本对象的定义。

2. 简述字符集及校对规则的定义。

3. 列举几个常见字符集，并说明该种字符集中，每个字符占用多少个字节。

4. 简述系统环境变量与会话环境变量的定义，并分析两者的区别。

5. 在命令行窗口下，连接到 MySQL 数据库中，创建一个数据库并指定该数据库的默认字符集、默认校对规则。

项目3

认识并理解 MySQL 数据表的结构

学习导航

知识目标

(1)理解 MySQL 数据表的结构构成。
(2)理解并掌握整数型数据的使用方法。
(3)理解并掌握浮点型数据的使用方法。
(4)理解并掌握字符串数据的使用方法。
(5)理解并掌握日期型数据的使用方法。
(6)理解索引的概念。

素质目标

学习数据库中数据表的结构,掌握相关知识,并引导学生树立起精益求精、细致认真的设计理念。

技能目标

(1)能够创建基本的 MySQL 数据表。
(2)能够对数据表的结构进行修改,如对字段、约束、表名和其他选项的修改。
(3)能够熟练掌握索引的使用。

任务列表

任务1　认识 MySQL 数据类型
任务2　学会创建数据表
任务3　如何修改表结构
任务4　了解和认识索引

任务描述

通过前两个项目的学习,我们已经对 MySQL 数据库和数据表的概念有了基本的了解,也学会了一些数据库的基本操作。数据库软件的主要作用是存储、管理数据。作为数据库最重要的组成部分,数据表的设计与实现将直接影响数据库的运行效率。认识并理解 MySQL 数据表的结构不仅是掌握数据库查询、更新操作的基础,更有助于建立合理规范的数据表,方便日后的修改和索引使用。

任务实施

任务 1 认识 MySQL 数据类型

预备知识

1. MySQL 数据类型的概念

MySQL 数据类型的概念

表是 MySQL 数据库中最基本、最重要的对象,用于组织和存储具有行列结构的数据对象。表由行和列组成,其中行是组织数据的单位,列用于描述数据的属性。

使用 DESC 语句可以查看表结构的相关信息。

【例 3-1】 查看数据库中 books 表的结构。

```
mysql> DESC books;
+-------------------+---------------------+----------+-----------+-------------+-------------+
| Field             | Type                | Null     | Key       | Default     | Extra       |
+-------------------+---------------------+----------+-----------+-------------+-------------+
| isbn              | bigint(13)          | NO       | PRI       | NULL        |             |
| bookname          | varchar(50)         | NO       |           | NULL        |             |
| press             | varchar(50)         | NO       |           | NULL        |             |
| price             | float               | NO       |           | NULL        |             |
| version           | date                | NO       |           | NULL        |             |
| author            | varchar(30)         | NO       |           | NULL        |             |
+-------------------+---------------------+----------+-----------+-------------+-------------+
6 rows in set (0.03 sec)
```

例 3-1 运行结果中的第二列是 Type,也就是第一列属性的数据类型,它表明了第一列中的属性采取何种形式在数据库中存储。

在 MySQL 表的设计中,确定表中每列的数据类型是设计表的重要步骤。列的数据类型就是定义该列所能存放的数据的值的类型。在 books 表中为了存放书名定义 bookname 字段的数据类型为字符型;又如存放版本号的 version 字段,则定义其数据类型为日期时间型。

2. MySQL 支持的数据类型

MySQL 数据库中的常量、变量和参数都有数据类型,它用来指定一定的存储格式、约束和有效范围。

MySQL 数据库也提供了多种数据类型,主要包括数值型(如整数型、小数型、二进制位型)、字符串类型、日期和时间类型。不同的 MySQL 版本支持的数据类型可能会稍有不同,用户可以通过查询相应版本的帮助文件来获得具体信息。本项目以 MySQL 5.7 版本为例,详细介绍 MySQL 数据库中的各种数据类型。

子任务 1.1 认识 MySQL 数据库中的整数类型

【任务需求】

创建数据表,要求数据表的属性字段含有 MySQL 数据库中的整数类型。

【任务分析】

MySQL 支持的整数类型包括 int(也可写作 integer)以及 tinyint 和 bigint 等类型,不同整数类型的名称和占用字节、值的范围见表 3-1。

表 3-1 MySQL 支持的整数类型

整数类型	字节	最小值	最大值
tinyint	1	有符号－128 无符号 0	有符号 127 无符号 255
smallint	2	有符号－32768 无符号 0	有符号 32767 无符号 65535
mediumint	3	有符号 －8388608 无符号 0	有符号 8388607 无符号 1677215
int	4	有符号－2147483648 无符号 0	有符号 2147483647 无符号 4294967295
bigint	8	有符号 －9223372036854775808 无符号 0	有符号 9223372036854775807 无符号 18446744073709551615

接下来用具体的例子来认识 MySQL 数据表的整数类型。

【例 3-2】 在 MySQL-5.7 中创建一个数据表 t1,数据表 t1 共有两列,id1 的数据类型为 int 类型,id2 的数据类型为 int(5)类型。

```
mysql> CREATE TABLE t1(id1 int,id2 int(5));
Query OK,0 rows affected (0.05 sec)

mysql> SELECT * FROM t1;
Empty set (0.03 sec)

mysql> DESC t1;
+------------+-------------+--------+--------+----------+---------+
| Field      | Type        | Null   | Key    | Default  | Extra   |
+------------+-------------+--------+--------+----------+---------+
| id1        | int(11)     | YES    |        | NULL     |         |
| id2        | int(5)      | YES    |        | NULL     |         |
+------------+-------------+--------+--------+----------+---------+
2 rows in set (0.03 sec)
```

从例 3-2 的运行结果可以看到,在创建数据表 t1 后,使用查询命令查询数据表内容时,得到的是空表,也就是说 MySQL 数据表的建立过程并不包含数据的插入。但即便是数据表中不含任何数据,同样可以使用 DESC 语句查询数据表的结构。

对于整数类型,MySQL 数据库支持类型名称后面的小括号内指定显示宽度,如例 3-2 中的 int(5)表示当数值宽度小于 5 位时在数字前面填满宽度,如果不显示指定宽度则默认为 int(11),如例 3-2 中数据类型设置为 int 的 id1,在数据表结构的 Type 栏中显示为 int(11)。

接下来用具体的例子解释 MySQL 整数类型的填充功能。

【例 3-3】 在例 3-2 的基础上,向 t1 数据表中插入数值较小的两行值。

```
mysql> INSERT INTO t1 VALUES(2,2);
Query OK,1 row affected (0.03 sec)
```

```
mysql> INSERT INTO t1 VALUES(222222,222222);
Query OK,1 row affected (0.03 sec)

mysql> SELECT * FROM t1;
```

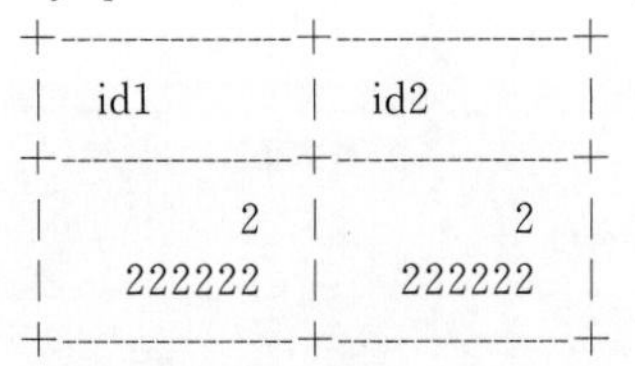

```
+--------------+--------------+
| id1          | id2          |
+--------------+--------------+
|            2 |            2 |
|       222222 |       222222 |
+--------------+--------------+
2 rows in set (0.05 sec)
```

【例 3-4】 在例 3-3 的基础上,向 t1 数据表中插入数值大于或等于 2147483647 的值。

```
mysql> INSERT INTO t1 VALUES(2147483647,2147483647);
Query OK,1 row affected (0.03 sec)

mysql> INSERT INTO t1 VALUES(2147483648,2147483648);
ERROR 1264 (22003): Out of range value for column 'id1' at row 1

mysql> INSERT INTO t1 VALUES(2147483647,2147483648);
ERROR 1264 (22003): Out of range value for column 'id2' at row 1
```

从例 3-4 中可以看到,2147483647 是有符号 int 类型的最大值。因此向 int 类型的 id1 和 int(5)类型的 id2 插入 2147483647,都能够在数据表中成功插入。

但是,由于 MySQL 数据表的 int 整数类型默认为 signed(有符号),如果插入数据大于 2147483647,那么不管是 id1 还是 id2 都会出错。

【例 3-5】 创建数据表 t1_2,数据表 t1_2 中共有两个字段(列),id 字段的数据类型为 int 类型,id2 字段的数据类型为 int unsigned 类型。

```
mysql> CREATE TABLE t1_2(id int,id2 int unsigned);
Query OK,0 rows affected (0.05 sec)

mysql> SELECT * FROM t1_2;
Empty set (0.03 sec)

mysql> DESC t1_2;
+-------------+-----------------------+---------+----------+-------------+-----------+
| Field       | Type                  | Null    | Key      | Default     | Extra     |
+-------------+-----------------------+---------+----------+-------------+-----------+
| id          | int(11)               | YES     |          | NULL        |           |
| id2         | int(10)unsigned       | YES     |          | NULL        |           |
+-------------+-----------------------+---------+----------+-------------+-----------+
2 rows in set (0.02 sec)
```

【例 3-6】 在例 3-5 的基础上,向数据表 t1_2 中插入数据并查看数据表中的数据值。

```
mysql> INSERT INTO t1_2 VALUES(2147483647,2147483648);
Query OK,1 row affected (0.03 sec)

mysql> SELECT * FROM t1_2;
+-----------------+-----------------+
| id              | id2             |
+-----------------+-----------------+
| 2147483647      | 2147483648      |
```

```
+-------------------+-------------------+
1 row in set (0.03 sec)
```

从返回结果中可知，将大于 2147483647 的数值插入无符号 int 类型的 id2 字段中，可以插入成功。

【例 3-7】 向数据表 t1_2 中插入两行数据，随后查看数据表 t1_2 中的数据值。

```
mysql> INSERT INTO t1_2 VALUES(-2147483648,0);
Query OK,1 row affected (0.06 sec)

mysql> SELECT * FROM t1_2;
+-------------------+-------------------+
| id                | id2               |
+-------------------+-------------------+
|  2147483647       |  2147483648       |
| -2147483648       |                 0 |
+-------------------+-------------------+
2 rows in set (0.04 sec)

mysql> INSERT INTO t1_2 VALUES(2147483647,-1);
ERROR 1264 (22003): Out of range value for column 'id2' at row 1
```

例 3-7 中显示，由于有符号 int 类型的最小值为-2147483648，所以插入成功；但是无符号 int 的最小值是 0，所以无法向无符号 int 类型的 id2 中插入负数。

说明：

在 MySQL 数据表中，很多属性列的值要求为整数，但不允许为负数，比如年龄等。此时可将其数据类型设置为 unsigned int。

注意：在例 3-2 至例 3-7 中使用 DESC 查看数据表结构时，会出现 int(m)的形式。在 MySQL 数据表的数据类型中，int(m)用于表示数值的显示宽度，例如对于 id2 的 int(5)整数类型，当数值宽度小于 5 位的时候在数字前面填满宽度，一般配合 zerofill 使用。zerofill 就是以“0”填充字段中数字位数的意思，对字段中未填满的空间用字符 0 填满；如果是超出了数据宽度，在不超出数据范围的前提下，正常显示。接下来通过具体实例来理解 MySQL 数据表中的 zerofill 功能。

【例 3-8】 分别修改数据表 t1 中 id1 和 id2 的字段类型，加入 zerofill 参数。

```
mysql> ALTER TABLE t1 MODIFY id1 int zerofill;
Query OK,3 rows affected (0.18 sec)
Records: 3  Duplicates: 0  Warnings: 0

mysql> ALTER TABLE t1 MODIFY id2 int zerofill;
Query OK,3 rows affected (0.11 sec)
Records: 3  Duplicates: 0  Warnings: 0
```

之前向 t1 表中成功插入的数据有 3 行，所以 Query 和 Records 返回的内容中有 3 这个数字。现在我们查看，指定了 zerofill 参数的数据表 t1 如何显示。

【例 3-9】 查看修改字段类型后的 t1 表中内容。

```
mysql> SELECT * FROM t1;
+-------------------+-------------------+
| id1               | id2               |
+-------------------+-------------------+
| 0000000002        | 0000000002        |
```

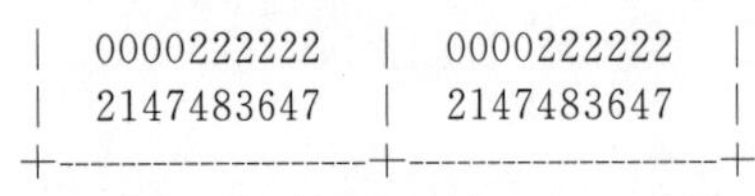

```
| 0000222222 | 0000222222 |
| 2147483647 | 2147483647 |
+------------------+------------------+
3 rows in set (0.03 sec)
```

从例 3-9 中可知，zerofill 的填充在对齐上与普通显示有所区别。注意：虽然 t1 表中的有符号 int 是 int(11)，但其实在 MySQL-5.7 中，int 的 zerofill 宽度实际还是为 10。

另外，id2 的类型是 int(5)，但在例 3-9 结果中 id2 字段的显示宽度与 id1 字段的 int 显示宽度相同，这是因为尽管 id2 的类型是 int(5)，但在例 3-9 中修改 zerofill 参数时，所用的代码是 ALTER TABLE t1 MODIFY id2 int zerofill。

正是这句代码中的 int zerofill，使 id2 字段被修改为了带 zerofill 参数的有符号 int，想要呈现 int(5)的 zerofill 效果，必须修改代码为 ALTER TABLE t1 MODIFY id2 int(5)zerofill。

【例 3-10】 修改 t1 表中 id2 字段为 zerofill，并调整显示宽度。

```
mysql> ALTER TABLE t1 MODIFY id2 int(5)zerofill;
Query OK,0 rows affected (0.03 sec)
Records: 0  Duplicates: 0  Warnings: 0

mysql> SELECT * FROM t1;
+------------------+------------------+
| id1              | id2              |
+------------------+------------------+
| 0000000002       |            00002 |
| 0000222222       |           222222 |
| 2147483647       |       2147483647 |
+------------------+------------------+
3 rows in set (0.02 sec)
```

思政小贴士

数据类型的选择是数据表设计中重要的细节，直接影响着存储效率和对实际问题进行描述的准确度。我们在工作学习中也要注重细节，从一点一滴做起，树立严谨认真的工作态度。

子任务 1.2 认识 MySQL 数据库中的小数类型

微课

认识 MySQL 数据库中的小数类型

MySQL 数据库支持的小数类型包括浮点数、定点数等类型，不同小数类型的名称和占用字节、值的范围见表 3-2。接下来用具体的例子来认识 MySQL 数据表的小数类型。

表 3-2 MySQL 支持的小数类型

浮点数类型	字节数	最小值(表示无符号小数时)	最大值(表示无符号小数时)
float	4	+1.175494351E−38	+3.402823466E+38
double	8	+2.2250738585072014E−308	+1.7976931348623157E+308
定点数类型	字节数	描述	
decimal(M,D)	M+2	最大取值范围与 double 相同，给定 decimal 的有效值范围由 M 和 D 决定	

【例 3-11】 创建数据表 t2，表中含 id1、id2、id3 共 3 个字段，字段类型分别为 float、double 和 decimal，参数表示一共显示 5 位，小数部分占 2 位。

```
mysql> CREATE TABLE t2(id1 float(5,2),id2 double(5,2),id3 decimal(5,2));
Query OK,0 rows affected (0.06 sec)

mysql> SELECT * FROM t2;
```

```
Empty set (0.02 sec)

mysql> DESC t2;
+-----------+-----------------+--------+--------+----------+---------+
| Field     | Type            | Null   | Key    | Default  | Extra   |
+-----------+-----------------+--------+--------+----------+---------+
| id1       | float(5,2)      | YES    |        | NULL     |         |
| id2       | double(5,2)     | YES    |        | NULL     |         |
| id3       | decimal(5,2)    | YES    |        | NULL     |         |
+-----------+-----------------+--------+--------+----------+---------+
3 rows in set (0.02 sec)
```

【例 3-12】 在例 3-11 的基础上,向表 t2 中的 3 个字段分别插入数据,值均为 1.23。

```
mysql> INSERT INTO t2 VALUES(1.23,1.23,1.23);
Query OK,1 row affected (0.02 sec)

mysql> SELECT * FROM t2;
+------+------+------+
| id1  | id2  | id3  |
+------+------+------+
| 1.23 | 1.23 | 1.23 |
+------+------+------+
1 row in set (0.03 sec)
```

【例 3-13】 在例 3-12 的基础上,向表 t2 中添加一条记录,id1、id2 字段值均为 1.234,id3 字段值为 1.23。

```
mysql> INSERT INTO t2 VALUES(1.234,1.234,1.23);
Query OK,1 row affected (0.02 sec)

mysql> SELECT * FROM t2;
+------+------+------+
| id1  | id2  | id3  |
+------+------+------+
| 1.23 | 1.23 | 1.23 |
| 1.23 | 1.23 | 1.23 |
+------+------+------+
2 rows in set (0.02 sec)
```

例 3-13 中,一条记录的 3 个字段数值均能成功插入数据库,没有警告(warning)提示,但是 id1 和 id2 由于标度的限制(创建表时设置数据类型的小数部分占 2 位),舍去了最后一位,因此都显示成 1.23。

【例 3-14】 在例 3-13 的基础上,向数据表 t2 中插入一条记录,三个字段值均为 1.234。

```
mysql> INSERT INTO t2 VALUES(1.234,1.234,1.234);
Query OK,1 row affected,1 warning (0.03 sec)

mysql> SELECT * FROM t2;
+------+------+------+
| id1  | id2  | id3  |
+------+------+------+
| 1.23 | 1.23 | 1.23 |
| 1.23 | 1.23 | 1.23 |
| 1.23 | 1.23 | 1.23 |
+------+------+------+
3 rows in set (0.02 sec)
```

例 3-14 中,进行插入记录操作后会发现最后一个小数位 4 都被截断了,和之前只向 id1 和

id2 插入 1.234 相比，出现了一个警告(warning)。

【例 3-15】 在例 3-14 的基础上，向数据表 t2 中插入一条记录，三个字段值均为 1.235。

```
mysql> INSERT INTO t2 VALUES(1.235,1.235,1.235);
Query OK,1 row affected,1 warning (0.03 sec)

mysql> SELECT * FROM t2;
+--------+--------+---------+
|  id1   |  id2   |  id3    |
+--------+--------+---------+
| 1.23   | 1.23   | 1.23    |
| 1.23   | 1.23   | 1.23    |
| 1.23   | 1.23   | 1.23    |
| 1.24   | 1.24   | 1.24    |
+--------+--------+---------+
4 rows in set (0.02 sec)
```

在例 3-15 中，向数据表 t2 中添加的三个字段都为 1.235 的记录时，同样也出现了一个警告(warning)。虽然每个字段的值仍然被截断，但是遵循四舍五入原则，表中显示的数据是 1.24。

【例 3-16】 创建数据表 t2_2，三个字段 id1、id2、id3 小数类型和 t2 相同，但是不设标度。此时向 3 个字段均插入 1.234。可以发现，此时数据表 t2_2 中的 id1 和 id2 没有像表 t2 中被截断，但是，id3 仅能显示整数部分。

```
mysql> CREATE TABLE t2_2(id1 float,id2 double,id3 decimal);
Query OK,0 rows affected (0.03 sec)

mysql> INSERT INTO t2_2 VALUES(1.234,1.234,1.234);
Query OK,1 row affected,1 warning (0.01 sec)

mysql> SELECT * FROM t2_2;
+--------+--------+---------+
|  id1   |  id2   |  id3    |
+--------+--------+---------+
| 1.234  | 1.234  |   1     |
+--------+--------+---------+
1 row in set (0.05 sec)
```

为了进一步理解同为小数类型的 float 和 double 的区别，向表 t2_2 中插入超长小数，此时还是只有 id3 的 decimal 类型的截断警告，但尽管 id1 没有截断警告，查询时却出现了四舍五入的截断，如例 3-17 所示。

【例 3-17】 在例 3-16 的基础上，向 t2_2 表中插入超长小数，观察是否存在数据截断现象。

```
mysql> INSERT INTO t2_2 VALUES(1.2355555555555555,1.2355555555555555,1.2355555555555555);
Query OK,1 row affected,1 warning (0.02 sec)

mysql> SHOW WARNINGS;
+--------+-------+---------------------------------------------+
| Level  | Code  | Message                                     |
+--------+-------+---------------------------------------------+
| Note   | 1265  | Data truncated for column 'id3' at row 1    |
+--------+-------+---------------------------------------------+
1 row in set (0.02 sec)

mysql> SELECT * FROM t2_2;
+------------+--------------------------+---------+
| id1        | id2                      | id3     |
+------------+--------------------------+---------+
```

```
|    1.234    |                    1.234   |      1  |
| 1.23556     | 1.2355555555555555         |      1  |
+-------------+----------------------------+---------+
```

【例 3-18】 在例 3-17 的基础上，向 t2_2 表中插入超长小数，观察是否存在数据截断。

```
mysql> INSERT INTO t2_2 VALUES(1.2355555555555555,1.2355555555555555,1.6355555555555555);
Query OK,1 row affected,1 warning (0.03 sec)

mysql> SHOW WARNINGS;
+--------+--------+-----------------------------------------------+
| Level  | Code   | Message                                       |
+--------+--------+-----------------------------------------------+
| Note   | 1265   | Data truncated for column 'id3' at row 1      |
+--------+--------+-----------------------------------------------+
1 row in set (0.02 sec)

mysql> SELECT * FROM t2_2;
+-------------+---------------------------------+---------+
| id1         | id2                             | id3     |
+-------------+---------------------------------+---------+
|     1.234   |                        1.234    |    1    |
|   1.23556   |     1.2355555555555555          |    1    |
|   1.23556   |     1.2355555555555555          |    2    |
+-------------+---------------------------------+---------+
```

注意：在例 3-17、例 3-18 中，插入超长的小数之后，出现了一个警告，用 SHOW WARNINGS 命令查看 MySQL 数据库系统给出的警告信息，发现警告信息的含义是“记录 1 中的 id3 字段数据被做了截断处理”。说明以下几点：

(1)在 decimal 类型的字段中，当不指定 decimal 在不指定精度时，默认的整数位为 10，默认的小数位为 0，此时在这个字段中插入任何小数，都将进行截断操作，只保留整数部分，而且对比例 3-17、例 3-18 插入的数据可知，在截断时也是遵循四舍五入的规则进行。

(2)float 类型和 double 类型在不指定精度时，默认会按照实际的精度(由实际的硬件和操作系统决定)来显示。

思政小贴士

“失之毫厘，谬以千里。”数据的精度非常重要，尤其是运用到数据统计、财务管理等信息系统中时尤为突出。精细设计、精益求精，应当是我们做好每项工作的原则。

子任务 1.3 认识 MySQL 数据库中的字符串类型

MySQL 的字符串类型包括 char、varchar、tinytext、text、mediumtext、longtext 等。MySQL 字符串类型的名称、大小和用途见表 3-3。

表 3-3 MySQL 支持的字符串类型

类型	大小	用途
char	0～255 字节	定长字符串
varchar	0～65535 字节	变长字符串
tinytext	0～255 字节	短文本字符串
text	0～65535 字节	长文本数据
mediumtext	0～16777215 字节	中等长度文本数据
longtext	0～4294967295 字节	极大文本数据

本小节主要对 char 和 varchar 类型的保存和检索方式进行介绍。char 和 varchar 类型类似,但它们保存和检索的方式不同,它们的最大长度和尾部空格是否被保留等方面也不同。二者的主要区别在于存储方式的不同:char 列的长度固定为创建表时声明的长度,长度可以为 0～255 的任何值;而 varchar 列中的值为可变长字符串,长度可以指定为 0～65535 的任何值。在检索时,char 列删除了尾部的空格,而 varchar 则保留这些空格。在存储或检索过程中,char 和 varchar 均不进行大小写转换。

【例 3-19】 创建数据表 t3,数据表的两个字段 v 和 c 分别是 varchar 和 char 类型。向两个字段同时插入'ab '(注意 ab 后面有两个空格)。

认识 MySQL 数据库中的字符串类型

```
mysql> CREATE TABLE t3(v varchar(4),c char(4));
Query OK,0 rows affected (0.13 sec)

mysql> INSERT INTO t3 VALUES('ab  ','ab  ');
Query OK,1 row affected (0.23 sec)

mysql> SELECT * FROM t3;
+------+------+
|  v   |  c   |
+------+------+
|  ab  |  ab  |
+------+------+
1 row in set (0.02 sec)

mysql> SELECT length(v),length(c) FROM t3;
+-----------+-----------+
| length(v) | length(c) |
+-----------+-----------+
|         4 |         2 |
+-----------+-----------+
1 row in set (0.01 sec)
```

从根据对表 t3 的查询结果计算长度可知,char 型数据的 c 字段数据会去掉数据后端的空格。下面的例 3-20 中,通过给字段值拼上一个"+"字符,操作结果会更明确。

【例 3-20】 在例 3-19 的基础上,给 t3 表中的记录每个字段都追加一个字符"+"。

```
mysql> SELECT * FROM t3;
```

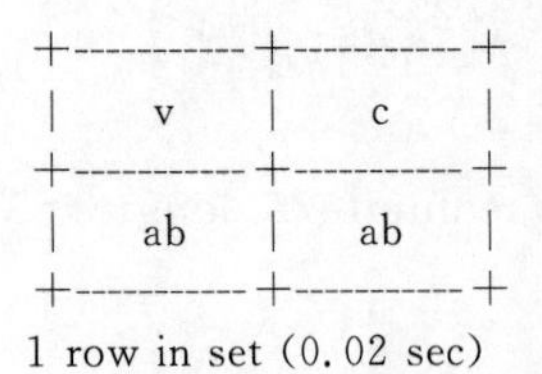

```
+------+------+
|  v   |  c   |
+------+------+
|  ab  |  ab  |
+------+------+
1 row in set (0.02 sec)

mysql> SELECT concat(v,'+'),concat(c,'+') FROM t3;
+---------------+---------------+
| concat(v,'+') | concat(c,'+') |
+---------------+---------------+
| ab  +         | ab+           |
+---------------+---------------+
1 row in set (0.00 sec)
```

在例 3-20 中,concat()是一个合并字符串的函数,会分别将 v 字段、c 字段中的值和字符

“+”进行合并，通过对比合并前后同一记录的两个字段值的变化，可以发现 char 类型字段值后端的空格确实是去掉了（在对该字段值进行合并字符串操作时，新添加的字符串与原有值之间无空格）。

char 类型的字段也并非在所有的情况下都会省略空格，接下来尝试向 v 和 c 字段同时插入'ab c '。

【例 3-21】 在例 3-20 的基础上向 t3 表中添加一条记录，记录中的每个字段都为“ab c ”。

```
mysql> INSERT INTO t3 VALUES('ab c ','ab c ');
Query OK,1 row affected (0.02 sec)

mysql> SELECT * FROM t3;
```

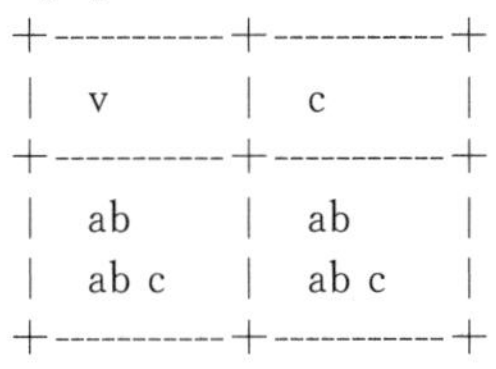

```
+-----------+-----------+
| v         | c         |
+-----------+-----------+
| ab        | ab        |
| ab c      | ab c      |
+-----------+-----------+
2 rows in set (0.02 sec)
```

通过对比例 3-21 与例 3-19、例 3-20，可以得出结论：char 类型的字段在进行数据存储时，会对字段内容的最后结尾部分进行判断，如果结尾部分全部为空格，则将这些空格全部截去，只保留非空格字符部分；如果结尾部分包含其他非空格字符，则截去空格时，只截取最后一个非空格字符之后的空格，不截取其之前的空格。

思政小贴士

每种数据类型都有其表示范围，应根据实际需要来决定选用何种数据类型。我们遇到问题也要因地制宜，根据具体情况设计解决方案。

子任务 1.4 认识 MySQL 数据库中的日期和时间类型

MySQL 数据库系统中有多种数据类型，可以用于日期和时间的表示，见表 3-4。

表 3-4 MySQL 数据库中的日期和时间类型

日期和时间类型	字节	最小值	最大值
date	4	1000-01-01	9999-12-31
datetime	8	1000-01-01 00:00:00	9999-12-31 23:59:59
timestamp	4	19700101080001	2038 年的某个时刻
time	3	-838:59:59	838:59:59
year	1	1901	2155

MySQL 日期和时间类型中使用最频繁的是 date、time 和 datetime 三种类型。接下来通过具体的实例了解这三种日期和时间类型。

【例 3-22】 创建数据表 t4，3 个字段 d、t、dt 分别是 date、time、datetime 类型。并查看 t4 的数据表结构。

```
mysql> CREATE TABLE t4(d date,t time,dt datetime);
Query OK,0 rows affected (0.04 sec)

mysql> DESC t4;
```

Field	Type	Null	Key	Default	Extra
d	date	YES		NULL	
t	time	YES		NULL	
dt	datetime	YES		NULL	

```
3 rows in set (0.02 sec)
```

在 MySQL 数据库中有一个函数 NOW(),该函数的功能就是获取当前系统的准确时间,接下来通过例 3-23 演示数据库日期和时间类型数据的使用。

【例 3-23】 在例 3-22 的基础上,使用 NOW()函数向 t4 表中 3 个不同类型的字段同时插入当前时间,代码为:

```
INSERT INTO t4 VALUES(NOW(),NOW(),NOW());
```

从查询显示结果看,datetime 是 date 类型与 time 类型的组合,用户可以根据不同的需求选择使用哪一种日期和时间类型。

```
mysql> INSERT INTO t4 VALUES(NOW(),NOW(),NOW());
Query OK,1 row affected,1 warning (0.03 sec)

mysql> SELECT * FROM t4;
```

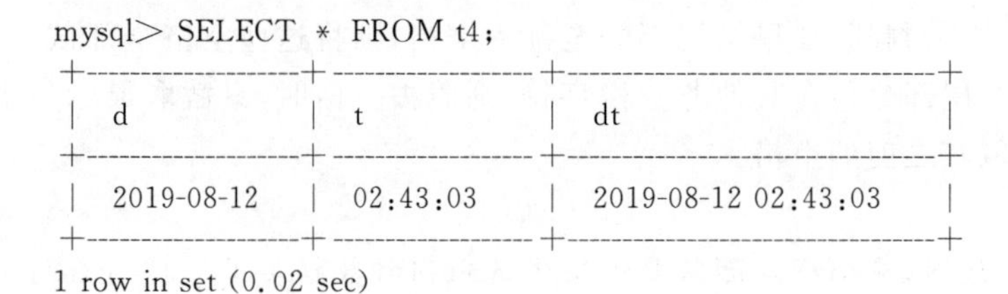

d	t	dt
2019-08-12	02:43:03	2019-08-12 02:43:03

```
1 row in set (0.02 sec)
```

认识 MySQL 数据库中的复合类型

子任务 1.5　认识 MySQL 数据库中的复合类型

MySQL 数据库中支持两种复合类型:enum 类型和 set 类型。

enum 类型的中文名称叫枚举类型,它的值范围需要在创建表时通过枚举方式显式指定,对取值范围在 1~255 的需要 1 个字节存储;对于取值范围在 255~65535 的,需要 2 个字节存储。enum 类型最多允许有 65535 个成员。enum 类型只允许从已经给出的值集合中选取某单个值,而不能一次取多个值。

enum 类型因为只允许在集合中取得一个值,有点类似于单选项。在处理相互排斥的数据时经常使用,如表示人的性别时,可采用 enum 类型的数据来表示。enum 类型字段可以从集合中取得一个值或使用 NULL 值,除此之外的其他输入将会使 MySQL 在这个字段中插入一个空字符串。另外,如果插入值的大小写形式与集合中值的大小写形式不匹配,MySQL 会自动将插入值转换成与集合中大小写一致的值。

enum 类型在系统内部可以存储为数字,并且从 1 开始用数字做索引。一个 enum 类型最多可以包含 65536 个元素,其中一个元素被 MySQL 保留,用来存储错误信息,这个错误值用索引 0 或者一个空字符串表示。

set 类型中文名称叫集合类型,set 类型与 enum 类型既相似又有区别,相似之处是都有一个预先指定好取值的元素集合,区别之处在于 set 类型一次可以选取多个成员,而 enum 则只能选一个。set 类型可以从预定义的集合中取得任意数量的值。另外,set 类型与 enum 类型均不能在 set 类型字段中插入预定义值之外的其他数据。

【例 3-24】 创建数据表 t5，字段 gender 设置为 enum 类型，字段 interest 设置为 set 类型。

```
mysql> CREATE TABLE t5(gender enum('男','女'),interest set('游戏','阅读'));
Query OK,0 rows affected (0.04 sec)
mysql> DESC t5;
+-----------------+---------------------------+----------+----------+--------------+-------------+
| Field           | Type                      | Null     | Key      | Default      | Extra       |
+-----------------+---------------------------+----------+----------+--------------+-------------+
| gender          | enum('男','女')            | YES      |          | NULL         |             |
| interest        | set('游戏','阅读')          | YES      |          | NULL         |             |
+-----------------+---------------------------+----------+----------+--------------+-------------+
2 rows in set (0.03 sec)
```

【例 3-25】 向表 t5 中插入具体数据。

```
mysql> INSERT INTO t5 VALUES('女','阅读');
Query OK,1 row affected (0.03 sec)

mysql> INSERT INTO t5 VALUES('女','阅读,游戏');
Query OK,1 row affected (0.02 sec)

mysql> INSERT INTO t5 VALUES('男','游戏');
Query OK,1 row affected (0.02 sec)

mysql> SELECT * FROM t5;
+------------+------------------+
| gender     | interest         |
+------------+------------------+
| 女         | 阅读             |
| 女         | 游戏,阅读        |
| 男         | 游戏             |
+------------+------------------+
3 rows in set (0.02 sec)
```

通过例 3-25 可以看出 enum 类型的 gender 只能在值集合中选择一个，而 set 类型的 interest 则可以在值集合中选择多个。

【例 3-26】 在例 3-25 的基础上，进行数据的添加操作。

```
mysql> INSERT INTO t5 VALUES('男','体育');
ERROR 1265 (01000): Data truncated for column 'interest' at row 1

mysql> SELECT * FROM t5;
+------------+------------------+
| gender     | interest         |
+------------+------------------+
| 女         | 阅读             |
| 女         | 游戏,阅读        |
| 男         | 游戏             |
+------------+------------------+
3 rows in set (0.02 sec)
```

例 3-26 中，interest 字段的值“体育”不在初始建表时给该字段预定义的集合中(预定义的集合中只有“阅读”“游戏”两种值)，因此在进行记录添加的操作时，出现了错误。

【例 3-27】 在例 3-26 的基础上，进行数据的添加操作。

```
mysql> INSERT INTO t5 VALUES('其他','游戏,阅读');
ERROR 1265 (01000): Data truncated for column 'gender' at row 1
```

```
mysql> SELECT * FROM t5;
+-------------+------------------+
| gender      | interest         |
+-------------+------------------+
| 女          | 阅读             |
| 女          | 游戏,阅读        |
| 男          | 游戏             |
+-------------+------------------+
3 rows in set (0.02 sec)
```

例 3-27 中,gender 字段的值"其他"不在初始建表时给该字段预定义的枚举 enum 中(预定义的枚举数据中只有"男""女"两种值),因此在进行记录添加的操作时,出现了错误。

子任务 1.6 认识 MySQL 数据库中的二进制类型

MySQL 中的二进制数据类型有 bit、binary、varbinary、tinyblob、blob、mediumblob 和 longblob。这些数据类型的特点见表 3-5。

表 3-5 MySQL 数据库中主要二进制数据类型对比

类型	大小	用途
bit(M)	0~4 个字节(最多 64 位)	0~64 位二进制数据
binary(M)	固定大小,M 个字节	固定长度的二进制字符串
varbinary(M)	可变大小,M+1 个字节	可变长度的二进制字符串
tinyblob	0~255 字节	不超过 255 个字符的二进制字符串
blob	0~65535 字节	二进制形式的长文本数据
mediumblob	0~16777215 字节	二进制形式的中等长度文本数据
longblob	0~4294967295 字节	二进制形式的极大文本数据

binary 和 varbinary 类似于 char 和 varchar,不同的是它们包含二进制字符串而不包含非二进制字符串。binary 类型的长度是固定的,如果数据的长度未达到最大长度,在后面用"\0"补齐。

比如,数据类型为 binary(3),当插入 a 时,实际存储的是"a\0\0"

【例 3-28】 创建数据表 t6,字段 c 的类型是 binary(3),并向 t6 的 c 字段中插入单个字符"a"。

```
mysql> CREATE TABLE t6(c binary(3));
Query OK,0 rows affected (0.06 sec)

mysql> INSERT INTO t6 VALUES('a');
Query OK,1 row affected (0.03 sec)

mysql> SELECT * FROM t6;
+---------+
| c       |
+---------+
| a       |
+---------+
1 row in set (0.02 sec)
```

【例 3-29】 在例 3-28 基础上，以多种方式显示 c 字段中数据的值。

```
mysql> SELECT hex(c),ascii(c) FROM t6;
+--------------+--------------+
|  hex(c)      |   ascii(c)   |
+--------------+--------------+
|  610000      |         97   |
+--------------+--------------+
1 row in set (0.03 sec)
```

根据例 3-29 结果，结合前面的介绍可知，由于 c 这个字段是 varbinary，而且已经指定了 M 值为 3，所以“a”这个字符在存储时，后面补上了 2 个“\0”以使该字段值总长度为 3 字节。

子任务 1.7 数据类型的选择

在创建数据表时，数据类型的选择对表的设计非常重要。在学完前面内容后，读者将对每种数据类型的用途、物理存储、表示范围等有一个概要的了解。在面对具体应用时，应根据其特点来选择合适的数据类型，在满足应用的基础上，用较小的存储代价获得较高的数据库性能。

以整数类型的具体选择为例：涉及学号、编号、课程号等信息时，如果不确定是哪一种整数类型，可根据插入数据的大小来选择整数类型：如果数字为 0～255，则可选择 tinyint；如果数字为 0～4294967296，则可选择 int。若选用存储字节更多的类型存储较小的数字，则会占用更多的磁盘、内存和 CPU 缓存。比如，使用 int 存储数字 255，实际数字只需要 1 个字节，但 int 类型会使用 4 个字节去存储该数字，这样会造成浪费。

应尽量选取符合需求的整数类型，如果无法确定哪个数据类型，就选择不会超过范围的最小的类型。

思政小贴士

合理选择数据类型能够避免数据资源的浪费，生活中我们也要注意合理规划，正确调配，节约资源。

任务 2 学会创建数据表

CREATE TABLE 为创建表语句，它为表定义各列的名字、数据类型和完整性约束。其语法格式如下：

学会创建数据表

```
CREATE [TEMPORARY] TABLE [IF NOT EXISTS] <表名>
    [(<字段名> <DATA TYPE> [完整性约束] [,...])]
    [表的选项];
```

说明：

在定义表结构的同时，还可以定义与该表相关的完整性约束条件（实体完整性、参照完整性和用户自定义完整性），这些完整性约束条件被存入系统的数据字典中，当用户操作表中的数据时，由 MySQL 数据库自动检查该操作是否违背这些完整性约束条件。

子任务 2.1　设置数据库表中的约束

数据完整性是指数据的准确性和一致性，它是为防止数据库中存在不符合语义规定的数据和因错误信息的输入/输出导致无效操作而提出的。

在 MySQL 数据库中，可以通过实体完整性、域完整性、参照完整性和用户自定义完整性保证数据的完整性。而实现数据完整性的途径主要就是约束。

数据库中的约束包括主键约束、外键约束、唯一约束、检查约束、空值约束和默认值约束等。这里将通过实例重点介绍主键约束和外键约束。

【例 3-30】 创建数据表 pk，共包含 id、name、grade 三个字段；然后使用 DESC 命令查看 pk 表结构。

```
mysql> CREATE TABLE pk(id int,name varchar(20),grade float);
Query OK,0 rows affected (0.04 sec)

mysql> DESC pk;
+------------+----------------+--------+-------+----------+---------+
| Field      | Type           | Null   | Key   | Default  | Extra   |
+------------+----------------+--------+-------+----------+---------+
| id         | int(11)        | YES    |       | NULL     |         |
| name       | varchar(20)    | YES    |       | NULL     |         |
| grade      | float          | YES    |       | NULL     |         |
+------------+----------------+--------+-------+----------+---------+
3 rows in set (0.03 sec)
```

在例 3-30 的结果中，可以发现主键(Key)一列是空白的，且允许空值(Null)这一列都是 YES，这说明每个字段默认可以为空，而且 MySQL 并不会自动添加主键。

【例 3-31】 在例 3-30 基础上将数据表 pk 中的 id 字段设为主键，再查看表结构变化。

```
mysql> ALTER TABLE pk ADD PRIMARY KEY(id);
Query OK,0 rows affected (0.17 sec)
Records: 0  Duplicates: 0  Warnings: 0

mysql> DESC pk;
+------------+----------------+--------+-------+----------+---------+
| Field      | Type           | Null   | Key   | Default  | Extra   |
+------------+----------------+--------+-------+----------+---------+
| id         | int(11)        | NO     | PRI   | NULL     |         |
| name       | varchar(20)    | YES    |       | NULL     |         |
| grade      | float          | YES    |       | NULL     |         |
+------------+----------------+--------+-------+----------+---------+
3 rows in set (0.08 sec)
```

例 3-31 的结果中，可以看到 id 已经被设置为非空主键，也就是说，对于 pk 表中所有的记录，这个字段都不允许为空值。

说明：

主键约束是指在表中定义一个主键来唯一确定表中每一行数据的标识符。

主键保证记录的唯一性，它唯一地标识了每一条数据。在将某个字段指定为主键后，该字段自动为非空即不允许存在空值，并且每张数据表只能存在一个主键，该字段不能为空值，不允许表中任何两条记录在该字段上有相同的值。一个数据表最多可以创建一个主键。

【例 3-32】 在例 3-31 的基础上，删除单字段主键。

例 3-31 中创建的是单字段主键，在本例中，我们将删除 pk 数据表中原有的单字段主键。

```
mysql> ALTER TABLE pk DROP PRIMARY KEY;
Query OK, 0 rows affected (0.07 sec)
Records: 0  Duplicates: 0  Warnings: 0

mysql> DESC pk;
+-----------+--------------+------+-----+---------+-------+
| Field     | Type         | Null | Key | Default | Extra |
+-----------+--------------+------+-----+---------+-------+
| id        | int(11)      | NO   |     | NULL    |       |
| name      | varchar(20)  | YES  |     | NULL    |       |
| grade     | float        | YES  |     | NULL    |       |
+-----------+--------------+------+-----+---------+-------+
3 rows in set (0.02 sec)
```

【例 3-33】 在例 3-32 的基础上，添加联合主键（多字段主键），此时数据表仍然只有一个主键，只是这个主键由两个字段组合而成。

添加联合主键

```
mysql> ALTER TABLE pk ADD PRIMARY KEY(id,name);
Query OK, 0 rows affected (0.08 sec)
Records: 0  Duplicates: 0  Warnings: 0

mysql> DESC pk;
+-----------+--------------+------+-----+---------+-------+
| Field     | Type         | Null | Key | Default | Extra |
+-----------+--------------+------+-----+---------+-------+
| id        | int(11)      | NO   | PRI | NULL    |       |
| name      | varchar(20)  | NO   | PRI | NULL    |       |
| grade     | float        | YES  |     | NULL    |       |
+-----------+--------------+------+-----+---------+-------+
3 rows in set (0.02 sec)
```

在例 3-33 中，可以发现 id、name 这两个字段组合起来成为 pk 表的主键，与例 3-31 中仅有 id 一个字段作为主键的方式相比，这种组合形式生成的主键比仅有单一字段做主键更加灵活。以 pk 表为例，在以 id 单字段为主键的表中，id 字段不允许出现任意两个记录在该字段上的值重复；如果以 id、name 两个字段组合形成复合主键，则 id 字段就允许出现两个或多个记录在该字段上的值重复（但不允许任何两条记录在 id、name 两个字段上都重复）。

接下来介绍外键及外键约束，如果表 A 的主键是表 B 中的字段，则该字段称为表 B 的外键；另外，表 A 称为主表，表 B 称为从表。外键是用来实现参照完整性的，不同的外键约束方式将可以使两张表紧密地结合起来，特别是修改或删除的级联操作将使得日常维护更轻松。外键主要用来保证数据的完整性和一致性。一个数据表中可以有多个外键。

假设在一个购物网站中，需要创建一个客户订单表 Orders，一个客户表 Person，在客户表中以客户的 id 为主键，每个客户有自己的 id 以确保客户不会出现重复的情况；在订单表 Orders 中也需要有 P_id 字段来记录发出订单的客户 id。此时就可以在 Orders 表中的 P_id 字段引入外键，也就是让 Orders 表和 Person 表从逻辑上连接起来。

如果向 Orders 表中插入某条记录，此记录的 P_id 字段值为 N，而在 Person 表中所有记录的 P_id 字段都不为 N，则说明此条记录的值为非法（不满足外键约束的条件）而无法插入该条记录。

【例 3-34】 创建 Person 数据表,并查看表结构。

```
mysql> CREATE TABLE Person
-> ( P_id int,
-> LastName varchar(20),
-> FirstName varchar(20),
-> Address varchar(20),
-> City varchar(20),
-> PRIMARY KEY(P_id)
-> );
Query OK,0 rows affected (0.05 sec)

mysql> DESC Person;
+-----------+-------------+------+-----+---------+-------+
| Field     | Type        | Null | Key | Default | Extra |
+-----------+-------------+------+-----+---------+-------+
| P_id      | int(11)     | NO   | PRI | NULL    |       |
| LastName  | varchar(20) | YES  |     | NULL    |       |
| FirstName | varchar(20) | YES  |     | NULL    |       |
| Address   | varchar(20) | YES  |     | NULL    |       |
| City      | varchar(20) | YES  |     | NULL    |       |
+-----------+-------------+------+-----+---------+-------+
5 rows in set (0.04 sec)
```

在例 3-34 中创建了一个表,该表中以 P_id 字段为主键。

【例 3-35】 创建 Orders 数据表,并查看表结构。

```
mysql> CREATE TABLE Orders
-> ( O_id int,
-> OrderNo int,
-> P_id int,
-> Order_quantity int,
-> PRIMARY KEY(O_id),
-> foreign key(P_id)references Person(P_id)
-> );
Query OK,0 rows affected (0.12 sec)

mysql> DESC Orders;
+----------------+---------+------+-----+---------+-------+
| Field          | Type    | Null | Key | Default | Extra |
+----------------+---------+------+-----+---------+-------+
| O_id           | int(11) | NO   | PRI | NULL    |       |
| OrderNo        | int(11) | YES  |     | NULL    |       |
| P_id           | int(11) | YES  | MUL | NULL    |       |
| Order_quantity | int(11) | YES  |     | NULL    |       |
+----------------+---------+------+-----+---------+-------+
4 rows in set (0.03 sec)
```

在例 3-35 中,定义了表 Orders 的外键约束 P_id,外键约束在 Key 一列显示为 MUL,这也是 Person 表中的主键。

【例 3-36】 在例 3-34、例 3-35 的基础上,向数据表中添加数据。

```
mysql> INSERT INTO Person VALUES('1','hua','li','ChangJiang Rd','Beijing');
Query OK,1 row affected (0.03 sec)

mysql> SELECT * FROM Person;
```

```
+--------------+-----------------+-----------------+--------------------------+----------------+
| P_id         | LastName        | FirstName       | Address                  | City           |
+--------------+-----------------+-----------------+--------------------------+----------------+
| 1            | hua             | li              | ChangJiang Rd            | Beijing        |
+--------------+-----------------+-----------------+--------------------------+----------------+
1 row in set (0.03 sec)

mysql> INSERT INTO Orders VALUES('988','12','1','20');
Query OK,1 row affected (0.02 sec)

mysql> SELECT * FROM Orders;
+--------------+-----------------+----------------+--------------------------+
| O_id         | OrderNo         | P_id           | Order_quantity           |
+--------------+-----------------+----------------+--------------------------+
| 988          | 12              | 1              | 20                       |
+--------------+-----------------+----------------+--------------------------+
1 row in set (0.05 sec)
```

例 3-36 中，分别向 Person、Orders 表中插入了一条记录，并且在向 Orders 表中插入记录时，在外键字段中，使用了 Person 表中已经存在的那条记录中的 P_id 字段的值，插入数据成功完成。

【例 3-37】 在例 3-34、例 3-35 的基础上，再次向数据表中添加数据。

```
mysql> INSERT INTO Orders VALUES('989','12','3','20');
ERROR 1452 (23000): Cannot add or UPDATE a child row: a foreign key constraint fails ('test'.
'Orders',CONSTRAINT 'Orders_ibfk_1' FOREIGN KEY ('P_id')REFERENCES 'Person' ('P_id'))
```

通过例 3-37，再次向 Orders 表中添加记录时，由于 P_id 字段指定的值为 3，而在 Person 表中没有任何一条记录的 P_id 字段值为 3，因此该添加记录的操作不符合外键约束，导致此次操作不成功。

思政小贴士

数据库中的多种约束条件使得数据具有完整性，生活中的各种规章制度也是约束，只有遵守规章制度，才能保证社会生活有序进行。

子任务 2.2 设置自增型字段

在数据库系统开发过程中，我们通常希望在每次插入新记录时，自动地创建主键字段的值。MySQL 有一个定义列为自增的属性：AUTO_INCREMENT，也就是 MySQL 自增型字段。AUTO_INCREMENT 会在新记录插入表中时生成一个唯一的数字(默认从 1 开始自增)，每次增加 1，MySQL 用户也可以修改自增起始段和每次自增的数量。

那么如何设置 MySQL 的自增型字段呢?

【例 3-38】 创建 MySQL 数据表 Person，设置“ID”字段为 AUTO_INCREMENT 主键字段(并且设置为 AUTO_INCREMENT 的字段也一定要设置为主键字段)。

```
mysql> CREATE TABLE Person(
-> ID int NOT NULL AUTO_INCREMENT,
-> LastName varchar(255)NOT NULL,
-> FirstName varchar(255),
```

```
-> Address varchar(255),
-> City varchar(255),
-> PRIMARY KEY(id)
-> );
Query OK,0 rows affected (0.04 sec)

mysql> DESC Person;
+-----------+--------------+------+-----+---------+----------------+
| Field     | Type         | Null | Key | Default | Extra          |
+-----------+--------------+------+-----+---------+----------------+
| ID        | int(11)      | NO   | PRI | NULL    | AUTO_INCREMENT |
| LastName  | varchar(255) | NO   |     | NULL    |                |
| FirstName | varchar(255) | YES  |     | NULL    |                |
| Address   | varchar(255) | YES  |     | NULL    |                |
| City      | varchar(255) | YES  |     | NULL    |                |
+-----------+--------------+------+-----+---------+----------------+
5 rows in set (0.02 sec)
```

【例 3-39】 在例 3-38 的基础上,向数据表 Person 中的 FirstName 和 LastName 两个字段插入三行记录。

```
mysql> INSERT INTO Person(FirstName,LastName) VALUES('wang','hao');
Query OK,1 row affected (0.03 sec)

mysql> INSERT INTO Person(FirstName,LastName) VALUES('li','jun');
Query OK,1 row affected (0.04 sec)

mysql> INSERT INTO Person(FirstName,LastName) VALUES('zhang','san');
Query OK,1 row affected (0.03 sec)

mysql> SELECT * FROM Person;
+----+----------+-----------+---------+------+
| ID | LastName | FirstName | Address | City |
+----+----------+-----------+---------+------+
|  1 | hao      | wang      | NULL    | NULL |
|  2 | jun      | li        | NULL    | NULL |
|  3 | san      | zhang     | NULL    | NULL |
+----+----------+-----------+---------+------+
3 rows in set (0.03 sec)
```

通过例 3-39,可以看到设置为 AUTO_INCREMENT 的 ID 无须插入数据,而是随着插入记录的过程进行自增,默认从 1 开始。另外,因为 Person 表的 FirstName、Address、City 字段均允许空值,所以可以像例 3-39 中的 3 条插入记录的操作代码中只给出 FirstName 和 LastName 两个字段的值而不会出错。

如果希望 ID 字段的值从 100 开始自增,则代码如下:ALTER TABLE Person AUTO_INCREMENT=100;修改自增起始段之后,对已有记录并没有影响。

【例 3-40】 在例 3-39 的基础上,修改数据表 Person 中 ID 字段的自增起始值为 100。

```
mysql> ALTER TABLE Person AUTO_INCREMENT=100;
Query OK,0 rows affected (0.02 sec)
Records: 0  Duplicates: 0  Warnings: 0
mysql> SELECT * FROM Person;
```

```
+----------+------------------+-----------------+---------------+--------------+
|  ID      | LastName         | FirstName       | Address       | City         |
+----------+------------------+-----------------+---------------+--------------+
|   1      | hao              | wang            | NULL          | NULL         |
|   2      | jun              | li              | NULL          | NULL         |
|   3      | san              | zhang           | NULL          | NULL         |
+----------+------------------+-----------------+---------------+--------------+
3 rows in set (0.02 sec)
```

【例 3-41】 在例 3-40 的基础上，向数据表 Person 中插入两行新记录，并查看 ID 字段的值。

```
mysql> INSERT INTO Person(FirstName,LastName) VALUES('liu','li');
Query OK,1 row affected (0.06 sec)

mysql> INSERT INTO Person(FirstName,LastName) VALUES('zhu','lin');
Query OK,1 row affected (0.02 sec)

mysql> SELECT * FROM Person;
+----------+------------------+-----------------+---------------+--------------+
|  ID      | LastName         | FirstName       | Address       | City         |
+----------+------------------+-----------------+---------------+--------------+
|   1      | hao              | wang            | NULL          | NULL         |
|   2      | jun              | li              | NULL          | NULL         |
|   3      | san              | zhang           | NULL          | NULL         |
|  100     | li               | liu             | NULL          | NULL         |
|  101     | lin              | zhu             | NULL          | NULL         |
+----------+------------------+-----------------+---------------+--------------+
5 rows in set (0.02 sec)
```

修改 ID 字段的自增值起始段之后，对于新增记录的 ID 值是从自增起始段开始的，而原有记录的 ID 字段值保持不变。

如何修改表结构

任务 3 如何修改表结构

当数据表中的表创建完成后，用户在使用过程中可以需要改变表中原先定义的许多选项，如对表的结构、约束或字段的属性进行修改。表的修改与表的创建一样，可以通过 SQL 语句来实现，用户可进行的修改操作包括更改表名、增加字段、删除字段、修改已有字段的属性（字段名、字段数据类型、字段长度、精度、小数位数、是否为空等）。

ALTER 语句是修改表结构的语句，其语法格式如下：

```
ALTER  TABLE <表名>
        {[ADD <新字段名> <数据类型> [<完整性约束条件>] [,...]]
        |[ADD INDEX [索引名] (索引字段,...)]
        |[MODIFY COLUMN <字段名> <新数据类型> [<完整性约束条件>]]
        |[DROP {COLUMN <字段名>|<完整性约束名>} [,...]]
        |DROP INDEX <索引名>
        |RENAME [AS] <新表名>
};
```

子任务 3.1　修改字段相关信息

【例 3-42】　在例 3-41 的基础上，向已存在的数据表 Person 中添加 age 字段。

```
mysql> SELECT * FROM Person;
+------+------------+-----------+---------+------+
| ID   | LastName   | FirstName | Address | City |
+------+------------+-----------+---------+------+
|  1   | hao        | wang      | NULL    | NULL |
|  2   | jun        | li        | NULL    | NULL |
|  3   | san        | zhang     | NULL    | NULL |
| 100  | li         | liu       | NULL    | NULL |
| 101  | lin        | zhu       | NULL    | NULL |
+------+------------+-----------+---------+------+
5 rows in set (0.02 sec)

mysql> ALTER TABLE Person add age int unsigned;
Query OK, 0 rows affected (0.08 sec)
Records: 0  Duplicates: 0  Warnings: 0

mysql> SELECT * FROM Person;
+------+----------+-----------+---------+------+------+
| ID   | LastName | FirstName | Address | City | age  |
+------+----------+-----------+---------+------+------+
| 1    | hao      | wang      | NULL    | NULL | NULL |
| 2    | jun      | li        | NULL    | NULL | NULL |
| 3    | san      | zhang     | NULL    | NULL | NULL |
| 100  | li       | liu       | NULL    | NULL | NULL |
| 101  | lin      | zhu       | NULL    | NULL | NULL |
+------+----------+-----------+---------+------+------+
5 rows in set (0.00 sec)
```

通过执行 ALTER TABLE 语句，成功地向 Person 表中添加了新的字段 age，并且将 age 字段设定为无符号的整数型，添加字段后，无论数据表 Person 中原先是否已有数据，新增加的列一律为空值，且新增加的字段位于表结构的末尾。

【例 3-43】　在例 3-42 的基础上，将数据表 Person 中 LastName 的数据类型字段由 varchar(255)改成 varchar(30)。

```
mysql> DESC Person;
+-----------+------------------+------+-----+---------+----------------+
| Field     | Type             | Null | Key | Default | Extra          |
+-----------+------------------+------+-----+---------+----------------+
| ID        | int(11)          | NO   | PRI | NULL    | AUTO_INCREMENT |
| LastName  | varchar(255)     | NO   |     | NULL    |                |
| FirstName | varchar(255)     | YES  |     | NULL    |                |
| Address   | varchar(255)     | YES  |     | NULL    |                |
| City      | varchar(255)     | YES  |     | NULL    |                |
| age       | int(10)unsigned  | YES  |     | NULL    |                |
+-----------+------------------+------+-----+---------+----------------+
6 rows in set (0.12 sec)
mysql> ALTER TABLE Person MODIFY LastName varchar(30);
Query OK, 5 rows affected (0.07 sec)
Records: 5  Duplicates: 0  Warnings: 0
```

```
mysql> DESC Person;
+-----------+---------------------+------+-----+---------+----------------+
| Field     | Type                | Null | Key | Default | Extra          |
+-----------+---------------------+------+-----+---------+----------------+
| ID        | int(11)             | NO   | PRI | NULL    | AUTO_INCREMENT |
| LastName  | varchar(30)         | YES  |     | NULL    |                |
| FirstName | varchar(255)        | YES  |     | NULL    |                |
| Address   | varchar(255)        | YES  |     | NULL    |                |
| City      | varchar(255)        | YES  |     | NULL    |                |
| age       | int(10)unsigned     | YES  |     | NULL    |                |
+-----------+---------------------+------+-----+---------+----------------+
6 rows in set (0.02 sec)
```

【例 3-44】 在例 3-43 的基础上，将数据表 Person 中的 age 字段删除。

```
mysql> DESC Person;
+-----------+---------------------+------+------+---------+----------------+
| Field     | Type                | Null | Key  | Default | Extra          |
+-----------+---------------------+------+------+---------+----------------+
| ID        | int(11)             | NO   | PRI  | NULL    | AUTO_INCREMENT |
| LastName  | varchar(30)         | YES  | NULL |         |                |
| FirstName | varchar(255)        | YES  | NULL |         |                |
| Address   | varchar(255)        | YES  | NULL |         |                |
| City      | varchar(255)        | YES  | NULL |         |                |
| age       | int(10)unsigned     | YES  | NULL |         |                |
+-----------+---------------------+------+------+---------+----------------+
6 rows in set (0.02 sec)

mysql> ALTER TABLE Person DROP COLUMN age;
Query OK,0 rows affected (0.07 sec)
Records: 0  Duplicates: 0  Warnings: 0

mysql> DESC Person;
+-----------+---------------------+------+------+---------+----------------+
| Field     | Type                | Null | Key  | Default | Extra          |
+-----------+---------------------+------+------+---------+----------------+
| ID        | int(11)             | NO   | PRI  | NULL    | AUTO_INCREMENT |
| LastName  | varchar(30)         | YES  | NULL |         |                |
| FirstName | varchar(255)        | YES  | NULL |         |                |
| Address   | varchar(255)        | YES  | NULL |         |                |
| City      | varchar(255)        | YES  | NULL |         |                |
+-----------+---------------------+------+------+---------+----------------+
5 rows in set (0.02 sec)
```

子任务 3.2 修改约束条件

【例 3-45】 在例 3-44 的基础上，将数据表 Person 中原有的主键从自增型修改为普通型主键字段。

```
mysql> DESC Person;
+-----------+---------------------+------+-----+---------+----------------+
| Field     | Type                | Null | Key | Default | Extra          |
+-----------+---------------------+------+-----+---------+----------------+
```

```
| ID        | int(11)      | NO  | PRI | NULL | AUTO_INCREMENT |
| LastName  | varchar(30)  | YES | NULL |     |                |
| FirstName | varchar(255) | YES | NULL |     |                |
| Address   | varchar(255) | YES | NULL |     |                |
| City      | varchar(255) | YES | NULL |     |                |
+-----------+--------------+-----+-----+------+----------------+
5 rows in set (0.02 sec)

mysql> ALTER TABLE Person change id int;
Query OK,5 rows affected (0.09 sec)
Records: 5  Duplicates: 0  Warnings: 0

mysql> DESC Person;
+-----------+--------------+-----+-----+---------+-------+
| Field     | Type         | Null | Key | Default | Extra |
+-----------+--------------+-----+-----+---------+-------+
| id        | int(11)      | NO  | PRI | NULL    |       |
| LastName  | varchar(30)  | YES |     | NULL    |       |
| FirstName | varchar(255) | YES |     | NULL    |       |
| Address   | varchar(255) | YES |     | NULL    |       |
| City      | varchar(255) | YES |     | NULL    |       |
+-----------+--------------+-----+-----+---------+-------+
5 rows in set (0.02 sec)
```

修改完毕后,可以发现 id 字段仍然是表的主键,但是该字段的自增属性已经去掉了。

【例 3-46】 在例 3-45 的基础上,将数据表 Person 中原有的主键修改为普通字段。

```
mysql> DESC Person;
+-----------+--------------+-----+-----+---------+-------+
| Field     | Type         | Null | Key | Default | Extra |
+-----------+--------------+-----+-----+---------+-------+
| id        | int(11)      | NO  | PRI | NULL    |       |
| LastName  | varchar(30)  | YES |     | NULL    |       |
| FirstName | varchar(255) | YES |     | NULL    |       |
| Address   | varchar(255) | YES |     | NULL    |       |
| City      | varchar(255) | YES |     | NULL    |       |
+-----------+--------------+-----+-----+---------+-------+
5 rows in set (0.02 sec)

mysql> ALTER TABLE Person DROP PRIMARY KEY;
Query OK,5 rows affected (0.07 sec)
Records: 5  Duplicates: 0  Warnings: 0

mysql> DESC Person;
+-----------+--------------+-----+-----+---------+-------+
| Field     | Type         | Null | Key | Default | Extra |
+-----------+--------------+-----+-----+---------+-------+
| id        | int(11)      | NO  |     | NULL    |       |
| LastName  | varchar(30)  | YES |     | NULL    |       |
| FirstName | varchar(255) | YES |     | NULL    |       |
| Address   | varchar(255) | YES |     | NULL    |       |
| City      | varchar(255) | YES |     | NULL    |       |
+-----------+--------------+-----+-----+---------+-------+
5 rows in set (0.02 sec)
```

子任务 3.3　修改表名及其他选项

对 MySQL 数据表的表名进行修改，语法如下：

ALTER TABLE tablename RENAME AS new_tablename

【例 3-47】 将数据表 student2 更名为 student。

```
mysql> DESC student2;
+----------------+---------------------------+---------+----------+------------+------------------+
| Field          | Type                      | Null    | Key      | Default    | Extra            |
+----------------+---------------------------+---------+----------+------------+------------------+
| S_name         | varchar(10)               | NO      |          | NULL       |                  |
| S_id           | bigint(8)                 | NO      | PRI      | NULL       |                  |
| Dept_id        | tinyint(3)unsigned        | NO      |          | NULL       |                  |
| S_age          | tinyint(2)unsigned        | NO      |          | NULL       |                  |
| S_gender       | char(2)                   | NO      |          | NULL       |                  |
+----------------+---------------------------+---------+----------+------------+------------------+
5 rows in set (0.02 sec)

mysql> ALTER TABLE student2 RENAME student;
Query OK,0 rows affected (0.03 sec)

mysql> DESC student2;
ERROR 1146 (42S02): Table 'test.student2' doesn't exist

mysql> DESC student;
+----------------+---------------------------+---------+----------+------------+------------------+
| Field          | Type                      | Null    | Key      | Default    | Extra            |
+----------------+---------------------------+---------+----------+------------+------------------+
| S_name         | varchar(10)               | NO      |          | NULL       |                  |
| S_id           | bigint(8)                 | NO      | PRI      | NULL       |                  |
| Dept_id        | tinyint(3)unsigned        | NO      |          | NULL       |                  |
| S_age          | tinyint(2)unsigned        | NO      |          | NULL       |                  |
| S_gender       | char(2)                   | NO      |          | NULL       |                  |
+----------------+---------------------------+---------+----------+------------+------------------+
5 rows in set (0.03 sec)
```

注意如果将原表名更名为新表名之后，原表名就不存在了，所以才会出现下面的提示。

```
mysql> DESC student2;
ERROR 1146 (42S02): Table 'test.student2' doesn't exist
```

这样的提示告知用户原来的 student2 表不存在。

了解和认识索引

了解和认识索引

对数据库最频繁的操作是进行数据查询。一般情况下，数据库在进行查询操作时需要对整个表进行数据搜索。当表中的数据很多时，搜索数据就需要很长的时间，这就造成了服务器的资源浪费。为了提高检索数据的能力，数据库引入了索引机制。

子任务 4.1　了解索引的概念与使用

索引是一个列表，这个列表中包含了某个表中一列或若干列的集合以及这些值的记录在数据表中存储位置的物理地址。索引是依赖于表建立的，提供了编排表中数据的内部方法。表的存储由两部分组成，一部分是表的数据页面，另一部分是索引页面。索引就放在索引页面上。通常，索引页面相对于数据页面小得多。当进行数据检索时，系统先搜索索引页面，从中找到所需数据的指针，再直接通过指针从数据页面中读取数据。在某种程度上，可以把数据库看作一本书，把索引看作书的目录，通过目录查找书中的信息，显然比查找没有目录的书要方便、快捷。

不使用索引的情况下，MySQL 检索记录时必须从第 1 条记录开始然后读完整个表直到找出相关的行。表越大，花费的时间越多。如果表中查询的字段有一个索引，MySQL 能快速到达一个位置去搜寻到数据文件的中间，没有必要看所有数据。如果一个表有成千上万行，利用索引检索记录将比无索引的顺序读取至少快 1～2 个数量级。

索引一旦创建，将由数据库自动管理和维护。例如，向表中插入、更新和删除一条记录时，数据库会自动在索引中做出相应的修改。在编写 SQL 查询语句时，具有索引的表与不具有索引的表没有任何区别，索引只是提供一种快速访问指定记录的方法。索引与主键、外键的对比见表 3-6。

表 3-6　索引与主键、外键的对比

	主键	外键	索引
定义	唯一标识一条记录，不能有重复的，不允许为 NULL	表的外键是另一表的主键，外键可以有重复的，可以是 NULL	没有重复值，可以为 NULL(会使索引无效)
作用	用来保证数据完整性、唯一性	用来和其他表建立联系	提高查询排序的速度
个数	主键只能有一个	一个表可以有多个外键	一个表可以有多个唯一索引

子任务 4.2　如何选取索引关键字

选取索引对于提升查询的效率非常重要，一般来说，应遵循以下几个原则：

(1)对查询频率高的字段创建索引。

(2)对排序、分组、联合查询频率高的字段创建索引。

(3)索引的数目不宜太多。原因如下：每创建一个索引都会占用相应的物理空间，过多的索引会导致 INSERT、UPDATE、DELETE 语句的执行效率降低。

(4)若在实际工作中，需要将多个列设置索引时，可以采用多列索引。

如：某个表(假设表名为 Student)，存在多个字段(StudentNo、StudentName、Sex、Address、Phone、BirthDate)，其中需要对 StudentNo、StudentName 字段进行查询，对 Sex 字段进行分组，对 BirthDate 字段进行排序，此时可以创建多列索引。

```
index index_name (StudentNo,StudentName,Sex,BirthDate);
#index_name 为索引名
```

在上面的语句中只创建了一个索引，但是对 4 个字段都赋予了索引的功能。创建多列索引，只有第一列使用时，才启用索引。在上面的创建语句中，只有 MySQL 语句在使用到

StudentNo 字段时,索引才会被启用。如:SELECT * FROM Student WHERE StudentNo=1000;此时因为查询中的条件使用到了 StudentNo 字段,索引被启用。

(5)选择唯一性索引。

唯一性索引的值是唯一的,可以更快速地通过该索引来确定某条记录。例如,学生表中学号是具有唯一性的字段。为该字段建立唯一性索引可以很快地确定某个学生的信息。如果使用姓名的话,可能存在同名现象,从而降低查询速度。

(6)尽量使用数据量少的索引。

如果索引的值很长,那么查询的速度会受到影响。例如,对一个 char(100)类型的字段进行全文检索需要的时间肯定要比对 char(10)类型的字段需要的时间要多。

(7)尽量使用前缀来索引。

如果索引字段的值很长,最好使用值的前缀来索引。例如,text 和 blog 类型的字段,进行全文检索会浪费时间。如果只检索字段前面的若干个字符,可以提高检索速度。

(8)删除不再使用或很少使用的索引。

表中的数据被大量更新,或者数据的使用方式被改变后,原有的一些索引可能不再需要。数据库管理员应当定期找出这些索引,将它们删除,从而减少索引对更新操作的影响。

子任务 4.3 如何为数据表创建索引

索引可以在创建表的时候同时创建,也可以随时增加新的索引。创建新索引的语法为:

```
CREATE [UNIQUE|FULLTEXT|SPATIAL] INDEX index_name
        [USING index_type]
        ON tbl_name (index_col_name,...)
        index_col_name:
        col_name [(length)] [ASC | DESC]
```

其中 index_name 代表了索引名,UNIQUE 表示创建唯一索引(创建索引的值必须是唯一的);FULLTEXT 表示创建全文索引(全文索引仅能在 char、varchar、text 类型的字段上创建);tbl_name 是将要创建索引的数据表名;col_name 是数据表中的字段名,length 参数是一个整数,其值代表了取字段中的多少个字符来作为索引;ASC 及 DESC 代表了创建索引时采用升序或降序。

也可以使用 ALTER TABLE 的语法来增加索引,语法类似于 CREATE INDEX,具体语法如下(注意以下例子中的 column_list 代表了字段的集合,字段可以为一个或多个):

```
ALTER TABLE tbl_name ADD PRIMARY KEY (column_list)
```

该语句添加一个主键,这意味着索引值必须是唯一的,且不能为 NULL。

```
ALTER TABLE tbl_name ADD UNIQUE index_name (column_list)
```

这条语句创建索引的值必须是唯一的(除了 NULL 外,NULL 可能会出现多次)。

```
ALTER TABLE tbl_name ADD INDEX index_name (column_list)
```

添加普通索引,索引值可出现多次。

```
ALTER TABLE tbl_name ADD FULLTEXT index_name (column_list)
```

该语句指定了索引为 FULLTEXT,用于全文索引。

子任务 4.4 如何删除索引

索引具有很多优势,但过多地使用索引将会造成滥用,索引也有缺点:

(1)虽然索引大大提高了查询速度,同时却会降低更新表的速度,如对表进行 INSERT、UPDATE 和 DELETE。因为更新表时 MySQL 不仅要保存数据,还要保存索引文件。

(2)建立索引会占用磁盘空间的索引文件。一般情况下,这个问题不太严重,但如果在一个超大型的数据表上创建了多种组合索引,索引文件会膨胀很快,占据大量磁盘空间。

索引只是提高效率的一个因素,如果在 MySQL 数据库中包含有数据量极大的数据表,设计该表结构时就需要花时间研究建立最优秀的索引,或优化查询语句。

当某个数据表中索引不再是必须的部分,或者索引的存在反而降低了效率,此时可以进行索引的删除,删除索引的格式如下:

```
DROP INDEX index_name ON tbl_name
```

其中 index_name 代表索引名称,tbl_name 代表数据表名称。

本项目小结

本项目首先介绍了 MySQL 支持的各种数据类型,并通过多个实例对它们的使用方法做了详细的说明。学完本项目后,读者可以对每种数据类型的用途、物理存储、表示范围等有一个概要的了解。这样在面对具体应用时,就可以根据相应的特点来选择合适的数据类型,能够在满足应用需求的基础上,用较小的存储代价换来较高的数据库性能。

随后介绍了数据表的创建,包括约束、自增型字段和其他选项的设置,并在数据表的修改上介绍了字段、约束条件、表名和其他选项的修改。最后介绍了数据表结构中索引的概念与使用。创建索引可以极大地提高系统的性能,典型的应用是加快查询的速度。

同步练习与实训

一、选择题

1. MySQL 中创建数据表应该使用(　　)语句。

A. CREATE SCHEMA　　B. CREATE TABLE

C. CREATE VIEW　　D. CREATE DATABASE

2. 对一个已创建的表,(　　)操作是不可以的。

A. 更改表名

B. 增加或删除列

C. 修改已有列的属性

D. 将已有 text 数据类型修改为 image 数据类型

3. 在下列 SQL 语句中,修改表结构的语句是(　　)。

A. ALTER　　B. CREATE　　C. UPDATE　　D. INSERT

4. 下面是有关主键和外键之间的关系描述，正确的是(　　)。

A. 一个表中最多只能有一个主键约束，多个外键约束

B. 一个表中最多只有一个外键约束，一个主键约束

C. 在定义主键外键约束时，应该首先定义主键约束，然后定义外键约束

D. 在定义主键外键约束时，应该首先定义外键约束，然后定义主键约束

5. 下列几种情况下，不适合创建索引的是(　　)。

A. 列的取值范围很小　　B. 用作查询条件的列

C. 频繁搜索范围的列　　D. 连接中频繁使用的列

6. CREATE UNIQUE INDEX writer_index ON 作者信息(作者编号)语句创建了一个(　　)索引。

A. 唯一索引　　B. 全文索引

C. 主键索引　　D. 普通索引

7. 建立索引的目的是(　　)。

A. 降低 MySQL 数据检索的速度

B. 与 MySQL 数据检索的速度无关

C. 加快数据库的打开速度

D. 提高 MySQL 数据检索的速度

8. 创建索引的命令是(　　)。

A. CREATE TRIGGER　　B. CREATE PROCEDURE

C. CREATE FUNCTION　　D. CREATE INDEX

9. 索引只能创建在 char、varchar 或者 text 类型的字段上，称之为(　　)。

A. 主索引　　B. 唯一性索引

C. 全文索引　　D. 哈希索引

10. 下面关于唯一性索引描述不正确的是(　　)。

A. 某列创建了唯一索引则这一列为主键

B. 不允许插入重复的列值

C. 某列创建为主键，则该列会自动创建唯一索引

D. 一个表中可以有多个唯一索引

11. 某数据表已经将列 F 定义为主关键字，则以下说法中错误的是(　　)。

A. 列 F 的数据是有序排列的

B. 列 F 的数据在整个数据表中是唯一存在的

C. 不能再给数据表其他列建立主键

D. 当为其他列建立普通索引时，将导致此数据表的记录重新排列

12. 以下关于数据库完整性描述不正确的是(　　)。

A. 数据应随时可以被更新

B. 表中的主键的值不能为空

C. 数据的取值应在有效范围内

D. 一个表的值若引用其他表的值，应使用外键进行关联

13. 下面关于默认值的描述，正确的是(　　)。

A. 表中添加新列时，如果没有指明值，可以使用默认值

B. 可以绑定到表列，也可以绑定到数据类型

C. 可以响应特定时间的操作

D. 以上描述都正确

14. 下列 SQL 语句中，能够实现实体完整性控制的语句是(　　)。

A. FOREIGN KEY

B. PRIMARY KEY

C. REFERENCES

D. FOREIGN KEY 和 REFERENCES

15. 关于 FOREIGN KEY 约束的描述不正确的是(　　)。

A. 体现数据库中表之间的关系

B. 实现参照完整性

C. 以其他表 PRIMARY KEY 约束和 UNIQUE 约束为前提

D. 每个表中都必须定义

二、填空题

1. 完整性约束包括________完整性、________完整性、参照完整性和用户定义完整性。

2. 索引的类型主要有________、________、________和________。

3. ________完整性是指保证指定列的数据具有正确的数据类型、格式和有效的数据范围。

4. ________完整性用于保证数据库中数据表的每一个特定实体的记录都是唯一的。

5. 创建和修改表的命令分别是________ table 和________ table。

6. 限制输入列的值的范围，应使用________约束。

7. 建立和使用________的目的是保证数据的完整性。

8. 当在一个表中已存在有 PRIMARY KEY 约束时，不能再创建________索引，用 CREATE INDEX ID_Index ON Students(身份证)建立的索引为________索引。

9. 创建唯一性索引时，应保证创建索引的列不包括重复的数据，并且没有两个或两个以上的空值。如果有这种数据，必须先将其________，否则索引不能创建成功。

10. 两个表的主关键字和外关键字的数据对应一致，这是属于________完整性，通常可以通过________和________来实现。

三、简答题

1. 如果表的某一列被指定具有 NOT NULL 属性，则表示什么？

2. 什么是数据完整性？完整性有哪些类型？

3. 简述索引与表的约束之间的关系。

四、实训题

1. 使用 MySQL 语句创建一个班级表 CLASS，属性如下：CLASSNO，DEPARTNO，CLASSNAME；类型均为字符型；长度分别为 8、2、20 且均不允许为空。

2. 现有关系数据库如下：

数据库名：学生成绩数据库

学生表(学号,姓名,性别,民族)

课程表(课程号,课程名称,任课教师)

成绩表(学号,课程号,分数)

用 SQL 语言实现下列功能:

①创建数据库[学生成绩数据库]。

②创建[课程表]。

课程表(课号 char(6),名称)

要求使用:主键(课号)、非空(名称)。

③创建[学生表]。

学生表(学号 char(6),姓名,性别,民族)

要求使用:主键(学号)、默认(民族)、非空(民族,姓名),检查(性别)。

④创建[成绩表]。

成绩表(学号,课程号,分数)

要求使用:外键(成绩表.学号,成绩表.课程号)、检查(分数)。

⑤将下列课程信息添加到课程表中。

课号	课程名称
100001	大学语文
100002	大学英语

项目 4

在 MySQL 数据库中查询数据

学习导航

知识目标

(1)理解基本查询的格式。

(2)掌握连接查询的种类。

(3)掌握子查询的概念。

素质目标

掌握数据库查询的各种语法规则，引导学生善于发现问题，激励学生团结协作、合作共赢。

技能目标

(1)能够使用基本查询进行简单查询。

(2)能够使用连接查询、子查询进行多表查询。

任务列表

任务 1　掌握 SELECT 语句的基本使用

任务 2　使用 WHERE 子句过滤结果集

任务 3　使用 ORDER BY 子句对结果集排序

任务 4　使用聚合函数汇总结果集

任务 5　使用 GROUP BY 子句对记录分组统计

任务 6　使用连接查询

任务 7　使用子查询

任务描述

通过前面项目的学习，我们学会了创建和管理数据表。在实际应用中，需要从一个或多个数据表中提取出需要的数据，这就是查询。查询是数据库系统中最常用、最重要的功能，它为用户快速、方便地使用数据库中的数据提供了一种有效的方法。

任务实施

任务1 掌握 SELECT 语句的基本使用

预备知识

掌握 SELECT 语句的基本使用

简单查询是按照一定的条件在单个数据表上进行的数据查询。使用 SQL 语言中的 SELECT 语句来实现对数据的查询。SELECT 语句的作用是让服务器从数据库中按用户的要求检索数据，并将结果以数据表的形式返回给用户。数据查询 SELECT 语句的语法格式如下：

```
SELECT ＜子句 1＞
    FROM ＜子句 2＞
    [WHERE ＜表达式 1＞]
    [GROUP BY ＜子句 3＞]
    [HAVING ＜表达式 2＞]
    [ORDER BY ＜子句 4＞]
    [LIMIT ＜子句 5＞]
    [UNION ＜运算符＞]；
```

说明：

(1)SELECT 子句用来指定查询结果中需要返回的值。

(2)FROM 子句用来指定从中查询的数据表或视图。

(3)WHERE 子句用来指定查询的条件。

(4)GROUP BY 子句用来指定查询结果的分组条件。

(5)HAVING 子句用来指定分组或集合的查询条件。

(6)ORDER BY 子句用来指定查询结果的排序方法。

(7)LIMIT 子句用来指定限制查询结果返回的行。

(8)UNION 子句用来将多个 SELECT 语句查询结果合并为一个结果集。

思政小贴士

数据查询功能使信息的检索和查询效率更高，使我们的生活更便利，是数据库技术发展的初衷，也是数据库技术学习者的初心。

子任务 1.1 如何使用 SELECT 子句指定字段列表

SELECT 子句的语法格式如下：

```
SELECT [ALL|DISTINCT] ＜目标表达式＞[,＜目标表达式＞][,...]
FROM  ＜表或视图名＞[,＜表或视图名＞][,...] [LIMIT n1[,n2]]；
```

说明：

(1)ALL 指定表示结果集的所有行，包括重复行，ALL 是默认选项。

(2)DISTINCT 指定在结果集显示唯一行，用于消除重复行，空值被认为相等。ALL 与 DISTINCT 不能同时使用。

(3)LIMIT n1 表示返回最前面的 n1 行数据，n1 表示返回的行数。

(4)LIMIT n1,n2 表示从 n1 行开始，返回 n2 行数据。初始行从 0 开始。n1、n2 必须是非负的整型常量。

(5)目标表达式为结果集要查询的特定表中的列，它可以是星号(*)、表达式、列表、变量等。其中，星号(*)用于返回表或视图的所有列，列表用“表名.列名”来表示，如 student.S_id，若只有一个表或多个表中没有相同的列时，表名可以省略。

思政小贴士

数据查询是数据库系统中重要的基础操作，查询语句务必精准、符合语法规范。要养成规范的语句编写习惯，按照语法格式编写查询语句，要有一丝不苟的工匠精神。

【例 4-1】

查询 student 表中学生的学号、姓名和性别。

【任务实现】

在命令窗口编写如下语句：

```
SELECT S_id,S_name,S_gender FROM student;
```

【语句说明】

SELECT 子句后面列出的是需要查询的列名列表，本任务需要查询学生的学号、姓名和性别，因此依次列出 S_id、S_name 和 S_gender 三个列。FROM 子句列出要查询的表名，本任务中是学生表。执行结果如下(仅截取部分结果)：

```
mysql> SELECT S_id,S_name,S_gender FROM student;
+---------------+--------------+-----------------+
| S_id          | S_name       | S_gender        |
+---------------+--------------+-----------------+
|         11147 | 黎旭瑶       | 女              |
|       1113080 | 张悦         | 女              |
|       1113238 | 郑俊         | 男              |
|       1113332 | 任欣         | 女              |
|       1113446 | 张海霞       | 女              |
|       1113456 | 倪杰         | 男              |
|       1113458 | 郑玲         | 女              |
|       1113726 | 吕文         | 男              |
|       1113873 | 宋斯斯       | 女              |
|       1113875 | 朱伟         | 男              |
|       1113885 | 童浩         | 男              |
+---------------+--------------+-----------------+
34 rows in set (0.03 sec)
```

【例 4-2】 查询 student 表中学生的全部信息。

【任务实现 1】

在命令窗口编写如下语句：

```
SELECT S_id,S_name,Dept_id,S_age,S_gender FROM student;
```

【语句说明】

SELECT 子句后面列出的是需要查询的列名列表，本任务需要查询学生的学号、姓名、系部、年龄和性别全部信息，因此依次列出 S_id、S_name、Dept_id、S_age 和 S_gender 所有列。

FROM 子句列出要查询的表名，本任务中是学生表。执行结果如下(仅截取部分结果)：

```
mysql> SELECT S_id,S_name,Dept_id,S_age,S_gender FROM student;
+--------------+--------------+--------------+-------------+----------------+
| S_id         | S_name       | Dept_id      | S_age       | S_gender       |
+--------------+--------------+--------------+-------------+----------------+
|      11147   | 黎旭瑶       |            0 |          20 | 女             |
|    1113080   | 张悦         |            0 |          19 | 女             |
|    1113238   | 郑俊         |            0 |          20 | 男             |
|    1113332   | 任欣         |            0 |          19 | 女             |
|    1113446   | 张海霞       |            0 |          19 | 女             |
|    1113456   | 倪杰         |            0 |          18 | 男             |
|    1113458   | 郑玲         |            0 |          19 | 女             |
|    1113726   | 吕文         |            0 |          19 | 男             |
|    1113873   | 宋斯斯       |            0 |          18 | 女             |
|    1113875   | 朱伟         |            0 |          18 | 男             |
|    1113885   | 童浩         |            0 |          18 | 男             |
+--------------+--------------+--------------+-------------+----------------+
34 rows in set (0.03 sec)
```

【任务实现 2】

在命令窗口编写如下语句：

```
SELECT * FROM student;
```

【语句说明】

SELECT 子句后面可以用星号(*)返回数据表中的所有列。FROM 子句列出要查询的表名，本任务中是学生表。执行结果如下(仅截取部分结果)：

```
mysql> SELECT * FROM student;
+--------------+--------------+--------------+-------------+----------------+
| S_name       | S_id         | Dept_id      | S_age       | S_gender       |
+--------------+--------------+--------------+-------------+----------------+
| 黎旭瑶       |      11147   | 0            | 20          | 女             |
| 张悦         |    1113080   | 0            | 19          | 女             |
| 郑俊         |    1113238   | 0            | 20          | 男             |
| 任欣         |    1113332   | 0            | 19          | 女             |
| 张海霞       |    1113446   | 0            | 19          | 女             |
| 倪杰         |    1113456   | 0            | 18          | 男             |
| 郑玲         |    1113458   | 0            | 19          | 女             |
| 吕文         |    1113726   | 0            | 19          | 男             |
| 宋斯斯       |    1113873   | 0            | 18          | 女             |
| 朱伟         |    1113875   | 0            | 18          | 男             |
| 童浩         |    1113885   | 0            | 18          | 男             |
+--------------+--------------+--------------+-------------+----------------+
34 rows in set (0.03 sec)
```

【例 4-3】 查询 student 表中学生的系部信息，要求返回的信息不重复。

微课

查询 student 表中学生的系部信息

【任务实现 1】

在命令窗口编写如下语句：

```
SELECT Dept_id FROM student;
```

【语句说明】

SELECT 子句后面列出的是需要查询的列名列表，本任务需要查询学生的系部信息，因此列出 Dept_id 列。FROM 子句列出要查询的表名，本任务中是学生表。执行结果如下(仅截取部分结果)：

```
mysql> SELECT Dept_id FROM student;
+-------------+
| Dept_id |
+-------------+
|        1 |
|        1 |
|        0 |
|        0 |
|        0 |
|        0 |
|        0 |
|        2 |
|        2 |
+-------------+
34 rows in set (0.03 sec)
```

或者,在命令窗口编写如下语句:

```
SELECT ALL Dept_id FROM student;
```

【语句说明】

SELECT 子句后面用 ALL 指定结果集的所有行,可以显示重复行。执行结果如下(仅截取部分结果):

```
mysql> SELECT ALL Dept_id FROM student;
+-------------+
| Dept_id |
+-------------+
|        1 |
|        1 |
|        0 |
|        0 |
|        0 |
|        0 |
|        0 |
|        2 |
|        2 |
+-------------+
34 rows in set (0.03 sec)
```

从返回结果集来看,得到的系部信息是重复的若干行“0”“1”“2”。但是本任务要求返回的信息不重复,接下来用如下语句完成本任务。

【任务实现 2】

在命令窗口编写如下语句:

```
SELECT DISTINCT Dept_id FROM student;
```

【语句说明】

SELECT 子句后面可以使用 DISTINCT 来消除取值重复的行。FROM 子句列出要查询的表名,本任务中是学生表。执行结果如下:

```
mysql> SELECT DISTINCT Dept_id FROM student;
+-------------+
| Dept_id |
+-------------+
|        0 |
|        1 |
```

```
|            2 |
+--------------+
3 rows in set (0.03 sec)
```

【例 4-4】 查询 student 表前 5 行信息。

【任务实现】

在命令窗口编写如下语句：

```
SELECT * FROM student LIMIT 5;
```

【语句说明】

本任务需要查询 student 表前 5 行数据，可使用 LIMIT n1，来返回最前面的 n1 行数据，n1 表示返回的行数。执行结果如下：

```
mysql> SELECT * FROM student LIMIT 5;
+--------------+--------------+--------------+-------------+---------------+
| S_name       | S_id         | Dept_id      | S_age       | S_gender      |
+--------------+--------------+--------------+-------------+---------------+
| 黎旭瑶       |   11147      | 0            | 20          | 女            |
| 张悦         | 1113080      | 0            | 19          | 女            |
| 郑俊         | 1113238      | 0            | 20          | 男            |
| 任欣         | 1113332      | 0            | 19          | 女            |
| 张海霞       | 1113446      | 0            | 19          | 女            |
+--------------+--------------+--------------+-------------+---------------+
5 rows in set (0.03 sec)
```

【例 4-5】 查询 student 表中从第 3 行开始的 5 行数据。

【任务实现】

在命令窗口编写如下语句：

```
SELECT * FROM student LIMIT 2,5;
```

【语句说明】

本任务需要查询 student 表中从第 3 行开始的 5 行数据，可使用 LIMIT n1，n2，来返回从 n1 行开始，共 n2 行数据。初始行从 0 开始。n1、n2 必须是非负的整型常量。执行结果如下：

```
mysql> SELECT * FROM student LIMIT 2,5;
+--------------+--------------+--------------+-------------+---------------+
| S_name       | S_id         | Dept_id      | S_age       | S_gender      |
+--------------+--------------+--------------+-------------+---------------+
| 郑俊         | 1113238      | 0            | 20          | 男            |
| 任欣         | 1113332      | 0            | 19          | 女            |
| 张海霞       | 1113446      | 0            | 19          | 女            |
| 倪杰         | 1113456      | 0            | 18          | 男            |
| 郑玲         | 1113458      | 0            | 19          | 女            |
+--------------+--------------+--------------+-------------+---------------+
5 rows in set (0.03 sec)
```

若希望查询结果中的列显示时使用自己选择的列标题，可以在列名之后使用 AS 子句，语法格式如下：

使用 SELECT 子句指定字段列表

```
SELECT ... 列名[AS 列别名]
```

说明：

AS 关键字可省略。

【例 4-6】 查询 courses 表中的课程名和课程号，结果中各列的标题分别指定为课程名和课程号。

【任务实现】

在命令窗口编写如下语句:

```
SELECT C_name AS 课程名,C_id AS 课程号 FROM courses;
```

【语句说明】

SELECT 子句后面列出的是需要查询的列名列表,本任务需要查询课程名和课程号,因此列出 C_name 和 C_id 列。FROM 子句列出要查询的表名,本任务中 C_name 和 C_id 数据来源于课程表 courses。本任务要求结果中显示的列标题为指定的名称,因此使用 AS 子句来定义列别名。执行结果如下:

```
mysql> SELECT C_name AS 课程名,C_id AS 课程号 FROM courses;
+--------------------------------+-------------+
| 课程名                          | 课程号       |
+--------------------------------+-------------+
| 计算机基础                      | 1           |
| C 语言程序设计                   | 2           |
| 园林技术                        | 3           |
| 数据库技术基础                   | 4           |
| Java 语言程序设计                | 5           |
| 操作系统基础                     | 6           |
| 轨道交通技术                     | 7           |
+--------------------------------+-------------+
7 rows in set (0.03 sec)
```

【例 4-7】 按满分 150 分重新计算成绩,显示 score 表中所有的成绩信息。

【任务实现】

在命令窗口编写如下语句:

```
SELECT S_id,C_id,score * 1.5 FROM score;
```

【语句说明】

SELECT 子句后面列出的是需要查询的列名列表,本任务需要查询学号、课程号和成绩,因此列出 S_id、C_id 和 score 列。FROM 子句列出要查询的表名,本任务中 S_id、C_id 和 score 数据来源于课程表 score。本任务要求结果中以 150 分重新计算成绩,因此在 SELECT 子句中使用表达式 score * 1.5。执行结果如下:

```
mysql> SELECT S_id,C_id,score * 1.5 FROM score;
+---------+------+-------------+
| S_id    | C_id | score * 1.5 |
+---------+------+-------------+
| 1114629 |    1 |        97.5 |
| 1114629 |    2 |       105.0 |
| 1115101 |    1 |       130.5 |
| 1115101 |    2 |       112.5 |
| 1115102 |    2 |       102.0 |
| 1115102 |    3 |        NULL |
| 1115102 |    4 |       115.5 |
+---------+------+-------------+
7 rows in set (0.03 sec)
```

【拓展任务】

(1)查询 courses 表中的课程名称 C_name。

(2)查询 books 表中的出版社信息 press,要求返回的信息不重复。

(3)查询 department 表中的所有信息。

(4)查询 teacher 表中的前 3 行信息。

(5)查询 teacher 表中从第 2 行开始的 4 行数据。

(6)查询 department 表中系部名和系部号，结果中列标题分别指定为系部名和系部号。

(7)按满分 120 分重新计算成绩，显示 score 表中所有成绩信息。

子任务 1.2 使用谓词过滤记录

使用谓词过滤记录

使用 SELECT 语句进行查询时，如果用户希望设置查询条件来限制返回的数据，可以在 SELECT 语句后面使用 WHERE 子句来实现。

WHERE 子句的语法格式如下：

```
WHERE <条件表达式>;
```

使用 WHERE 子句可以给出查询的条件，提高查询的效率。WHERE 子句必须紧跟在 FROM 子句后面。WHERE 子句中的表达式可以是比较运算符、模式匹配运算符、范围运算符、是否为空值、逻辑运算符等谓词构成的式子。谓词的作用就是判断是否存在满足某种条件的记录，如果存在这样的记录就返回真(TRUE)，如果不存在就返回假(FALSE)。系统根据真假来决定数据是否满足该查询条件，只有满足查询条件的数据才会出现在结果集中。在 SQL 中，返回逻辑值(TRUE 或 FALSE)的运算符或关键字都可称为谓词。

【例 4-8】

查询 student 表中所有男学生的信息。

【任务实现】

在命令窗口编写如下语句：

```
SELECT * FROM student WHERE S_gender='男';
```

【语句说明】

SELECT 子句后面用星号(*)表示需要查询的所有列。FROM 子句列出要查询的表名，本任务中是学生表。本任务中有查询条件，查询的是所有男学生的信息，在 FROM 子句后面用 WHERE 子句给出查询条件 S_gender='男'。执行结果如下：

```
mysql> SELECT * FROM student WHERE S_gender='男';
+--------------+--------------+--------------+-------------+----------------+
| S_name       | S_id         | Dept_id      | S_age       | S_gender       |
+--------------+--------------+--------------+-------------+----------------+
| 郑俊         | 1113238      | 0            | 20          | 男             |
| 倪杰         | 1113456      | 0            | 18          | 男             |
| 吕文         | 1113726      | 0            | 19          | 男             |
| 朱伟         | 1113875      | 0            | 18          | 男             |
| 童浩         | 1113885      | 0            | 18          | 男             |
| 杨晓杰       | 1113921      | 0            | 19          | 男             |
| 王兴鹏       | 1114086      | 0            | 19          | 男             |
| 许杰森       | 1114089      | 0            | 19          | 男             |
| 徐林凡       | 1114118      | 0            | 18          | 男             |
| 吴钰         | 1114256      | 0            | 18          | 男             |
| 王志高       | 1114295      | 0            | 19          | 男             |
| 樊远风       | 1114332      | 0            | 18          | 男             |
```

```
| 郑玉     | 1114502 | 1      | 19     | 男       |
| 胡明明   | 1114607 | 0      | 18     | 男       |
| 宋林     | 1114613 | 0      | 18     | 男       |
| 张陈     | 1114629 | 0      | 19     | 男       |
| 胡雨星   | 1114634 | 0      | 19     | 男       |
| 戴宇     | 1114646 | 0      | 19     | 男       |
| 陈强     | 1115102 | 2      | 19     | 男       |
+----------+---------+--------+--------+----------+
19 rows in set (0.03 sec)
```

【拓展任务】

查询 books 表中科学出版社的所有教材信息。

子任务 1.3　使用 FROM 子句进行查询

使用 SELECT 语句进行查询时,FROM 子句用来指定从中查询的数据表或视图。

FROM 子句的语法格式如下:

FROM＜表或视图名＞[,＜表或视图名＞][,...];

使用 FROM 子句可以给出查询的数据源,可以是一个表或视图,也可以是多个表或视图。FROM 子句必须紧跟在 WHERE 子句后面。

【例 4-9】

查询 teacher 表中的教师姓名和教师号。

【任务实现】

在命令窗口编写如下语句:

```
SELECT T_name,T_id FROM teacher;
```

【语句说明】

SELECT 子句后面列出的是需要查询的列名列表,本任务需要查询教师姓名和教师号,因此列出 T_name 和 T_id 列。FROM 子句列出要查询的表名,本任务中 T_name 和 T_id 数据来源于教师表 teacher。执行结果如下:

```
mysql> SELECT T_name,T_id FROM teacher;
+----------+------+
| T_name   | T_id |
+----------+------+
| 张三     | 1    |
| 李四     | 2    |
| 张晓晓   | 3    |
| 朱力     | 4    |
| 周晓云   | 5    |
| 王丽     | 6    |
| 赵林     | 7    |
| 王晨     | 8    |
+----------+------+
8 rows in set (0.03 sec)
```

【拓展任务】

查询 teacher 表中的所有信息。

子任务 1.4 使用多表连接进行查询

使用 SELECT 语句进行查询时，有时数据不仅仅来源于一个表或视图，此时就要用多表连接来实现。可用 FROM 子句来指定从中查询的数据表或视图，WHERE 子句来指定连接条件（将在任务 6 详细介绍）。

连接命令的语法格式如下：

```
FROM <表名 1> [别名 1],<表名 2> [别名 2] [,...]
WHERE <连接条件表达式> [AND <条件表达式>];
```

或者：

```
FROM <表名 1> [别名 1] INNER JOIN <表名 2> [别名 2] ON <连接条件表达式>
[WHERE <条件表达式>];
```

【例 4-10】

查询教师的姓名、教师号及所在系部名称。

【任务实现】

在命令窗口编写如下语句：

```
SELECT T_name,T_id,Dept_name FROM teacher,department WHERE teacher.Dept_id=department.
Dept_id;
```

【语句说明】

SELECT 子句后面列出的是需要查询的列名列表，本任务需要查询教师姓名、教师号和所在系部名称，因此列出 T_name、T_id 和 Dept_name 列。FROM 子句列出要查询的表名，本任务中 T_name 和 T_id 数据来源于教师表 teacher，Dept_name 数据来源于系部表 department，因此列出 teacher 和 department。两个表通过共有的属性 Dept_id 来建立连接，WHERE 子句给出连接条件 teacher.Dept_id=department.Dept_id。执行结果如下：

```
mysql> SELECT T_name,T_id,Dept_name FROM teacher,department WHERE
teacher.Dept_id=department.Dept_id;
+--------------+----------+----------------------+
| T_name       | T_id     | Dept_name            |
+--------------+----------+----------------------+
| 张三         | 1        | 信息技术学院         |
| 李四         | 2        | 信息技术学院         |
| 张晓晓       | 3        | 工商管理学院         |
| 朱力         | 4        | 城市建设学院         |
| 周晓云       | 5        | 艺术设计学院         |
| 王丽         | 6        | 艺术设计学院         |
| 赵林         | 7        | 健康养老学院         |
| 王晨         | 8        | 轨道交通学院         |
+--------------+----------+----------------------+
8 rows in set (0.03 sec)
```

【拓展任务】

查询学生的姓名、学号及所在系部名称。

任务 2　使用 WHERE 子句过滤结果集

预备知识

使用 SELECT 语句进行查询时，如果用户希望设置查询条件来限制返回的数据，可以通过 SELECT 语句后面使用 WHERE 子句来实现。

WHERE 子句的语法格式如下：

使用 WHERE 子句过滤结果集

```
WHERE ＜条件表达式＞;
```

＜条件表达式＞格式如下：

```
表达式 ＜比较运算符＞ 表达式
|表达式 [NOT] LIKE 表达式 [ESCAPE 'esc']
|表达式 [NOT] [REGEXP|RLIKE] 表达式
|表达式 [NOT] BETWEEN 表达式 AND 表达式
|表达式 IS [NOT] NULL
|表达式 [NOT] IN (子查询|表达式 [,... n])
|表达式 ＜比较运算符＞ {ALL|SOME|ANY} (子查询)
|EXIST (子查询)
```

思政小贴士

计算机专家萨师煊凭借其在数据库技术普及推广领域的卓越研究及贡献，成为我国杰出科学家。我们要有为国争光的爱国情怀和科研精神，学以致用，成为祖国的栋梁之材。

子任务 2.1　使用单一的条件过滤结果集

使用单一的条件过滤结果集，主要指使用比较查询条件来实现查询。比较查询条件由两个表达式和比较运算符(见表 4-1)组成，系统将根据该比较查询条件的真假来决定数据是否满足该查询条件，只有满足该查询条件的数据才会出现在结果集中。表 4-1 给出了常用的比较运算符及其说明。

比较查询条件的格式如下：

表达式 1　比较运算符　表达式 2

表 4-1　比较运算符

运算符	说明	表达式
＝	相等	x＝y
＜＞	不相等	x＜＞y
＞	大于	x＞y
＜	小于	x＜y
＜＝	小于等于	x＜＝y
＞＝	大于等于	x＞＝y
!＝	不等于	x!＝y
＜＝＞	相等或都等于空	x＜＝＞y

比较运算符用于比较两个表达式的值，当两个表达式的值均不为空值(NULL)时，比较运算返回逻辑值 TRUE(真)或 FALSE(假)；当两个表达式的值有一个为空值或都为空值时，将返回 UNKNOWN。

【例 4-11】

查询 student 表中姓名为郑玲的学号、姓名和性别的列信息。

【任务实现】

在命令窗口编写如下语句：

```
SELECT S_id,S_name,S_gender FROM student WHERE S_name='郑玲';
```

【语句说明】

SELECT 子句后面列出的是需要查询的列名列表，本任务需要查询学生学号、姓名和性别，因此列出 S_id、S_name 和 S_gender 列。FROM 子句列出要查询的表名，本任务中 S_id、S_name 和 S_gender 数据来源于学生表 student。本任务不是要查询所有的学生信息，而是郑玲学生的信息，因此在 WHERE 子句中给出比较表达式 S_name='郑玲'来限定条件。当 student 表中有 S_name 的值等于郑玲时，则比较表达式值为 TRUE，执行结果如下：

```
mysql> SELECT S_id,S_name,S_gender FROM student WHERE S_name='郑玲';
+----------------+-------------+---------------+
| S_id           | S_name      | S_gender      |
+----------------+-------------+---------------+
| 1113458        | 郑玲        | 女            |
+----------------+-------------+---------------+
1 row in set (0.03 sec)
```

【例 4-12】

查询 books 表中价格小于 30 元的教材书号、教材名称和教材价格的信息。

【任务实现】

在命令窗口编写如下语句：

```
SELECT isbn,bookname,price FROM books WHERE price<30;
```

【语句说明】

SELECT 子句后面列出的是需要查询的列名列表，本任务需要查询教材书号、教材名称和教材价格，因此列出 isbn、bookname 和 price 列。FROM 子句列出要查询的表名，本任务中 isbn、bookname 和 price 数据来源于教材表 books。本任务不是要查询所有的教材信息，而是价格小于 30 元的教材信息，因此在 WHERE 子句中给出比较表达式 price<30 来限定条件。当 books 表中有 price 的值小于 30 时，则比较表达式值为 TRUE，执行结果如下：

```
mysql> SELECT isbn,bookname,price FROM books WHERE price<30;
+---------------------+---------------------+----------+
| isbn                | bookname            | price    |
+---------------------+---------------------+----------+
| 9345532332325       | 程序设计基础        |      28  |
| 9347234498337       | 数据库技术          |    28.6  |
| 9787076635886       | 计算机基础          |    23.5  |
| 9847453433422       | 普通物理学          |    27.4  |
+---------------------+---------------------+----------+
4 rows in set (0.03 sec)
```

【拓展任务】

(1)查询 student 表中学号为 1113332 学生的信息。

(2)查询 student 表中年龄大于 19 岁的学生信息。

子任务 2.2 使用 IS NULL 运算符进行查询

使用 IS NULL 运算符进行查询

当需要判定一个表达式的值是否为空值时,使用 IS (NOT)NULL 关键字来指定查询条件。格式如下:

表达式 IS [NOT] NULL

当不使用 NOT 时,若表达式的值为空值,返回 TRUE,否则返回 FALSE;当使用 NOT 时,结果正好相反。

注意:IS NULL 不能用"=NULL"代替。

【例 4-13】

查询 score 表中成绩尚不定的信息。

【任务实现】

在命令窗口编写如下语句:

```
SELECT * FROM score WHERE score IS NULL;
```

【语句说明】

SELECT 子句后面列出的是需要查询的列名列表,本任务需要查询所有列信息,因此给出星号(*)。FROM 子句列出要查询的表名,本任务中数据来源于成绩表 score。本任务中要查询成绩尚不确定,即为空值的信息,因此在 WHERE 子句中给出表达式 score IS NULL 来限定条件。当 score 表中有 score 的值为空值时,则表达式值为 TRUE,执行结果如下:

```
mysql> SELECT * FROM score WHERE score IS NULL;
+-----------------+----------+----------+
| S_id            | C_id     | score    |
+-----------------+----------+----------+
| 1115102         |        3 | NULL     |
+-----------------+----------+----------+
1 row in set (0.03 sec)
```

【例 4-14】

查询 score 表中已有成绩的信息。

【任务实现】

在命令窗口编写如下语句:

```
SELECT * FROM score WHERE score IS NOT NULL;
```

【语句说明】

SELECT 子句后面列出的是需要查询的列名列表,本任务需要查询所有列信息,因此给出星号(*)。FROM 子句列出要查询的表名,本任务中数据来源于成绩表 score。本任务中要查询已有成绩的信息,即不为空值的信息,因此在 WHERE 子句中给出表达式 score IS NOT NULL 来限定条件。当 score 表中有 score 的值不为空值时,则表达式值为 TRUE,执行结果如下:

```
mysql> SELECT * FROM score WHERE score IS NOT NULL;
+-----------------+----------+----------+
| S_id            | C_id     | score    |
+-----------------+----------+----------+
| 1114629         |        1 |       65 |
| 1114629         |        2 |       70 |
```

```
| 1115101    |    1 |    87 |
| 1115101    |    2 |    75 |
| 1115102    |    2 |    68 |
| 1115102    |    4 |    77 |
+------------+------+-------+
6 rows in set (0.03 sec)
```

【拓展任务】

(1)查询 books 表中价格尚不定的教材信息。

(2)查询 books 表中价格已定的教材信息。

子任务 2.3 SELECT 语句与字符集

在 MySQL 数据库中,字符集的概念和编码方案被看作是同义词,一个字符集是一个转换表和一个编码方案的组合。

查看当前数据库的字符集的语句如下:

```
SHOW VARIABLES LIKE 'character%';
```

执行结果如下:

```
mysql> SHOW VARIABLES LIKE 'character%';
+--------------------------+----------------------------+
| Variable_name            | Value                      |
+--------------------------+----------------------------+
| character_set_client     | gbk                        |
| character_set_connection | gbk                        |
| character_set_database   | utf8                       |
| character_set_filesystem | binary                     |
| character_set_results    | gbk                        |
| character_set_server     | latin1                     |
| character_set_system     | utf8                       |
| character_sets_dir       | /usr/share/mysql/charsets/ |
+--------------------------+----------------------------+
8 rows in set (0.03 sec)
```

说明:

character_set_client:客户端请求数据的字符集。

character_set_connection:客户机/服务器连接的字符集。

character_set_database:默认数据库的字符集。

character_set_filesystem:把操作系统上文件名转化成此字符集。

character_set_results:结果集,返回给客户端的字符集。

character_set_server:数据库服务器的默认字符集。

character_set_system:系统字符集。

执行 SELECT 语句时,如果字符集设置错误,可能发生乱码等问题。

【例 4-15】

查询 courses 表中信息。

【任务实现】

在命令窗口编写如下语句:

```
SELECT * FROM courses;
```

【语句说明】

SELECT 子句后面列出的是需要查询的列名列表，本任务需要查询所有列信息，因此给出星号(*)。FROM 子句列出要查询的表名，本任务中数据来源于课程表 courses。执行结果如下：

```
mysql> SELECT * FROM courses;
+------------------------------+----------+
| C_name                       | C_id     |
+------------------------------+----------+
| 计算机基础                    |    1     |
| C语言程序设计                 |    2     |
| 园林技术                      |    3     |
| 数据库技术基础                |    4     |
| Java语言程序设计              |    5     |
| 操作系统基础                  |    6     |
| 轨道交通技术                  |    7     |
+------------------------------+----------+
7 rows in set (0.03 sec)
```

问题 1：显示结果集时出现乱码问题。

由于查询结果集中包含中文简体字符，如果使用下面的语句先将 character_set_results 的字符集设置为 latin1，然后再执行本任务查询语句，则查询结果集将出现中文乱码问题。执行结果如下：

```
SET character_set_results=latin1;
SELECT * FROM courses;
mysql> SET character_set_results=latin1;
Query OK,0 rows affected (0.03 sec)
mysql> SELECT * FROM courses;
+----------------------+----------+
| C_name               | C_id     |
+----------------------+----------+
| ?????                |    1     |
| C??????              |    2     |
| ????                 |    3     |
| ???????              |    4     |
| Java??????           |    5     |
| ??????               |    6     |
| ??????               |    7     |
+----------------------+----------+
7 rows in set (0.03 sec)
```

【例 4-16】

查询 courses 表中“C 语言程序设计”课程的信息。

【任务实现】

在命令窗口编写如下语句：

```
set character_set_results=gbk;
SELECT * FROM courses WHERE C_name='C语言程序设计';
```

【语句说明】

SELECT 子句后面列出的是需要查询的列名列表，本任务需要查询所有列信息，因此给出星号(*)。FROM 子句列出要查询的表名，本任务中数据均来源于课程表 courses。本任务要查询“C 语言程序设计”课程的信息，因此给出 WHERE C_name='C 语言程序设计'来限定条件。先使用如上语句将字符集设置为 gbk，再执行本任务查询语句，执行结果如下：

```
mysql> SET character_set_results=gbk;
Query OK,0 rows affected (0.03 sec)
mysql> SELECT * FROM courses WHERE C_name='C 语言程序设计';
+----------------------------+----------+
| C_name                     | C_id     |
+----------------------------+----------+
| C 语言程序设计              |      2   |
+----------------------------+----------+
1 row in set (0.03 sec)
```

问题 2：显示结果失败问题。

由于在 WHERE 子句中包含中文简体字符，如果使用语句先将 character_set_connection 的字符集设置为 latin1，然后再执行本任务查询语句，则导致查询结果失败。执行结果如下：

```
mysql> SET character_set_connection=latin1;
Query OK,0 rows affected (0.03 sec)
mysql> SELECT * FROM courses WHERE C_name='C 语言程序设计';
Empty set,1 warning (0.03 sec)
```

可以看到结果中出现了"Empty set,1 warning"的提示，说明此次查询没有取得任何结果，而且在此查询过程中产生了一个警告信息。

说明：

（1）产生乱码的根本原因：客户端程序没有正确地设置客户端（client）字符集，导致原先的 SQL 语句被转换成当前连接（connection）所指定的字符集，而这种转换是会丢失信息的。另外，如果数据库字符集设置不正确，那么当前连接 connection 字符集转换成数据库（database）字符集同样会导致丢失编码。

（2）character_set_client：要告诉服务器，发送的数据是何种编码；character_set_connection：告诉字符集转换器，转换成何种编码；character_set_results：查询的结果用何种编码。

如果以上三者都为字符集 N，可简写为 set names 'N'。

【小技巧】

乱码解决方法：首先明确客户端使用何种编码格式；确保数据库使用 utf8 格式；一定要保证当前连接（connection）字符集大于等于客户端（client）所使用的字符集，即满足条件：（latin1 ＜gb2312＜gbk＜utf8）。

子任务 2.4　使用逻辑运算符进行查询

使用逻辑运算符进行查询

查询条件还可以通过逻辑运算符组成更为复杂的查询条件。表 4-2 给出了常用的逻辑运算符及其说明。

逻辑查询条件的格式如下：

表达式 1　逻辑运算符　表达式 2

表 4-2　逻辑运算符

运算符	说明	表达式
NOT	逻辑非	NOT x
AND	逻辑与	x AND y

(续表)

运算符	说明	表达式
OR	逻辑或	x OR y
XOR	逻辑异或	x XOR y

注意：

(1)NOT 表示对条件的否定。

(2)AND 用于连接两个条件，当两个条件都满足时返回 TRUE，否则返回 FALSE。

(3)OR 用于连接两个条件，只要有一个条件满足时就返回 TRUE，只有当两个条件都不满足时才返回 FALSE。

(4)XOR 用于连接两个条件，只有一个条件满足时才返回 TRUE，当两个条件都满足或都不满足时返回 FALSE。

(5)四种逻辑运算符的优先级从高到低依次为：NOT＞AND＞OR＞XOR。

(6)在 MySQL 中，逻辑表达式有三种可能的值，分别是 TRUE(1)、FALSE(0)和 NULL。

【例 4-17】

查询 score 表中成绩在 70～80 分的学号和成绩信息。

【任务实现】

在命令窗口编写如下语句：

```
SELECT S_id,score FROM score WHERE score>=70 AND score<=80;
```

【语句说明】

SELECT 子句后面列出的是需要查询的列名列表，本任务需要查询学号和成绩，因此列出 S_id 和 score 列。FROM 子句列出要查询的表名，本任务中 S_id 和 score 数据均来源于成绩表 score。本任务不是要查询所有的成绩信息，而是成绩在 70～80 分的信息，因此，在 WHERE 子句中给出逻辑表达式 score＞＝70 AND score＜＝80 来限定条件。当 score 表中有 score 的值在 70～80 时，则逻辑表达式值为 TRUE，执行结果如下：

```
mysql> SELECT S_id,score FROM score WHERE score>=70 AND score<=80;

+-----------------------+----------+
|  S_id                 |  score   |
+-----------------------+----------+
|  1114629              |    70    |
|  1115101              |    75    |
|  1115102              |    77    |
+-----------------------+----------+
3 rows in set (0.03 sec)
```

【拓展任务】

查询 books 表中价格在 25～30 元的教材名、出版社和价格信息。

微课

使用 LIKE 进行模糊查询 1

子任务 2.5　使用 LIKE 进行模糊查询

LIKE 运算符用于指出一个字符串是否与指定的字符串相匹配，其运算对象可以是 char、varchar、text、datetime 等类型的数据，返回逻辑值 TRUE 或 FALSE。

LIKE 谓词表达式的格式如下：

表达式 [NOT] LIKE 表达式 [ESCAPE 'esc 字符']

使用 LIKE 进行模糊查询时，常使用通配符_和%，表 4-3 给出了常用通配符的说明。

表 4-3　　常用通配符

通配符	名称	说明
_	下划线	匹配单个的任意字符
%	百分号	匹配 0 个或多个任意字符

注意：由于 MySQL 默认不区分大小写，若要区分大小写需要更换字符集的校对规则。

【例 4-18】

查询 student 表中姓"王"的学生的学号、姓名和性别信息。

【任务实现】

在命令窗口编写如下语句：

```
SELECT S_id,S_name,S_gender FROM student WHERE S_name LIKE '王%';
```

【语句说明】

SELECT 子句后面列出的是需要查询的列名列表，本任务需要查询学号、姓名和性别，因此列出 S_id、S_name 和 S_gender 列。FROM 子句列出要查询的表名，本任务中 S_id、S_name 和 S_gender 数据均来源于学生表 student。本任务不是要查询所有的学生信息，而是姓"王"的学生信息。因此，在 WHERE 子句中给出模式匹配条件 S_name LIKE '王%'来限定条件。当 student 表中有姓"王"的学生时，则表达式值为 TRUE，执行结果如下：

```
mysql> SELECT S_id,S_name,S_gender FROM student WHERE S_name LIKE '王%';
+------------+------------+-------------+
| S_id       | S_name     | S_gender    |
+------------+------------+-------------+
| 1114086    | 王兴鹏     | 男          |
| 1114108    | 王小丽     | 女          |
| 1114295    | 王志高     | 男          |
| 1115101    | 王玲玲     | 女          |
+------------+------------+-------------+
4 rows in set (0.03 sec)
```

【例 4-19】

查询 student 表中学号的第 5 个数字为"3"的学生学号、姓名和系别信息。

【任务实现】

在命令窗口编写如下语句：

```
SELECT S_id,S_name,Dept_id FROM student WHERE S_id LIKE '____3%';
```

【语句说明】

SELECT 子句后面列出的是需要查询的列名列表，本任务需要查询学号、姓名和系别，因此列出 S_id、S_name 和 Dept_id 列。FROM 子句列出要查询的表名，本任务中 S_id、S_name 和 Dept_id 数据均来源于学生表 student。本任务不是要查询所有的学生信息，而是学号的第 5 个数字为"3"的学生信息，因此在 WHERE 子句中给出模式匹配条件 S_id LIKE '____3%'，其中用 4 个"_"匹配任意 4 个字符来限定条件。当 student 表中有学号的第 5 个数字为"3"的学生时，则表达式值为 TRUE，执行结果如下：

```
mysql> SELECT S_id,S_name,Dept_id FROM student WHERE S_id LIKE '____3%';
+--------------+-----------------+------------+
| S_id         | S_name          | Dept_id    |
```

```
+----------------+-------------------+---------------+
| 1113332        | 任欣              |             0 |
| 1114319        | 黄婷婷            |             0 |
| 1114332        | 樊远风            |             0 |
| 1114355        | 夏叶枫            |             0 |
+----------------+-------------------+---------------+
4 rows in set (0.03 sec)
```

【例 4-20】

查询 student 表中男学生的学号不是“1114”开头的学号、姓名和性别信息。

使用 LIKE 进行模糊查询 2

【任务实现】

在命令窗口编写如下语句：

```
SELECT S_id,S_name,S_gender FROM student WHERE S_id NOT LIKE '1114%';
```

【语句说明】

SELECT 子句后面列出的是需要查询的列名列表，本任务需要查询学号、姓名和性别，因此列出 S_id、S_name 和 S_gender 列。FROM 子句列出要查询的表名，本任务中 S_id、S_name 和 S_gender 数据均来源于学生表 student。本任务不是要查询所有的学生信息，而是学号不是“1114”开头的信息，因此在 WHERE 子句中给出模式匹配条件 S_id NOT LIKE '1114%'来限定条件。当 student 表中有学号的值不和“1114%”匹配时，则表达式值为 TRUE，执行结果如下：

```
mysql>SELECT S_id,S_name,S_gender FROM student WHERE S_id NOT LIKE '1114%';
+--------------+--------------+----------------+
| S_id         | S_name       | S_gender       |
+--------------+--------------+----------------+
| 1113080      | 张悦         | 女             |
| 1113238      | 郑俊         | 男             |
| 1113332      | 任欣         | 女             |
| 1113446      | 张海霞       | 女             |
| 1113456      | 倪杰         | 男             |
| 1113458      | 郑玲         | 女             |
| 1113726      | 吕文         | 男             |
| 1113873      | 宋斯斯       | 女             |
| 1113875      | 朱伟         | 男             |
| 1113885      | 童浩         | 男             |
| 1113921      | 杨晓杰       | 男             |
+--------------+--------------+----------------+
11 rows in set (0.03 sec)
```

【例 4-21】

查询 student 表中姓名包含下划线的学号和姓名信息。

【任务实现】

在命令窗口编写如下语句：

```
SELECT S_id,S_name FROM student WHERE S_name LIKE '%#_%' ESCAPE '#';
```

【语句说明】

SELECT 子句后面列出的是需要查询的列名列表，本任务需要查询学号和姓名，因此列出 S_id 和 S_name 列。FROM 子句列出要查询的表名，本任务中 S_id 和 S_name 数据均来源于学生表 student。本任务不是要查询所有的学生信息，而是姓名包含下划线的信息，下划线本身是通配符，必须使用转义字符“#”，因此在 WHERE 子句中给出模式匹配条件 S_name LIKE '%#_%' ESCAPE '#'来限定条件。当 student 表中有姓名包含下划线的学生时，则表达式值为 TRUE，执行结果如下：

```
mysql> SELECT S_id,S_name FROM student WHERE S_name LIKE '%#_%' ESCAPE '#';
+--------------+--------------+
| S_id         | S_name       |
+--------------+--------------+
| 1113456      | 倪杰_        |
+--------------+--------------+
1 row in set (0.12 sec)
```

注意：定义了“#”为转义字符后，语句中在“#”后的“_”就失去了它本来通配符的含义。

【拓展任务】

(1)查询 student 表中姓“张”的学生的学号、姓名和性别信息。

(2)查询 student 表中学号的第 5 个数字为“2”的学生学号、姓名和系别信息。

(3)查询 student 表中的女学生的学号、姓名和性别信息。

(4)查询 student 表中姓名包含百分号的学号和姓名信息。

注意：在 MySQL 中还可以使用 REGEXP 运算符来执行更复杂的字符串比较运算(本书略)。

用于范围比较的关键字有两个：BETWEEN 和 IN。

(1)当要查询的条件是某个值的范围时，可以使用 BETWEEN 关键字指定查询范围，语法格式如下：

```
表达式 [NOT] BETWEEN 表达式 1 AND 表达式 2;
```

当不使用 NOT 时，若表达式的值在表达式 1 与表达式 2 之间(包括这两个值)，则返回 TRUE，否则返回 FALSE；使用 NOT 时，返回值刚好相反。

(2)使用 IN 关键字可以指定一个值列表，值列表中列出所有可能的值，当与值列表中的任何一个匹配时，则返回 TRUE，否则返回 FALSE。使用 IN 关键字的语法格式如下：

```
表达式 IN (表达式[,... n])
```

【例 4-22】

查询 score 表中成绩在 70～80 分的学号和成绩信息。

查询 score 表中成绩在 70～80 分的学号和成绩信息

【任务实现】

在命令窗口编写如下语句：

```
SELECT S_id,score FROM score WHERE score BETWEEN 70 AND 80;
```

【语句说明】

SELECT 子句后面列出的是需要查询的列名列表，本任务需要查询学号和成绩，因此列出 S_id 和 score 列。FROM 子句列出要查询的表名，本任务中 S_id 和 score 数据均来源于成绩表 score。本任务不是要查询所有的学生信息，而是要查询成绩在 70～80 分的学生信息。因此在 WHERE 子句中给出范围条件 score BETWEEN 70 AND 80 来限定条件。当 score 表中有成绩在 70～80 分的学生信息时，则表达式值为 TRUE，执行结果如下：

```
mysql> SELECT S_id,score FROM score WHERE score BETWEEN 70 AND 80;
+-------------+-----------+
| S_id        | score     |
```

```
+-------------+-----------+
|  1114629    |      70   |
|  1115101    |      75   |
|  1115102    |      77   |
+-------------+-----------+
3 rows in set (0.03 sec)
```

【例 4-23】

查询 score 表中成绩在 70 分以下,80 分以上的学生学号和成绩信息。

【任务实现】

在命令窗口编写如下语句:

```
SELECT S_id,score FROM score WHERE score NOT BETWEEN 70 AND 80;
```

【语句说明】

SELECT 子句后面列出的是需要查询的列名列表,本任务需要查询学号和成绩,因此列出 S_id 和 score 列。FROM 子句列出要查询的表名,本任务中 S_id 和 score 数据均来源于成绩表 score。本任务不是要查询所有的学生信息,而是要查询成绩在 70 分以下,80 分以上的学生信息,即成绩不在 70～80 分的信息。因此在 WHERE 子句中给出范围条件 score NOT BETWEEN 70 AND 80 来限定条件。当 score 表中有成绩在 70 分以下,80 分以上的学生信息时,则表达式值为 TRUE,执行结果如下:

```
mysql> SELECT S_id,score FROM score WHERE score NOT BETWEEN 70 AND 80;
+-------------+-------------+
|  S_id       |  score      |
+-------------+-------------+
|  1114629    |       65    |
|  1115101    |       87    |
|  1115102    |       68    |
+-------------+-------------+
3 rows in set (0.03 sec)
```

【例 4-24】

查询 books 表中出版社为“科学出版社”或“时代出版社”的教材名、出版社和作者信息。

【任务实现】

在命令窗口编写如下语句:

```
SELECT bookname,press,author FROM books WHERE press IN('科学出版社','时代出版社');
```

【语句说明】

SELECT 子句后面列出的是需要查询的列名列表,本任务需要查询教材名、出版社和作者信息,因此列出 bookname、press 和 author 列。FROM 子句列出要查询的表名,本任务中 bookname、press 和 author 数据均来源于教材表 books。本任务不是要查询所有的教材信息,而是要查询出版社为“科学出版社”或“时代出版社”的信息,这些是值列表。因此在 WHERE 子句中给出范围条件 books WHERE press IN('科学出版社','时代出版社')来限定条件。当 books 表中有出版社为“科学出版社”或“时代出版社”的信息时,则表达式值为 TRUE,执行结果如下:

```
mysql> SELECT bookname,press,author FROM books WHERE press IN('科学出版社','时代出版社');
+----------------------+----------------------+--------------+
|  bookname            |  press               |  author      |
```

```
+------------------------+------------------------+---------------+
| 程序设计基础           | 科学出版社             | 何力          |
| 数据库技术             | 时代出版社             | 李克          |
| 高等数学               | 科学出版社             | 王伟          |
| 计算机基础             | 科学出版社             | 张小小        |
+------------------------+------------------------+---------------+
4 rows in set (0.03 sec)
```

【例 4-25】

查询 books 表中出版社不是“科学出版社”或“时代出版社”的教材名、出版社和作者信息。

【任务实现】

在命令窗口编写如下语句：

```
SELECT bookname,press,author FROM books WHERE press NOT IN('科学出版社','时代出版社');
```

【语句说明】

SELECT 子句后面列出的是需要查询的列名列表，本任务需要查询教材名、出版社和作者信息，因此列出 bookname、press 和 author 列。FROM 子句列出要查询的表名，本任务中 bookname、press 和 author 数据均来源于教材表 books。本任务不是要查询所有的教材信息，而是要查询出版社不是“科学出版社”或“时代出版社”的信息。因此在 WHERE 子句中给出范围条件 books WHERE press NOT IN('科学出版社','时代出版社')来限定条件。当 books 表中有出版社不是“科学出版社”或“时代出版社”的信息时，则表达式值为 TRUE，执行结果如下：

```
mysql> SELECT bookname,press,author FROM books WHERE press NOT IN('科学出版社','时代出版社');
+------------------+------------------+--------------+
| bookname         | press            | author       |
+------------------+------------------+--------------+
| 线性代数         | 历史出版社       | 张欣         |
| 大学英语         | 世界出版社       | 李新         |
| 普通物理学       | 教育出版社       | 张力         |
+------------------+------------------+--------------+
3 rows in set (0.03 sec)
```

【拓展任务】

(1)查询 books 表中价格在 20～30 元的教材信息。

(2)查询 books 表中价格在 20 元以下，30 元以上的教材信息。

(3)查询 teacher 表中系部号为“2”或“4”的教师名和系部号信息。

(4)查询 teacher 表中系部号不是“2”或“4”的教师名和系部号信息。

任务 3 使用 ORDER BY 子句对结果集排序

预备知识

使用 SELECT 语句进行查询时，如果用户希望查询结果能够按照其中的一个或多个列进行排序，可以通过 SELECT 语句后面使用 ORDER BY 子句来实现。

ORDER BY 子句的语法格式如下：

```
ORDER BY {列名|表达式|顺序号} [ASC|DESC],...;
```

说明：

(1)该子句可以根据一个或多个列进行排序，也可以根据表达式进行排序。

(2)可以在列的后面指定 ASC(升序)或 DESC(降序)。如果没有指定顺序，系统默认使用升序。

(3)如果选择“顺序号”，则排序的列是 SELECT 顺序号对应输出的相同列。

【例 4-26】

使用 ORDER BY 子句对结果集排序

在 books 表中按价格升序排列。

【任务实现】

在命令窗口编写如下语句：

```
SELECT * FROM books ORDER BY price ASC;
```

【语句说明】

SELECT 子句后面列出的是需要查询的列名列表，本任务需要查询所有列信息，因此给出星号(*)。FROM 子句列出要查询的表名，本任务中数据来源于教材表 books。本任务要求按价格升序排列。因此给出排序条件 ORDER BY price ASC，执行结果如下：

```
mysql> SELECT * FROM books ORDER BY price ASC;
+---------------+------------+-----------+-------+------------+--------+
| isbn          | bookname   | press     | price | version    | author |
+---------------+------------+-----------+-------+------------+--------+
| 9347893744534 | 线性代数   | 历史出版社 | NULL  | 2012-01-08 | 张欣   |
| 9787076635886 | 计算机基础 | 科学出版社 | 23.5  | 2015-03-02 | 张小小 |
| 9847453433422 | 普通物理学 | 教育出版社 | 27.4  | 2012-05-12 | 张力   |
| 9345532332325 | 程序设计基础 | 科学出版社 | 28  | 2013-05-12 | 何力   |
| 9347234498337 | 数据库技术 | 时代出版社 | 28.6  | 2013-04-02 | 李克   |
| 9347766333424 | 高等数学   | 科学出版社 | 30    | 2013-09-12 | 王伟   |
| 9348723634634 | 大学英语   | 世界出版社 | 30    | 2014-01-02 | 李新   |
+---------------+------------+-----------+-------+------------+--------+
7 rows in set (0.03 sec)
```

注意：

(1)如果写成 ORDER BY 4，结果相同，因为 SELECT 后的第 4 列是 price。

(2)当对空值(NULL)排序时，ORDER BY 子句将空值作为最小值对待，因此升序排列时将空值放在最上面，降序时放在最下面。

思政小贴士

在数据查询中使用排序子句能得到有顺序的数据。正如社会生活有秩序才有美好生活；良好的社会秩序促进社会正常运转，我们应当树立秩序意识和规则意识。

【例 4-27】

在 score 表中按成绩降序排列。

【任务实现】

在命令窗口编写如下语句：

```
SELECT * FROM score ORDER BY score DESC;
```

【语句说明】

SELECT 子句后面列出的是需要查询的列名列表，本任务需要查询所有列信息，因此给出星号(*)。FROM 子句列出要查询的表名，本任务中数据来源于成绩表 score。本任务要求按成绩降序排列。因此给出排序条件 ORDER BY score DESC，执行结果如下：

```
mysql> SELECT * FROM score ORDER BY score DESC;
+---------+------+-------+
| S_id    | C_id | score |
```

```
+ --------- + ------ + ------- +
| 1115101   |      1 |      87 |
| 1115102   |      4 |      77 |
| 1115101   |      2 |      75 |
| 1114629   |      2 |      70 |
| 1115102   |      2 |      68 |
| 1114629   |      1 |      65 |
| 1115102   |      3 |    NULL |
+ --------- + ------ + ------- +
7 rows in set (0.03 sec)
```

【例 4-28】

在 student 表中先按系别升序，再按年龄降序排列。

【任务实现】

在命令窗口编写如下语句：

```
SELECT * FROM student ORDER BY Dept_id,S_age DESC;
```

【语句说明】

SELECT 子句后面列出的是需要查询的列名列表，本任务需要查询所有列信息，因此给出星号(*)。FROM 子句列出要查询的表名，本任务中数据来源于学生表 student。本任务要求先按系别升序，再按年龄降序排列。因此给出排序条件 ORDER BY Dept_id，S_age DESC，执行结果如下(仅截取部分结果)：

```
mysql> SELECT * FROM student ORDER BY Dept_id,S_age DESC;
+---------------+---------------+-------------+-----------+---------------+
| S_name        | S_id          | Dept_id     | S_age     | S_gender      |
+---------------+---------------+-------------+-----------+---------------+
| 郑俊          | 1113238       |           0 |        20 | 男            |
| 黎旭瑶        | 11147         |           0 |        20 | 女            |
| 杨晓杰        | 1113921       |           0 |        19 | 男            |
| 倪杰          | 1113456       |           0 |        18 | 男            |
| 陈红          | 1114501       |           1 |        19 | 女            |
| 郑玉          | 1114502       |           1 |        19 | 男            |
| 陈强          | 1115102       |           2 |        19 | 男            |
| 王玲玲        | 1115101       |           2 |        18 | 女            |
+---------------+---------------+-------------+-----------+---------------+
34 rows in set (0.03 sec)
```

【拓展任务】

(1)在 student 表中按年龄降序排列。

(2)在 books 表中按出版时间升序排列。

(3)在 books 表中先按出版社升序排列，再按价格降序排列。

任务 4 使用聚合函数汇总结果集

预备知识

聚合函数用于对一组值进行计算，结果返回单个值，表 4-4 给出了常用聚合函数。

表 4-4　　常用聚合函数

函数名	说明
COUNT	返回满足 SELECT 语句中指定条件的行数
SUM	返回一个数值列或计算列的和
AVG	返回一个数值列或计算列的平均值
MAX	返回一个数值列或计算列的最大值
MIN	返回一个数值列或计算列的最小值

注意:除 COUNT 函数外,聚合函数都会忽略空值(NULL)。

使用聚合函数汇总结果集 1

(1)COUNT()函数

COUNT()函数用于统计组中满足条件的行数或总行数,返回 SELECT 语句查询到的行中非 NULL 值的数目,若找不到匹配的行,则返回 0。

COUNT()函数的语法格式如下:

```
COUNT({[ALL|DISTINCT]表达式}|*);
```

说明:

①表达式的数据类型可以是除 blob 或 text 之外的任何类型。

②ALL 表示对所有值进行运算,DISTINCT 表示去除重复值,默认为 ALL。

③使用 COUNT(*)时将返回查询行的总数目,不论其是否包含 NULL 值。

思政小贴士

聚合函数要按照其格式和规范来应用,否则得到的将是错误的数据。作为社会主义事业接班人,我们更应该培养认真严谨的工作态度。

【例 4-29】

查询价格不为空的教材数目。

【任务实现】

在命令窗口编写如下语句:

```
SELECT COUNT(price) AS '价格不为空的教材数目' FROM books;
```

【语句说明】

SELECT 子句后面列出的是需要查询的列名列表,本任务需要查询价格不为空的教材数目,因此给出表达式 COUNT(price),价格列 price 作为函数的参数。FROM 子句列出要查询的表名,本任务中数据来源于教材表 books。执行结果如下:

```
mysql> SELECT COUNT(price) AS '价格不为空的教材数目' FROM books;
```

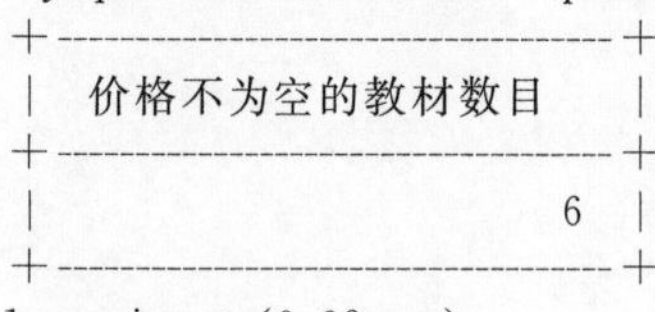

```
+------------------------+
| 价格不为空的教材数目   |
+------------------------+
|                      6 |
+------------------------+
1 row in set (0.09 sec)
```

【例 4-30】

查询教材的总数目。

【任务实现】

在命令窗口编写如下语句:

```
SELECT COUNT(*) AS '教材总数' FROM books;
```

【语句说明】

SELECT 子句后面列出的是需要查询的列名列表,本任务需要查询教材总数目,即教材表 books 中的总行数，因此给出表达式 COUNT(*)，可以用 books 表中的任意列作为函数的参数，也可以直接用星号(*)表示。FROM 子句列出要查询的表名，本任务中数据来源于教材表 books。执行结果如下：

```
mysql> SELECT COUNT(*) AS '教材总数' FROM books;
```

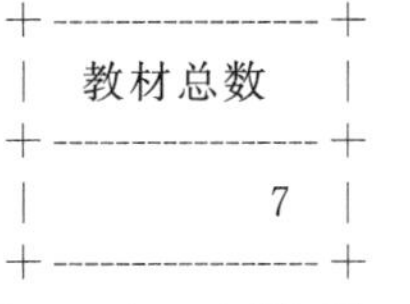

```
+--------------+
| 教材总数     |
+--------------+
|            7 |
+--------------+
1 row in set (0.03 sec)
```

【例 4-31】

查询成绩在 75 分以上的人数。

【任务实现】

在命令窗口编写如下语句：

```
SELECT COUNT(score) AS '成绩在 75 分以上的人数' FROM score WHERE score>75;
```

【语句说明】

SELECT 子句后面列出的是需要查询的列名列表，本任务需要查询成绩在 75 分以上的人数，因此给出表达式 COUNT(score)，可以用 score 表中的 score 列作为函数的参数。FROM 子句列出要查询的表名，本任务中数据来源于成绩表 score。本任务不是统计所有成绩数目，而是统计成绩在 75 分以上的人数，因此在 WHERE 子句中给出条件 score>75。执行结果如下：

```
mysql> SELECT COUNT(score) AS '成绩在 75 分以上的人数' FROM score WHERE score>75;
```

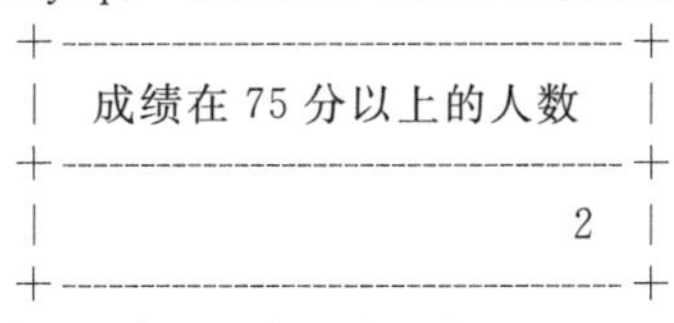

```
+----------------------------+
| 成绩在 75 分以上的人数     |
+----------------------------+
|                          2 |
+----------------------------+
1 row in set (0.03 sec)
```

(2)SUM()函数

SUM()函数用于求表达式中所有值项的总和。

SUM()函数的语法格式如下：

```
SUM([ALL|DISTINCT]表达式)
```

使用聚合函数汇总结果集 2

【例 4-32】

查询学号为 1115101 的学生所学课程的总成绩。

【任务实现】

在命令窗口编写如下语句：

```
SELECT SUM(score) AS '课程总成绩' FROM score WHERE S_id='1115101';
```

【语句说明】

SELECT 子句后面列出的是需要查询的列名列表，本任务需要查询所学课程的总成绩，因此给出表达式 SUM(score)，可以用 score 表中的 score 列作为函数的参数。FROM 子句列出要查询的表名，本任务中数据来源于成绩表 score。本任务不是统计所有学生的总成绩，而是统计学号为 1115101 的学生的总成绩，因此在 WHERE 子句中给出条件 S_id='1115101'。执行结果如下：

```
mysql> SELECT SUM(score) AS '课程总成绩' FROM score WHERE S_id='1115101';
+----------------+
| 课程总成绩     |
```

```
+--------------------+
|              162  |
+--------------------+
1 row in set (0.03 sec)
```

(3)AVG()函数

AVG()函数用于求表达式中所有值项的平均值。

AVG()函数的语法格式如下：

AVG([ALL|DISTINCT]表达式)

【例 4-33】

查询学号为 1115101 的学生所学课程的平均成绩。

【任务实现】

在命令窗口编写如下语句：

```
SELECT AVG(score) AS '课程平均成绩' FROM score WHERE S_id='1115101';
```

【语句说明】

SELECT 子句后面列出的是需要查询的列名列表，本任务需要查询所学课程的平均成绩，因此给出表达式 AVG(score)，可以用 score 表中的 score 列作为函数的参数。FROM 子句列出要查询的表名，本任务中数据来源于成绩表 score。本任务不是统计所有学生的平均成绩，而是学号为 1115101 的学生的平均成绩，因此在 WHERE 子句中给出条件 S_id='1115101'。执行结果如下：

```
mysql> SELECT AVG(score) AS '课程平均成绩' FROM score WHERE S_id='1115101';
```

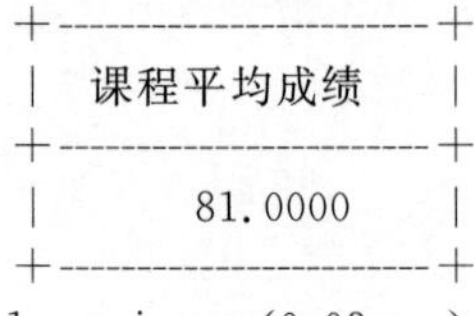

```
+----------------------+
|  课程平均成绩        |
+----------------------+
|       81.0000       |
+----------------------+
1 row in set (0.03 sec)
```

(4)MAX()函数

使用聚合函数汇总结果集 3

MAX()函数用于求表达式中所有值项的最大值。

MAX()函数的语法格式如下：

MAX([ALL|DISTINCT]表达式)

【例 4-34】

查询学号为 1115102 的学生所学课程的最高分。

【任务实现】

在命令窗口编写如下语句：

```
SELECT MAX(score) AS '课程最高分' FROM score WHERE S_id='1115102';
```

【语句说明】

SELECT 子句后面列出的是需要查询的列名列表，本任务需要查询所学课程的最高分，因此给出表达式 MAX(score)，可以用 score 表中的 score 列作为函数的参数。FROM 子句列出要查询的表名，本任务中数据来源于成绩表 score。本任务不是统计所有学生所学课程的最高分，而是统计学号为 1115102 的学生所学课程的最高分，因此在 WHERE 子句中给出条件 S_id='1115102'。执行结果如下：

```
mysql> SELECT MAX(score) AS '课程最高分' FROM score WHERE S_id='1115102';
+----------------------+
|  课程最高分          |
```

```
+------------------------+
|          77            |
+------------------------+
```

1 row in set (0.03 sec)

(5)MIN()函数

MIN()函数用于求表达式中所有值项的最小值。

MIN()函数的语法格式如下：

MIN([ALL|DISTINCT]表达式)

【例 4-35】

查询学号为 1115102 的学生所学课程的最低分。

【任务实现】

在命令窗口编写如下语句：

```
SELECT MIN(score) AS '课程最低分' FROM score WHERE S_id='1115102';
```

【语句说明】

SELECT 子句后面列出的是需要查询的列名列表，本任务需要查询所学课程的最低分，因此给出表达式 MIN (score)，可以用 score 表中的 score 列作为函数的参数。FROM 子句列出要查询的表名，本任务中数据来源于成绩表 score。本任务不是统计所有学生所学课程的最低分，而是统计学号为 1115102 的学生所学课程的最低分，因此在 WHERE 子句中给出条件 S_id='1115102'。执行结果如下：

```
mysql> SELECT MIN(score) AS '课程最低分' FROM score WHERE S_id='1115102';
```

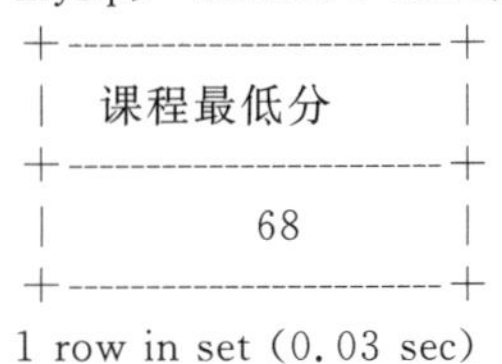

```
+------------------------+
| 课程最低分             |
+------------------------+
|          68            |
+------------------------+
```

1 row in set (0.03 sec)

【拓展任务】

(1)查询成绩不为空的学生数。

(2)查询学生的总人数。

(3)查询价格在 25 元以上的教材数。

(4)查询科学出版社的教材总价格。

(5)查询科学出版社的教材平均价格。

(6)查询科学出版社的教材最高价格。

(7)查询科学出版社的教材最低价格。

任务 5　使用 GROUP BY 子句对记录分组统计

预备知识

使用 GROUP BY 子句对记录分组统计

使用 SELECT 进行查询时，如果用户希望将数据行根据设置的条件分成若干个组，可以通过在 SELECT 语句后使用 GROUP BY 子句来实现。

GROUP BY 子句的语法格式如下：

GROUP BY {列名|表达式|列顺序} [ASC|DESC],… [WITH ROLLUP];

说明：

(1)该子句可以根据一个列或多个列进行分组，也可以根据表达式进行分组，经常和聚合函数一起使用。

(2)该子句可以在列的后面指定 ASC(升序)或 DESC(降序)。

(3)如果选择“顺序号”，则分组的列是 SELECT 顺序号对应输出的相同列。

(4)ROLLUP 指定在结果集内不仅包含由 GROUP BY 提供的行，还包含汇总行。汇总行在结果集中显示为 NULL，用于表示所有值。按层次结构顺序，从组内的最低级别到最高级别汇总组。组的层次结构取分组时指定使用的顺序。

子任务 5.1　使用 GROUP BY 子句

【例 4-36】

查询 student 表中学生的男女人数。

【任务实现】

在命令窗口编写如下语句：

```
SELECT S_gender AS 性别,COUNT(S_gender) AS 人数 FROM student GROUP BY S_gender;
```

【语句说明】

SELECT 子句后面列出的是需要查询的列名列表，本任务需要查询学生的男女人数，因此给出表达式 S_gender AS 性别,COUNT(S_gender) AS 人数。FROM 子句列出要查询的表名，本任务中数据来源于学生表 student。本任务需要统计男生人数和女生人数，即根据性别来进行分组统计人数，因此给出 GROUP BY S_gender。执行结果如下：

```
mysql> SELECT S_gender AS 性别,COUNT(S_gender) AS 人数 FROM student GROUP BY S_gender;
+-----------+-----------+
| 性别      | 人数      |
+-----------+-----------+
| 女        | 15        |
| 男        | 19        |
+-----------+-----------+
2 rows in set (0.03 sec)
```

注意：

(1)使用 GROUP BY 子句时，选择列表中任意非聚合表达式内的所有列都应包含在 GROUP BY 列表中，或者 GROUP BY 表达式必须与选择列表的表达式完全匹配。

(2)GROUP BY 子句可以将查询结果按列或列组合在行的方向上进行分组，每组在列或列组合上具有相同的聚合值。

【拓展任务】

查询各专业的学生人数。

子任务 5.2　使用 GROUP BY 与 HAVING 子句

当完成数据的查询和统计后，如果用户希望对查询和统计后的结果进行筛选，可以通过在 SELECT 语句后面使用 GROUP BY 子句和 HAVING 子句来实现。

HAVING 子句的语法格式如下：

HAVING＜表达式＞；

注意：

（1）表达式的定义和 WHERE 子句中的表达式类似，但 HAVING 子句中的表达式可以包含聚合函数，而 WHERE 子句中不可以。

（2）WHERE 子句与 HAVING 子句的区别在于作用对象不同，WHERE 子句作用于数据表或视图，从中选择满足条件的记录；HAVING 子句作用于组，选择满足条件的组，必须用于 GROUP BY 子句之后，但 GROUP BY 子句可以没有 HAVING 子句。

【例 4-37】

查询平均成绩在 75 分以上的学生的学号和平均成绩。

【任务实现】

在命令窗口编写如下语句：

```
SELECT S_id AS 学号，AVG(score) AS 平均成绩 FROM score GROUP BY S_id HAVING AVG
(score)＞75；
```

【语句说明】

SELECT 子句后面列出的是需要查询的列名列表，本任务需要平均成绩在 75 分以上的学生的学号和平均成绩，因此给出表达式 S_id AS 学号，AVG(score) AS 平均成绩。FROM 子句列出要查询的表名，本任务中数据来源于成绩表 score。本任务需要统计每个学生的平均成绩，即根据学号来进行分组，因此给出 GROUP BY S_id。另外要求平均成绩在 75 分以上，即在按学号分组后再进行筛选，因此给出 HAVING AVG(score)＞75。执行结果如下：

```
mysql＞ SELECT S_id AS 学号，AVG(score) AS 平均成绩 FROM score GROUP BY S_id
HAVING AVG(score)＞75；
```

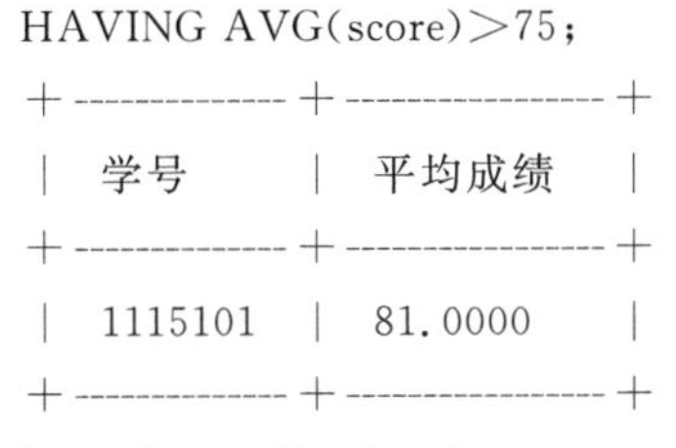

```
+----------+------------+
| 学号     | 平均成绩   |
+----------+------------+
| 1115101  | 81.0000    |
+----------+------------+
1 row in set (0.03 sec)
```

【例 4-38】

查询选修课程超过 1 门且成绩都在 65 分以上的学生学号。

【任务实现】

在命令窗口编写如下语句：

```
SELECT S_id FROM score GROUP BY S_id HAVING COUNT(*)＞1 AND MIN(score)＞65；
```

【语句说明】

SELECT 子句后面列出的是需要查询的列名列表，本任务需要查询学生学号，因此给出表达式 S_id 列。FROM 子句列出要查询的表名，本任务中数据来源于成绩表 score。本任务需要查询选修课程超过 1 门，即根据学号来进行分组，因此给出 GROUP BY S_id。另外要求选修课程超过 1 门且成绩都在 65 分以上，即在按学号分组后再进行筛选，因此给出 HAVING COUNT(*)＞1 AND MIN(score)＞65。执行结果如下：

```
mysql＞ SELECT S_id FROM score GROUP BY S_id HAVING COUNT(*)＞1 AND MIN(score)＞65；
+----------+
| S_id     |
```

```
+--------------+
| 1115101 |
| 1115102 |
+--------------+
2 rows in set (0.00 sec)
```

【拓展任务】

(1)查询各专业的学生人数。

(2)查询两门以上课程都来自同一出版社的教材名称和门数。

子任务 5.3 使用 GROUP BY 子句与 GROUP_CONCAT()函数

【例 4-39】

使用 GROUP BY 子句与 GROUP_CONCAT()函数

查询每位学生选修课程的成绩。

【任务实现】

在命令窗口编写如下语句:

```
SELECT S_id,C_id,score FROM score ORDER BY S_id;
```

执行结果如下:

```
mysql> SELECT S_id,C_id,score FROM score ORDER BY S_id;
```

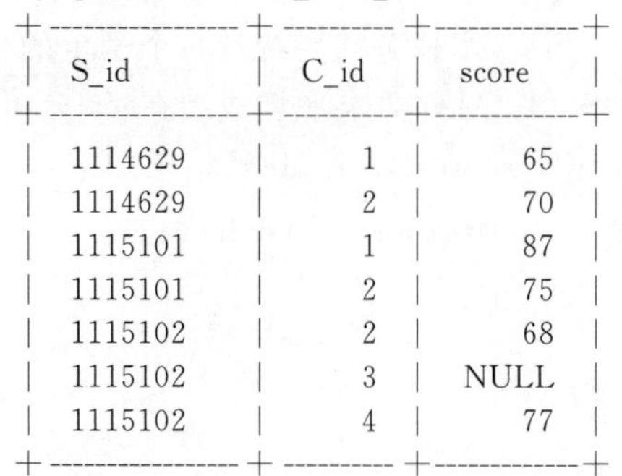

```
+----------------+----------+------------+
| S_id           | C_id     | score      |
+----------------+----------+------------+
| 1114629        |        1 |         65 |
| 1114629        |        2 |         70 |
| 1115101        |        1 |         87 |
| 1115101        |        2 |         75 |
| 1115102        |        2 |         68 |
| 1115102        |        3 |  NULL      |
| 1115102        |        4 |         77 |
+----------------+----------+------------+
```

```
7 rows in set (0.03 sec)
```

但是这样同一个学号出现多次,看上去不直观。

可以在 SELECT 子句中使用 GROUP_CONCAT()函数解决这一问题。GROUP_CONCAT()函数可以将 GROUP BY 产生的同一个分组中的值连接起来,返回一个字符串结果。

GROUP_CONCAT()函数语法形式如下:

GROUP_CONCAT ([DISTINCT] 要连接的列 [ORDER BY 排序列 ASC|DESC] [SEPARATOR '分隔符']);

在命令窗口编写如下语句:

```
SELECT S_id,group_concat(score) FROM score GROUP BY S_id;
```

【语句说明】

SELECT 子句后面列出的是需要查询的列名列表,本任务需要学号和每门课程成绩,因此给出表达式 S_id,group_concat(score),使用 group_concat(score)使同一个学生的每门课程成绩连接在一起。FROM 子句列出要查询的表名,本任务中数据来源于成绩表 score。本任务需要查询每个学生成绩,即根据学号来进行分组,因此给出 GROUP BY S_id。执行结果如下:

```
mysql> SELECT S_id,group_concat(score) FROM score GROUP BY S_id;
```

```
+-----------------+-------------------------------+
| S_id            | group_concat(score)           |
+-----------------+-------------------------------+
| 1114629         | 65,70                         |
| 1115101         | 87,75                         |
| 1115102         | 68,77                         |
+-----------------+-------------------------------+
3 rows in set (0.03 sec)
```

【拓展任务】

查询同一出版社的教材名称,教材名称在同一列显示。

子任务 5.4 使用 GROUP BY 子句与 WITH ROLLUP 选项

【例 4-40】

查询每个系部的男生人数、女生人数、系部总人数,以及学生总人数。

【任务实现】

在命令窗口编写如下语句:

SELECT Dept_id AS 系部号,S_gender AS 性别,COUNT(*) AS 人数 FROM student GROUP BY Dept_id,S_gender WITH ROLLUP;

【语句说明】

SELECT 子句后面列出的是需要查询的列名列表,本任务需要查询每个系部的男生人数、女生人数、系部总人数,以及学生总人数,因此给出表达式 Dept_id AS 系部号,S_gender AS 性别,COUNT(*) AS 人数。FROM 子句列出要查询的表名,本任务中数据来源于学生表 student。本任务需要每个专业的男生人数和女生人数,即先根据专业来分组,再按性别来进行分组统计人数,因此给出 GROUP BY Dept_id,S_gender。另外本任务还需要每个系部的总人数和学生总人数,因此给出 WITH ROLLUP,进行汇总。执行结果如下:

```
mysql> SELECT Dept_id AS 系部号,S_gender AS 性别,COUNT(*) AS '人数'
FROM student GROUP BY Dept_id,S_gender WITH ROLLUP;
+-------------+-------------+-------------+
| 系部号      | 性别        | 人数        |
+-------------+-------------+-------------+
|           0 | 女          |          13 |
|           0 | 男          |          17 |
|           0 | NULL        |          30 |
|           1 | 女          |           1 |
|           1 | 男          |           1 |
|           1 | NULL        |           2 |
|           2 | 女          |           1 |
|           2 | 男          |           1 |
|           2 | NULL        |           2 |
|        NULL | NULL        |          34 |
+-------------+-------------+-------------+
10 rows in set (0.03 sec)
```

注意:

当使用 ROLLUP 时,不能同时使用 ORDER BY 子句进行结果排序。

【拓展任务】

查询每个年龄的男生人数、女生人数、总人数,以及学生总人数。

任务 6　使用连接查询

预备知识

1. 连接查询的含义

微课

使用连接查询 1

连接查询是关系数据库中最主要的查询，通过连接查询可以在多个数据表中查询所需要的数据(在任务 1.4 中简单介绍过)。

连接查询的基本语法格式如下：

SELECT 子句
FROM ＜表名 1＞[别名 1],＜表名 2＞[别名 2][,...]
WHERE＜连接条件表达式＞[AND＜条件表达式＞];

或者：

SELECT 子句
FROM ＜表名 1＞[别名 1] JOIN ＜表名 2＞[别名 2] ON ＜连接条件表达式＞
[WHERE＜条件表达式＞];

说明：

(1) 第一种命令格式的连接条件在 WHERE 子句中指定，连接条件即为两个表的公共列相等。

(2)第二种命令格式的连接条件在 FROM 子句中指定。JOIN 是指各类连接操作的关键字，具体见表 4-5。

表 4-5　JOIN 关键字

连接类型	连接关键字	说明
内连接	INNER JOIN	内连接，INNER 可省略
左外连接	LEFT JOIN	外连接
右外连接	RIGHT JOIN	
全外连接	FULL JOIN(MySQL 尚不支持该连接)	
交叉连接	CROSS JOIN	交叉连接

(3)连接条件是指在连接查询中连接两个表的条件。连接条件表达式的一般格式如下：

[＜表名 1＞]＜别名 1.列名＞＜比较运算符＞[＜表名 2＞]＜别名 2.列名＞

(4) FROM 子句后面可以跟多个数据的表名，表名与别名之间用空格分隔。若不定义别名，表的别名默认为别名；若定义别名，则使用定义的别名。

(5)若在 SELECT 子句中的输出列或条件表达式中出现两个表的公共列，则在公共列名前必须加表名或别名，如 student.S_id 或 a.S_id。

(6)使用 WHERE 子句定义连接条件比较简单明了，但有时会影响查询性能；而 JOIN 语法是 ANSI SQL 的标准规范，能够确保不会忘记连接条件。

思政小贴士

“众人拾柴火焰高”，在连接查询中要充分合理利用各种表数据，如同生活中充分调动各种资源，团结合作，达到合作共赢的目的。

2. 连接查询的分类

(1)内连接

内连接的查询结果集中仅包含满足条件的行，内连接是 MySQL 默认的连接方式。根据所使用的比较方式不同，内连接可分为等值连接、自然连接和不等值连接。

①等值连接

使用连接查询 2

等值连接是指在连接条件表达式中使用等号(=)运算符比较被连接列的值时，此时称作等值连接，其查询结果集中包括重复列。

【例 4-41】 使用等值连接查询每个学生及其选修课的情况。

```
SELECT a.*,b.* FROM student a INNER JOIN score b ON a.S_id=b.S_id;
```

执行结果如下：

```
mysql> SELECT a.*,b.* FROM student a INNER JOIN score b ON a.S_id=b.S_id;
+---------+---------+---------+-------+----------+---------+------+-------+
| S_name  | S_id    | Dept_id | S_age | S_gender | S_id    | C_id | score |
+---------+---------+---------+-------+----------+---------+------+-------+
| 张陈    | 1114629 |       0 |    19 | 男       | 1114629 |    1 |    65 |
| 张陈    | 1114629 |       0 |    19 | 男       | 1114629 |    2 |    70 |
| 王玲玲  | 1115101 |       2 |    18 | 女       | 1115101 |    1 |    87 |
| 王玲玲  | 1115101 |       2 |    18 | 女       | 1115101 |    2 |    75 |
| 陈强    | 1115102 |       2 |    19 | 男       | 1115102 |    2 |    68 |
| 陈强    | 1115102 |       2 |    19 | 男       | 1115102 |    3 |  NULL |
| 陈强    | 1115102 |       2 |    19 | 男       | 1115102 |    4 |    77 |
+---------+---------+---------+-------+----------+---------+------+-------+
7 rows in set (0.03 sec)
```

②自然连接

自然连接是等值连接的一种特殊情况，即在等值连接的基础上删除重复列。

【例 4-42】 使用自然连接查询每个学生及其选修课的情况。

```
SELECT a.S_id,S_name,Dept_id,S_age,S_gender,C_id,score FROM student a INNER JOIN score b
ON a.S_id=b.S_id;
```

执行结果如下：

```
mysql> SELECT a.S_id,S_name,Dept_id,S_age,S_gender,C_id,score FROM student a INNER JOIN
score b ON a.S_id=b.S_id;
+---------+---------+---------+-------+----------+------+-------+
| S_id    | S_name  | Dept_id | S_age | S_gender | C_id | score |
+---------+---------+---------+-------+----------+------+-------+
| 1114629 | 张陈    |       0 |    19 | 男       |    1 |    65 |
| 1114629 | 张陈    |       0 |    19 | 男       |    2 |    70 |
| 1115101 | 王玲玲  |       2 |    18 | 女       |    1 |    87 |
| 1115101 | 王玲玲  |       2 |    18 | 女       |    2 |    75 |
| 1115102 | 陈强    |       2 |    19 | 男       |    2 |    68 |
| 1115102 | 陈强    |       2 |    19 | 男       |    3 |  NULL |
| 1115102 | 陈强    |       2 |    19 | 男       |    4 |    77 |
+---------+---------+---------+-------+----------+------+-------+
7 rows in set (0.03 sec)
```

③不等值连接

不等值连接是指在连接条件表达式中使用除等于(=)运算符之外的其他比较运算符，这些不等运算符包括>、<、>=、<=、!=、<>等。

(2)外连接

外连接的查询结果集中既包含满足条件的行，也包含不满足条件的行，将不满足条件的行的值变为 NULL 显示。外连接有三种形式:左外连接、右外连接和全外连接(MySQL 尚不支持该连接)。

使用连接查询 3

左外连接是以左表为主表,即在结果集中保留连接条件表达式左表中非匹配行;右外连接是以右表为主表,即在结果集中保留连接条件表达式右表中非匹配行;全外连接将两个表中的所有行都包括在结果集中,不论是否匹配。

子任务 6.1 使用内连接查询

内连接命令的语法格式如下:

```
FROM <表名1> [别名1],<表名2> [别名2] [,...]
WHERE <连接条件表达式> [AND <条件表达式>];
```

或者:

```
FROM <表名1> [别名1] INNER JOIN <表名2> [别名2] ON <连接条件表达式>
[WHERE <条件表达式>];
```

【例 4-43】

查询学生的学号、姓名、课程号及成绩信息。

【任务分析】

本任务需要查询学生的学号、姓名、课程号及成绩信息,那么学号、姓名、课程号及成绩这些数据是否仅仅来源于一个数据表 student? 学号和姓名数据来自表 student,课程号和成绩数据来自表 score,分别可以用前面单表查询的方法实现。但同时查询学号、姓名、课程号及成绩信息,前面的方法已不能实现,因此通过内连接查询方法实现。表 student 和表 score 存在有关联的列,即共有列 S_id,通过该列可以把这两个表连接起来。

【任务实现】

在命令窗口编写如下语句:

```
SELECT student. S_id,S_name,C_id,score FROM student INNER JOIN score ON student. S_id=score. S_id;
```

【语句说明】

SELECT 子句后面列出的是需要查询的列名列表,本任务需要查询学生的学号、姓名、课程号及成绩信息,因此列出 student. S_id、S_name、C_id 和 score 列,由于 student 表和 score 表都有 S_id 列,所以需要在 S_id 列名前指定表名,即 student. S_id 或者 score. S_id。FROM 子句列出要查询的表名,本任务中数据来源于学生表 student 和成绩表 score,使用内连接查询 FROM student INNER JOIN score,连接条件为 ON student. S_id=score. S_id。执行结果如下:

```
mysql> SELECT student. S_id,S_name,C_id,score FROM student INNER JOIN score ON student. S_id=score. S_id;
+---------+--------+------+-------+
| S_id    | S_name | C_id | score |
+---------+--------+------+-------+
| 1114629 | 张陈   |    1 |    65 |
| 1114629 | 张陈   |    2 |    70 |
| 1115101 | 王玲玲 |    1 |    87 |
| 1115101 | 王玲玲 |    2 |    75 |
| 1115102 | 陈强   |    2 |    68 |
| 1115102 | 陈强   |    3 |  NULL |
| 1115102 | 陈强   |    4 |    77 |
+---------+--------+------+-------+
7 rows in set (0.03 sec)
```

或者也可以用以下语句实现:

SELECT student.S_id,S_name,C_id,score FROM student,score WHERE student.S_id=score.S_id;

执行结果如下：

```
mysql> SELECT student.S_id,S_name,C_id,score FROM student,score WHERE student.S_id=score.S_id;
+-----------------+--------------+-------------+----------+
| S_id            | S_name       | C_id        | score    |
+-----------------+--------------+-------------+----------+
| 1114629         | 张陈         |           1 |       65 |
| 1114629         | 张陈         |           2 |       70 |
| 1115101         | 王玲玲       |           1 |       87 |
| 1115101         | 王玲玲       |           2 |       75 |
| 1115102         | 陈强         |           2 |       68 |
| 1115102         | 陈强         |           3 |     NULL |
| 1115102         | 陈强         |           4 |       77 |
+-----------------+--------------+-------------+----------+
7 rows in set (0.03 sec)
```

使用内连接查询 1

【例 4-44】

查询女学生的学号、姓名、课程号及成绩信息。

【任务分析】

本任务需要查询女学生的学号、姓名、课程号及成绩信息，那么学号、姓名、课程号及成绩这些数据是否仅仅来源于一个数据表 student？学号和姓名数据来自表 student，课程号和成绩数据来自表 score，分别可以用前面单表查询的方法实现。但同时查询学号、姓名、课程号及成绩信息，前面的方法已不能实现，因此通过内连接查询方法实现。表 student 和表 score 存在有关联的列，即共有列 S_id，通过该列可以把这两个表连接起来。另外本任务要查询的是女学生的信息，因此要给出限定条件。

【任务实现】

在命令窗口编写如下语句：

SELECT student.S_id,S_name,C_id,score FROM student INNER JOIN score ON student.S_id=score.S_id WHERE S_gender='女';

【语句说明】

SELECT 子句后面列出的是需要查询的列名列表，本任务需要查询女学生的学号、姓名、课程号及成绩信息，因此列出 student.S_id、S_name、C_id 和 score 列，由于 student 表和 score 表都有 S_id 列，所以需要在 S_id 列名前指定表名，即 student.S_id 或者 score.S_id。FROM 子句列出要查询的表名，本任务中数据来源于学生表 student 和成绩表 score，使用内连接查询 FROM student INNER JOIN score，连接条件为 ON student.S_id=score.S_id。本任务中查询的是女生，因此给出 WHERE S_gender='女'。执行结果如下：

```
mysql> SELECT student.S_id,S_name,C_id,score FROM student INNER JOIN score ON
student.S_id=score.S_id WHERE S_gender='女';
+-----------------+--------------+-------------+----------+
| S_id            | S_name       | C_id        | score    |
+-----------------+--------------+-------------+----------+
| 1115101         | 王玲玲       |           1 |       87 |
| 1115101         | 王玲玲       |           2 |       75 |
+-----------------+--------------+-------------+----------+
2 rows in set (0.03 sec)
```

或者也可以用以下语句实现：

SELECT student.S_id,S_name,C_id,score FROM student,score WHERE
student.S_id=score.S_id AND S_gender='女';

执行结果如下：

```
mysql> SELECT student.S_id,S_name,C_id,score FROM student,score WHERE
student.S_id=score.S_id AND S_gender='女';
+-----------------+--------------+-----------+----------+
| S_id            | S_name       | C_id      | score    |
+-----------------+--------------+-----------+----------+
| 1115101         | 王玲玲       |         1 |       87 |
| 1115101         | 王玲玲       |         2 |       75 |
+-----------------+--------------+-----------+----------+
2 rows in set (0.03 sec)
```

使用内连接查询 2

【例 4-45】

查询学生的姓名、课程名及成绩信息。

【任务分析】

本任务需要查询学生的姓名、课程名及成绩信息，其中姓名数据来自表 student，课程名数据来自表 courses，成绩数据来自表 score，本任务数据来自这 3 个表，可以通过内连接查询方法实现。表 student 和表 score 存在有关联的列，即共有列 S_id，通过该列可以把这两个表连接起来。表 score 和表 courses 存在有关联的列，即共有列 C_id，通过该列可以把这两个表连接起来。这样 3 个表就联系在一起了。

【任务实现】

在命令窗口编写如下语句：

```
SELECT S_name,C_name,score FROM student INNER JOIN score ON student.S_id=score.S_id
INNER JOIN courses ON score.C_id=courses.C_id;
```

【语句说明】

SELECT 子句后面列出的是需要查询的列名列表，本任务需要查询学生的姓名、课程名及成绩信息，因此列出 S_name、C_name 和 score 列。FROM 子句列出要查询的表名，本任务中数据来源于学生表 student、成绩表 score 和课程表 courses，使用内连接查询 FROM student INNER JOIN score ON student.S_id=score.S_id INNER JOIN courses ON score.C_id=courses.C_id。执行结果如下：

```
mysql> SELECT S_name,C_name,score FROM student INNER JOIN score ON student.S_id=score.S_id
INNER JOIN courses ON score.C_id=courses.C_id;
+------------+------------------------+---------------+
| S_name     | C_name                 | score         |
+------------+------------------------+---------------+
| 张陈       | 计算机基础             |            65 |
| 张陈       | C 语言程序设计         |            70 |
| 王玲玲     | 计算机基础             |            87 |
| 王玲玲     | C 语言程序设计         |            75 |
| 陈强       | C 语言程序设计         |            68 |
| 陈强       | 园林技术               |          NULL |
| 陈强       | 数据库技术基础         |            77 |
+------------+------------------------+---------------+
7 rows in set (0.03 sec)
```

或者也可以用以下语句实现：

```
SELECT S_name,C_name,score FROM student,score,courses WHERE student.S_id=score.S_id AND
score.C_id=courses.C_id;
```

执行结果如下：

```
mysql> SELECT S_name,C_name,score FROM student,score,courses WHERE
```

```
student.S_id=score.S_id AND score.C_id=courses.C_id;
+------------+----------------------+------------+
| S_name     | C_name               | score      |
+------------+----------------------+------------+
| 张陈       | 计算机基础           |         65 |
| 张陈       | C语言程序设计        |         70 |
| 王玲玲     | 计算机基础           |         87 |
| 王玲玲     | C语言程序设计        |         75 |
| 陈强       | C语言程序设计        |         68 |
| 陈强       | 园林技术             |       NULL |
| 陈强       | 数据库技术基础       |         77 |
+------------+----------------------+------------+
7 rows in set (0.03 sec)
```

【拓展任务】

(1)查询教师的教师号、姓名、系部号及系部名信息。

(2)查询姓“张”的教师的教师号、姓名、系部号及系部名信息。

(3)查询教师姓名和所在系部名信息。

【小技巧】

连接查询中,可以为表设置别名,如在例 4-45 任务需求中,可以为表 student、score 和 courses 分别设置别名 a、b 和 c,从而简化语句的书写,语句如下:

```
SELECT S_name,C_name,score FROM student a INNER JOIN score b ON a.S_id = b.S_id INNER
JOIN courses c ON b.C_id=c.C_id;
```

执行结果如下:

```
SELECT S_name,C_name,score FROM student a INNER JOIN score b ON a.S_id = b.S_id
INNER JOIN courses c ON b.C_id=c.C_id;
+------------+----------------------+---------+
| S_name     | C_name               | score   |
+------------+----------------------+---------+
| 张陈       | 计算机基础           |      65 |
| 张陈       | C语言程序设计        |      70 |
| 王玲玲     | 计算机基础           |      87 |
| 王玲玲     | C语言程序设计        |      75 |
| 陈强       | C语言程序设计        |      68 |
| 陈强       | 园林技术             |    NULL |
| 陈强       | 数据库技术基础       |      77 |
+------------+----------------------+---------+
7 rows in set (0.03 sec)
```

子任务 6.2 使用外连接查询

使用外连接查询

外连接命令的语法格式如下:

FROM <表名 1> LEFT | RIGHT [OUTER]JOIN <表名 2> ON <表名 1.列 1>=<表名 2.列 2>

说明:

OUTER 关键字可省略。

【例 4-46】

查询所有学生信息及其选修的课程号,如果学生未选修任何课程,也要包括其基本信息。

【任务分析】

如果该任务用内连接的方法,其语句如下:

```
SELECT student. * ,C_id FROM student INNER JOIN score ON student. S_id=score. S_id;
```

执行结果如下：

```
mysql> SELECT student. * ,C_id FROM student INNER JOIN score ON student. S_id=score. S_id;
+-------------+-------------+-------------+-----------+-------------+---------+
| S_name      | S_id        | Dept_id     | S_age     | S_gender    | C_id    |
+-------------+-------------+-------------+-----------+-------------+---------+
| 张陈        | 1114629     |           0 |        19 | 男          |       1 |
| 张陈        | 1114629     |           0 |        19 | 男          |       2 |
| 王玲玲      | 1115101     |           2 |        18 | 女          |       1 |
| 王玲玲      | 1115101     |           2 |        18 | 女          |       2 |
| 陈强        | 1115102     |           2 |        19 | 男          |       2 |
| 陈强        | 1115102     |           2 |        19 | 男          |       3 |
| 陈强        | 1115102     |           2 |        19 | 男          |       4 |
+-------------+-------------+-------------+-----------+-------------+---------+
7 rows in set (0.03 sec)
```

从结果中可以看出，在结果集中没有未选课的学生信息，只有选了课程的学生信息，没有满足本任务的要求：如果学生未选修任何课程，也要包括其基本信息。这种情况可以使用外连接的方法。

【任务实现】

在命令窗口编写如下语句：

```
SELECT student. * ,C_id FROM student LEFT OUTER JOIN score ON student. S_id=score. S_id;
```

【语句说明】

SELECT 子句后面列出的是需要查询的列名列表，本任务需要查询学生信息和课程号信息，因此列出 student. * ,C_id。FROM 子句列出要查询的表名，本任务中数据来源于学生表 student 和成绩表 score，由于要保留 student 表中的所有学生信息，不管是否选课，表 student 写在 JOIN 关键字的左边，因此使用左外连接查询 FROM student LEFT OUTER JOIN score ON student. S_id=score. S_id。执行结果如下(仅截取部分结果)：

```
mysql> SELECT student. * ,C_id FROM student LEFT OUTER JOIN score ON student. S_id=score. S_id;
+-------------+-------------+-------------+-----------+-------------+---------+
| S_name      | S_id        | Dept_id     | S_age     | S_gender    | C_id    |
+-------------+-------------+-------------+-----------+-------------+---------+
| 郑玉        | 1114502     |           1 |        19 | 男          | NULL    |
| 胡明明      | 1114607     |           0 |        18 | 男          | NULL    |
| 宋林        | 1114613     |           0 |        18 | 男          | NULL    |
| 张陈        | 1114629     |           0 |        19 | 男          |       1 |
| 张陈        | 1114629     |           0 |        19 | 男          |       2 |
| 胡雨星      | 1114634     |           0 |        19 | 男          | NULL    |
| 戴宇        | 1114646     |           0 |        19 | 男          | NULL    |
| 王玲玲      | 1115101     |           2 |        18 | 女          |       1 |
| 王玲玲      | 1115101     |           2 |        18 | 女          |       2 |
| 陈强        | 1115102     |           2 |        19 | 男          |       2 |
| 陈强        | 1115102     |           2 |        19 | 男          |       3 |
| 陈强        | 1115102     |           2 |        19 | 男          |       4 |
+-------------+-------------+-------------+-----------+-------------+---------+
38 rows in set (0.03 sec)
```

从结果中可以看出，在结果集中既包含选课的学生信息，也包含未选课的学生信息。

【例 4-47】

任务需求同上：查询所有学生信息及其选修的课程号，如果学生未选修任何课程，也要包括其基本信息，要求使用右外连接来完成。

【任务分析】

在例 4-46 任务需求中通过左外连接来完成，本任务要求用右外连接来实现，即右表中没有匹配的行也保留下来，只要把 student 表写在 JOIN 关键字的右边，即可实现。

【任务实现】

在命令窗口编写如下语句：

```
SELECT student. * ,C_id FROM score RIGHT OUTER JOIN student ON student. S_id=score. S_id;
```

【语句说明】

SELECT 子句后面列出的是需要查询的列名列表，本任务需要查询学生信息和课程号信息，因此列出 student. * ,C_id。FROM 子句列出要查询的表名，本任务中数据来源于学生表 student 和成绩表 score，由于要保留 student 表中的所有学生的信息，并要求用右外连接来实现，因此表 student 写在 JOIN 关键字的右边，FROM score RIGHT OUTER JOIN student ON student. S_id=score. S_id。执行结果如下(仅截取部分结果)：

```
mysql> SELECT student. * ,C_id FROM score RIGHT OUTER JOIN student ON student. S_id=score. S_id;
+------------+------------+-----------+----------+-------------+----------+
| S_name     | S_id       | Dept_id   | S_age    | S_gender    | C_id     |
+------------+------------+-----------+----------+-------------+----------+
| 郑玉       | 1114502    |         1 |       19 | 男          | NULL     |
| 胡明明     | 1114607    |         0 |       18 | 男          | NULL     |
| 宋林       | 1114613    |         0 |       18 | 男          | NULL     |
| 张陈       | 1114629    |         0 |       19 | 男          |        1 |
| 张陈       | 1114629    |         0 |       19 | 男          |        2 |
| 胡雨星     | 1114634    |         0 |       19 | 男          | NULL     |
| 戴宇       | 1114646    |         0 |       19 | 男          | NULL     |
| 王玲玲     | 1115101    |         2 |       18 | 女          |        1 |
| 王玲玲     | 1115101    |         2 |       18 | 女          |        2 |
| 陈强       | 1115102    |         2 |       19 | 男          |        2 |
| 陈强       | 1115102    |         2 |       19 | 男          |        3 |
| 陈强       | 1115102    |         2 |       19 | 男          |        4 |
+------------+------------+-----------+----------+-------------+----------+
38 rows in set (0.03 sec)
```

【拓展任务】

(1)查询教师的教师号、姓名、系部号及系部名信息。

(2)查询姓“张”的教师的教师号、姓名、系部号及系部名信息。

(3)查询教师姓名和所在系部名信息。

(4)查询被选修的课程信息和所有的课程名称(用左外连接实现)。

(5)查询被选修的课程信息和所有的课程名称(用右外连接实现)。

子任务 6.3　使用交叉连接查询

使用交叉连接查询

交叉连接又称笛卡尔连接，是指两个表之间做笛卡尔积操作，得到结果集的行数是两个表的行数的乘积。

交叉连接命令的语法格式如下：

FROM <表名 1>[别名 1],<表名 2>[别名 2]

或者：

FROM <表名 1> [别名 1] CROSS JOIN <表名 2> [别名 2]

【例 4-48】

查询课程所有可能的选课情况。

【任务实现】

在命令窗口编写如下语句:

```
SELECT score.*,courses.* FROM score CROSS JOIN courses;
```

【语句说明】

SELECT 子句后面列出的是需要查询的列名列表,本任务需要查询选课信息和课程信息,因此列出 score.* 和 courses.*。FROM 子句列出要查询的表名,本任务中数据来源于成绩表 score 和课程表 courses,使用交叉连接查询 FROM score CROSS JOIN courses。执行结果如下(仅截取部分结果):

```
mysql> SELECT score.*,courses.* FROM score CROSS JOIN courses;
+----------+-------+-------+----------------+-------+
| S_id     | C_id  | score | C_name         | C_id  |
+----------+-------+-------+----------------+-------+
| 1114629  |     1 |    65 | 计算机基础     |     1 |
| 1114629  |     2 |    70 | 计算机基础     |     1 |
| 1115101  |     1 |    87 | 计算机基础     |     1 |
| 1115101  |     2 |    75 | 计算机基础     |     1 |
| 1115102  |     2 |    68 | 计算机基础     |     1 |
| 1115102  |     3 | NULL  | 计算机基础     |     1 |
| 1115102  |     4 |    77 | 计算机基础     |     1 |
| 1114629  |     1 |    65 | C 语言程序设计 |     2 |
| 1114629  |     2 |    70 | C 语言程序设计 |     2 |
| 1115101  |     1 |    87 | C 语言程序设计 |     2 |
| 1115101  |     2 |    75 | C 语言程序设计 |     2 |
| 1115102  |     2 |    68 | C 语言程序设计 |     2 |
| 1115102  |     3 | NULL  | C 语言程序设计 |     2 |
| 1115102  |     4 |    77 | C 语言程序设计 |     2 |
+----------+-------+-------+----------------+-------+
49 rows in set (0.03 sec)
```

从结果中可以看出,共有 49 行数据,由于表 score 和表 courses 分别有 7 行数据,因此进行交叉连接后得到 7*7=49 行数据。

或者,也可用以下语句实现:

```
SELECT score.*,courses.* FROM score,courses;
```

执行结果如下(仅截取部分结果):

```
mysql> SELECT score.*,courses.* FROM score,courses;
+----------+-------+-------+----------------+-------+
| S_id     | C_id  | score | C_name         | C_id  |
+----------+-------+-------+----------------+-------+
| 1114629  |     1 |    65 | 计算机基础     |     1 |
| 1114629  |     2 |    70 | 计算机基础     |     1 |
| 1115101  |     1 |    87 | 计算机基础     |     1 |
| 1115101  |     2 |    75 | 计算机基础     |     1 |
| 1115102  |     2 |    68 | 计算机基础     |     1 |
| 1115102  |     3 | NULL  | 计算机基础     |     1 |
| 1115102  |     4 |    77 | 计算机基础     |     1 |
| 1114629  |     1 |    65 | C 语言程序设计 |     2 |
| 1114629  |     2 |    70 | C 语言程序设计 |     2 |
| 1115101  |     1 |    87 | C 语言程序设计 |     2 |
```

```
| 1115101 |   2 |   75 | C 语言程序设计 |   2 |
| 1115102 |   2 |   68 | C 语言程序设计 |   2 |
| 1115102 |   3 | NULL | C 语言程序设计 |   2 |
| 1115102 |   4 |   77 | C 语言程序设计 |   2 |
+ --------- + ------ + ------- + ---------------- + ------ +
49 rows in set (0.03 sec)
```

说明:交叉连接一般没有意义。

【拓展任务】

查询学生所有可能的选课情况。

子任务 6.4　使用自连接查询

连接查询不只是在不同的表之间进行,在一个数据表内还可以进行自身连接查询,即将同一个表的不同行连接起来,称为自连接。若要在一个表中查询具有相同列值的行,则可以使用自连接。

使用自连接查询

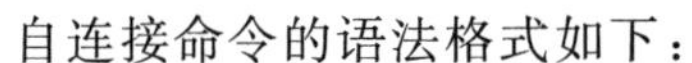

自连接命令的语法格式如下:

FROM <表名 1> [别名 1],<表名 1> [别名 2][,...]

WHERE <连接条件表达式> [AND <条件表达式>];

注意:

使用自连接时需要为表指定两个别名来进行区分,并且对所有列的引用都要用别名限定。

【例 4-49】

查询同时选修了课程号为 1 和 2 的学生学号。

【任务分析】

按照之前查询的方法,使用如下语句:

```
SELECT S_id FROM score WHERE C_id='1';
```

查询的是只选了课程号 1 的学号,执行结果如下:

```
mysql> SELECT S_id FROM score WHERE C_id='1';
+--------------+
| S_id         |
+--------------+
| 1114629      |
| 1115101      |
+--------------+
2 rows in set (0.03 sec)
```

再使用如下语句:

```
SELECT S_id FROM score WHERE C_id='2';
```

查询的是只选了课程号为 2 的学号,执行结果如下:

```
mysql> SELECT S_id FROM score WHERE C_id='2';
+--------------+
| S_id         |
+--------------+
| 1114629      |
| 1115101      |
| 1115102      |
+--------------+
3 rows in set (0.03 sec)
```

从结果中可以看出,同时选修了课程号 1 和 2 的学号是 1114629 和 1115101。但是,如果使用以下语句:

```
SELECT S_id FROM score WHERE C_id='1' AND C_id='2';
```

执行结果如下:

```
mysql> SELECT S_id FROM score WHERE C_id='1' AND C_id='2';
Empty set (0.03 sec)
```

结果为空值,显然,以上方法不能完成本任务。这种问题可以用自连接解决。

【任务实现】

在命令窗口编写如下语句:

```
SELECT a.S_id FROM score a INNER JOIN score b ON a.S_id=b.S_id WHERE a.C_id='1' AND b.C_id='2';
```

【语句说明】

SELECT 子句后面列出的是需要查询的列名列表,本任务需要查询学号,因此列出 a.S_id。FROM 子句列出要查询的表名,本任务中数据来源于成绩表 score,使用自连接查询 FROM score a INNER JOIN score b ON a.S_id=b.S_id。另外,本任务要求是同时选修课程 1 和 2,给出 WHERE a.C_id='1' AND b.C_id='2'来限定条件。执行结果如下:

```
mysql> SELECT a.S_id FROM score a INNER JOIN score b ON a.S_id=b.S_id
WHERE a.C_id='1' AND b.C_id='2';
+---------------+
| S_id          |
+---------------+
| 1114629       |
| 1115101       |
+---------------+
2 rows in set (0.03 sec)
```

或者,使用如下语句:

```
SELECT a.S_id FROM score a,score b WHERE a.S_id=b.S_id AND a.C_id='1' AND b.C_id='2';
```

执行结果如下:

```
mysql> SELECT a.S_id FROM score a,score b WHERE a.S_id=b.S_id AND a.C_id='1' AND b.C_id='2';
+---------------+
| S_id          |
+---------------+
| 1114629       |
| 1115101       |
+---------------+
2 rows in set (0.03 sec)
```

【拓展任务】

查询选修了相同课程的学生学号、课程号和成绩。

子任务 6.5 使用多表连接查询

在进行内连接时,有时候可能涉及三个数据表甚至更多表的连接查询。三个数据表甚至更多表进行连接查询和两个数据表的连接查询是基本相同的,先把两个表连接成一个大表,再将其和第三个表进行连接,依此类推。

【例 4-50】

查询选修了课程的学生姓名、系部名、课程名和成绩。

【任务实现】

在命令窗口编写如下语句：

```
SELECT S_name,Dept_name,C_name,score FROM department INNER JOIN student ON department.
Dept_id=student. Dept_id INNER JOIN score ON student. S_id=score. S_id INNER JOIN courses ON score.
C_id=courses. C_id;
```

【语句说明】

SELECT 子句后面列出的是需要查询的列名列表，本任务需要查询学生姓名、系部名、课程名和成绩，因此列出 S_name、Dept_name、C_name 和 score 列。FROM 子句列出要查询的表名，本任务中 S_name 数据来源于学生表 student，Dept_name 数据来源于系部表 department，C_name 数据来源于课程表 courses，score 数据来源于成绩表 score，数据来源于 4 个表，因此给出 FROM department INNER JOIN student ON department. Dept_id＝student. Dept_id INNER JOIN score ON student. S_id＝score. S_id INNER JOIN courses ON score. C_id＝courses. C_id。

执行结果如下：

```
mysql> SELECT S_name,Dept_name,C_name,score FROM department INNER JOIN student ON
department. Dept_id=student. Dept_id INNER JOIN score ON student. S_id=score. S_id INNER JOIN
courses ON score. C_id=courses. C_id;
+-----------------+--------------------+------------------------+----------+
| S_name          | Dept_name          | C_name                 | score    |
+-----------------+--------------------+------------------------+----------+
| 王玲玲          | 工商管理学院       | 计算机基础             |       87 |
| 王玲玲          | 工商管理学院       | C 语言程序设计         |       75 |
| 陈强            | 工商管理学院       | C 语言程序设计         |       68 |
| 陈强            | 工商管理学院       | 园林技术               |     NULL |
| 陈强            | 工商管理学院       | 数据库技术基础         |       77 |
+-----------------+--------------------+------------------------+----------+
5 rows in set (0.03 sec)
```

或者，使用如下语句：

```
SELECT S_name,Dept_name,C_name,score FROM department,student,score,courses WHERE department.
Dept_id=student. Dept_id AND student. S_id=score. S_id AND score. C_id=courses. C_id;
```

执行结果如下：

```
mysql> SELECT S_name,Dept_name,C_name,score FROM department,student,score,courses WHERE
department. Dept_id=student. Dept_id AND student. S_id=score. S_id AND score. C_id=courses. C_id;
+-----------------+--------------------+------------------------+----------+
| S_name          | Dept_name          | C_name                 | score    |
+-----------------+--------------------+------------------------+----------+
| 王玲玲          | 工商管理学院       | 计算机基础             |       87 |
| 王玲玲          | 工商管理学院       | C 语言程序设计         |       75 |
| 陈强            | 工商管理学院       | C 语言程序设计         |       68 |
| 陈强            | 工商管理学院       | 园林技术               |     NULL |
| 陈强            | 工商管理学院       | 数据库技术基础         |       77 |
+-----------------+--------------------+------------------------+----------+
5 rows in set (0.03 sec)
```

【拓展任务】

查询选修了课程的学生姓名、性别、系别、课程名和成绩。

任务 7　使用子查询

使用子查询 1

预备知识

1. 子查询的含义

子查询也称为内部查询或嵌套查询。子查询是一个 SELECT 查询语句,它嵌套在一个 SELECT 查询语句的 WHERE 子句中,或者将一个 SELECT 查询语句嵌入在另一个语句(如 SELECT...INTO 语句、INSERT...INTO 语句、DELETE 语句、UPDATE 语句或另一个子查询)中成为其中一部分。包含子查询的语句称为父查询、主查询或外部查询。

子查询一般会涉及两个以上的表,也可以采用连接查询或者用几个查询语句完成。

2. 子查询的分类

(1)带有比较运算符的子查询

带有比较运算符的子查询是指父查询与子查询之间用比较运算符进行连接。当能确切知道子查询返回的是单值时,可以用＞、＜、＝、＞＝、＜＝、!＝或＜＞等比较运算符。

比较运算符子查询的语法格式如下:

＜列名＞ ＜比较运算符＞ ＜子查询＞;

【例 4-51】 查询选修了课程号为 1 且成绩高于该课程平均分的学生学号。

在命令窗口编写如下语句:

```
SELECT S_id FROM score WHERE score>(SELECT AVG(score) FROM score
WHERE C_id='1') AND C_id='1';
```

执行结果如下:

```
mysql> SELECT S_id FROM score WHERE score>(SELECT AVG(score) FROM score
WHERE C_id='1')AND C_id='1';
```

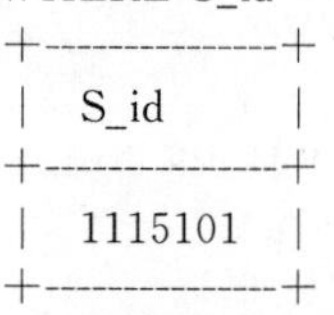

```
+---------------+
|  S_id         |
+---------------+
|  1115101      |
+---------------+
1 row in set (0.03 sec)
```

(2)IN 子查询

IN 子查询可以用来确定指定的值是否与子查询或列表中的值相匹配。通过 IN(或 NOT IN)引入的子查询结果是一个列值,而不是一个单一的值。

IN 子查询的语法格式如下:

＜列名＞ [NOT]IN(子查询);

【例 4-52】 用 IN 子查询来查询工商管理学院的学生学号和姓名。

在命令窗口编写如下语句:

```
SELECT S_id, S_name FROM student WHERE Dept_id IN(SELECT Dept_id FROM department
WHERE Dept_name='工商管理学院');
```

执行结果如下:

```
mysql> SELECT S_id,S_name FROM student WHERE Dept_id IN(SELECT Dept_id
```

```
FROM department WHERE Dept_name='工商管理学院');
+--------------+--------------+
| S_id         | S_name       |
+--------------+--------------+
| 1115101      | 王玲玲       |
| 1115102      | 陈强         |
+--------------+--------------+
2 rows in set (0.03 sec)
```

(3)EXISTS 子查询

带有 EXISTS 的子查询不需要返回任何实际数据，只需要返回一个逻辑值。EXISTS 谓词用于测试子查询的结果是否为空，若结果不为空则返回 TRUE，否则返回 FALSE。

EXISTS 子查询的语法格式如下：

[NOT] EXISTS(子查询);

说明：

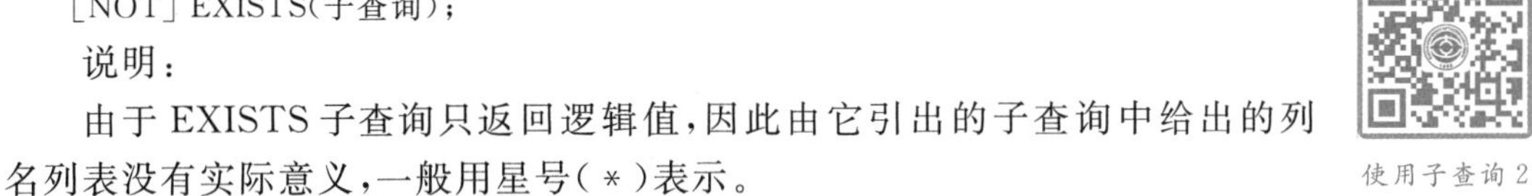

由于 EXISTS 子查询只返回逻辑值，因此由它引出的子查询中给出的列名列表没有实际意义，一般用星号(＊)表示。

微课

使用子查询 2

【例 4-53】 用 EXISTS 子查询来查询工商管理学院的学生学号和姓名。

在命令窗口编写如下语句：

```
SELECT S_id,S_name FROM student WHERE EXISTS(SELECT * FROM department
WHERE student.Dept_id=department.Dept_id AND Dept_name='工商管理学院');
```

执行结果如下：

```
mysql> SELECT S_id,S_name FROM student WHERE EXISTS(SELECT * FROM department
WHERE student.Dept_id=department.Dept_id AND Dept_name='工商管理学院');
+--------------+--------------+
| S_id         | S_name       |
+--------------+--------------+
| 1115101      | 王玲玲       |
| 1115102      | 陈强         |
+--------------+--------------+
2 rows in set (0.03 sec)
```

(4)ANY 或 ALL 子查询

子查询返回单一值时，可以用带比较运算符的子查询，但返回多个值时，可以用 ANY 或 ALL 子查询。使用 ANY 或 ALL 谓词时，必须同时使用比较运算符。

ANY 表示父查询与子查询结果中的某个值进行比较运算；ALL 表示父查询与子查询结果中的所有值进行比较运算。

ANY 或 ALL 子查询的语法格式如下：

<列名> <比较运算符>[ANY|ALL] <子查询>;

【例 4-54】 查询课程号为 1 的成绩不低于课程号为 2 的最低成绩的学生学号。

在命令窗口编写如下语句：

```
SELECT S_id FROM score WHERE C_id='1' AND score>=ANY(SELECT score FROM score
WHERE C_id='2');
```

执行结果如下：

```
mysql> SELECT S_id FROM score WHERE C_id='1' AND score>=ANY(SELECT score
FROM score WHERE C_id='2');
+--------------+
| S_id         |
```

```
+---------------+
|  1115101  |
+---------------+
1 row in set (0.03 sec)
```

【例 4-55】 查询比所有系别号为 1 的学生年龄都大的学生学号、姓名、系别号和年龄。

在命令窗口编写如下语句：

```
SELECT S_id,S_name,Dept_id,S_age FROM student WHERE S_age<ALL(SELECT S_age FROM
student WHERE Dept_id='1');
```

执行结果如下：

```
mysql> SELECT S_id,S_name,Dept_id,S_age FROM student WHERE S_age<ALL(SELECT S_age
FROM student WHERE Dept_id='1');
+-------------+--------------+------------+-----------+
| S_id        | S_name       | Dept_id    | S_age     |
+-------------+--------------+------------+-----------+
| 1113456     | 倪杰         |          0 |        18 |
| 1113873     | 宋斯斯       |          0 |        18 |
| 1113875     | 朱伟         |          0 |        18 |
| 1113885     | 童浩         |          0 |        18 |
| 1114108     | 王小丽       |          0 |        18 |
| 1114118     | 徐林凡       |          0 |        18 |
| 1114244     | 陶璇         |          0 |        18 |
| 1114256     | 吴钰         |          0 |        18 |
| 1114332     | 樊远风       |          0 |        18 |
| 1114607     | 胡明明       |          0 |        18 |
| 1114613     | 宋林         |          0 |        18 |
| 1115101     | 王玲玲       |          2 |        18 |
+-------------+--------------+------------+-----------+
12 rows in set (0.03 sec)
```

子任务 7.1 子查询与比较运算符

子查询与比较运算符

【例 4-56】

查询超过平均年龄的学生信息。

【任务分析】

本任务要查询超过平均年龄的学生信息，可以先查询出学生的平均年龄，可用如下语句：

```
SELECT AVG(S_age) FROM student;
```

执行结果如下，得到一个单值。

```
mysql> SELECT AVG(S_age) FROM student;
```

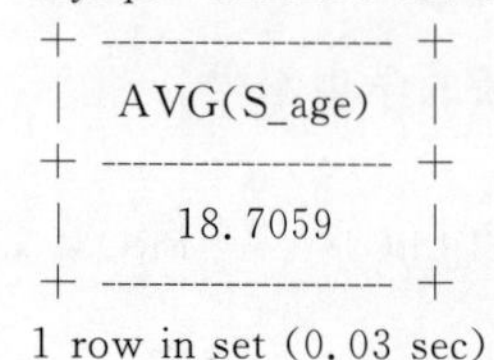

```
+ ------------------ +
|  AVG(S_age)  |
+ ------------------ +
|    18.7059    |
+ ------------------ +
1 row in set (0.03 sec)
```

再把学生年龄跟平均年龄 18.7059 比较，查询出超过平均年龄的学生信息，因此可用子查询完成本任务。

【任务实现】

在命令窗口编写如下语句：

```
SELECT * FROM student WHERE S_age>(SELECT AVG(S_age) FROM student);
```

【语句说明】

父查询 SELECT 子句后面列出的是需要查询的列名列表，本任务需要查询学生信息，因此用星号(*)表示所有列信息。FROM 子句列出要查询的表名，本任务中学生信息数据来源于学生表 student。但是本任务是要查询出超过平均年龄的学生，因此再用一个查询即子查询来查询出学生的平均年龄，再给出限定条件，即 WHERE S_age>(SELECT AVG(S_age) FROM student)。执行结果如下：

```
mysql> SELECT * FROM student WHERE S_age>(SELECT AVG(S_age) FROM student);
+--------------+--------------+--------------+------------+---------------+
| S_name       | S_id         | Dept_id      | S_age      | S_gender      |
+--------------+--------------+--------------+------------+---------------+
| 黎旭瑶       |    11147     |      0       |    20      | 女            |
| 张悦         |  1113080     |      0       |    19      | 女            |
| 郑俊         |  1113238     |      0       |    20      | 男            |
| 任欣         |  1113332     |      0       |    19      | 女            |
| 张海霞       |  1113446     |      0       |    19      | 女            |
| 郑玲         |  1113458     |      0       |    19      | 女            |
| 吕文         |  1113726     |      0       |    19      | 男            |
| 杨晓杰       |  1113921     |      0       |    19      | 男            |
| 王兴鹏       |  1114086     |      0       |    19      | 男            |
| 许杰森       |  1114089     |      0       |    19      | 男            |
| 马玲         |  1114239     |      0       |    19      | 女            |
| 方思思       |  1114273     |      0       |    19      | 女            |
| 尚琪         |  1114280     |      0       |    19      | 女            |
| 王志高       |  1114295     |      0       |    19      | 男            |
| 黄婷婷       |  1114319     |      0       |    19      | 女            |
| 夏叶枫       |  1114355     |      0       |    19      | 女            |
| 陈红         |  1114501     |      1       |    19      | 女            |
| 郑玉         |  1114502     |      1       |    19      | 男            |
| 张陈         |  1114629     |      0       |    19      | 男            |
| 胡雨星       |  1114634     |      0       |    19      | 男            |
| 戴宇         |  1114646     |      0       |    19      | 男            |
| 陈强         |  1115102     |      2       |    19      | 男            |
+--------------+--------------+--------------+------------+---------------+
22 rows in set (0.03 sec)
```

【拓展任务】

查询选修课程号为 2，并且分数超过课程平均成绩的学生学号。

【小技巧】

(1)子查询运行时，先运行的是子查询部分，调试时可以先将子查询单独运行，观察结果是否正确，然后再运行整个查询，分段调试可以更容易排除语句中的错误。

(2)书写子查询语句时可以先用分步查询的方法编写语句，最后将这些语句按照格式进行合并。

子任务 7.2　子查询与 IN 运算符

子查询与 IN 运算符

【例 4-57】

查询没有选修计算机基础的学生学号和姓名。

【任务分析】

本任务要查询没有选修计算机基础的学生学号和姓名，这些数据来源于 student 表、score

表和 courses 表。可以先查询出选修计算机基础的学生。但是成绩表里只有选修的课程号，因此先查询出计算机基础的课程号，可用如下语句：

```
SELECT C_id FROM courses WHERE C_name='计算机基础';
```

执行结果如下，得到课程号为 1。

```
mysql> SELECT C_id FROM courses WHERE C_name='计算机基础';
```

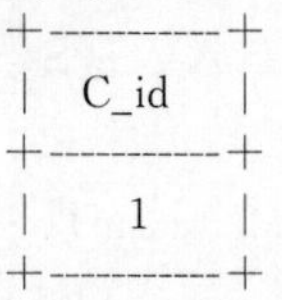

```
+----------+
| C_id     |
+----------+
|    1     |
+----------+
```

```
1 row in set (0.03 sec)
```

再查询选修了课程号为 1 的学生学号，可用如下语句：

```
SELECT S_id FROM score WHERE C_id='1';
```

执行结果如下，得到学号。

```
mysql> SELECT S_id FROM score WHERE C_id='1';
```

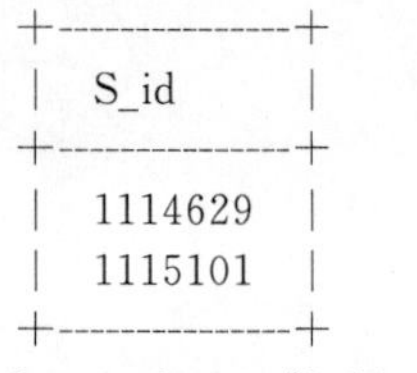

```
+--------------+
| S_id         |
+--------------+
| 1114629      |
| 1115101      |
+--------------+
```

```
2 rows in set (0.03 sec)
```

最后查询学号不在这个范围内的学生，即没有选修这门课程的学生，可用 IN 子查询实现。

【任务实现】

在命令窗口编写如下语句：

```
SELECT S_id,S_name FROM student WHERE S_id NOT IN(SELECT S_id FROM score WHERE C_id IN(SELECT C_id FROM courses WHERE C_name='计算机基础'));
```

【语句说明】

假设 A=SELECT C_id FROM courses WHERE C_name='计算机基础'，A 子查询查询出计算机基础对应的课程号；B=SELECT S_id FROM score WHERE C_id in A，B 子查询查询选修了这门课程的学生学号；C=SELECT S_id，S_name FROM student WHERE S_id NOT IN B，C 子查询查询没有选修这门课程的学生学号，即学号不在 B 子查询的结果集中。执行结果如下(仅截取部分结果)：

```
mysql> SELECT S_id,S_name FROM student WHERE S_id NOT IN(SELECT S_id FROM score
WHERE C_id IN(SELECT C_id FROM courses WHERE C_name='计算机基础'));
+-------------+-------------+
| S_id        | S_name      |
+-------------+-------------+
|   11147     | 黎旭瑶      |
| 1113080     | 张悦        |
| 1113238     | 郑俊        |
| 1113332     | 任欣        |
| 1113446     | 张海霞      |
| 1113456     | 倪杰        |
| 1113458     | 郑玲        |
| 1113726     | 吕文        |
| 1113873     | 宋斯斯      |
```

```
| 1113875 | 朱伟       |
| 1113885 | 童浩       |
+---------+------------+
32 rows in set (0.03 sec)
```

【拓展任务】

查询所有成绩大于 75 分的学生学号和姓名。

【小技巧】

当子查询的结果集不止一个时，条件表达式中要用 IN 运算符。

子任务 7.3 子查询与 EXISTS 逻辑运算符

微课

子查询与 EXISTS 逻辑运算符

【例 4-58】

查询选修课程号为 1 的学生学号和姓名。

【任务分析】

本任务要查询选修课程号为 1 的学生学号和姓名，数据来源于 student 表和 score 表。可以先查询出选修课程号为 1 的学生学号，可用如下语句：

```
SELECT S_id FROM score WHERE C_id='1';
```

执行结果如下，有选修课程号为 1 的学号，可以用 EXISTS 子查询来实现。

```
mysql> SELECT S_id FROM score WHERE C_id='1';
```

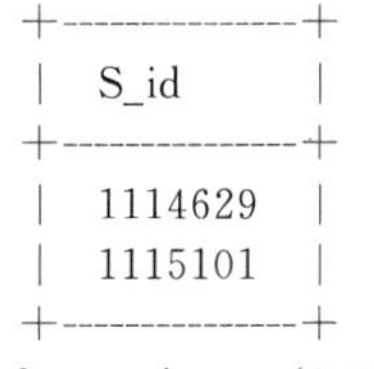

```
+---------+
| S_id    |
+---------+
| 1114629 |
| 1115101 |
+---------+
2 rows in set (0.03 sec)
```

因为选修课程号为 1 的学号有多个，因此本任务也可以用 IN 运算符子查询来实现，语句如下：

```
SELECT S_id,S_name FROM student WHERE S_id IN(SELECT S_id FROM score WHERE student.S_id=score.S_id AND C_id='1');
```

执行结果如下：

```
mysql> SELECT S_id,S_name FROM student WHERE S_id IN(SELECT S_id FROM score
WHERE student.S_id=score.S_id AND C_id='1');
+---------+----------+
| S_id    | S_name   |
+---------+----------+
| 1114629 | 张陈     |
| 1115101 | 王玲玲   |
+---------+----------+
2 rows in set (0.03 sec)
```

【任务实现】

在命令窗口编写如下语句：

```
SELECT S_id,S_name FROM student WHERE EXISTS(SELECT S_id FROM score WHERE student.S_id=score.S_id AND C_id='1');
```

【语句说明】

子查询 SELECT S_id FROM score WHERE student. S_id＝score. S_id AND C_id＝'1'中，C_id＝'1'为筛选条件，student. S_id＝score. S_id 为连接条件。父查询 SELECT S_id, S_name FROM student。在 WHERE 子句中给出 EXISTS 运算符。执行结果如下：

```
mysql> SELECT S_id,S_name FROM student WHERE EXISTS(SELECT S_id FROM score WHERE
student. S_id=score. S_id AND C_id='1');
```

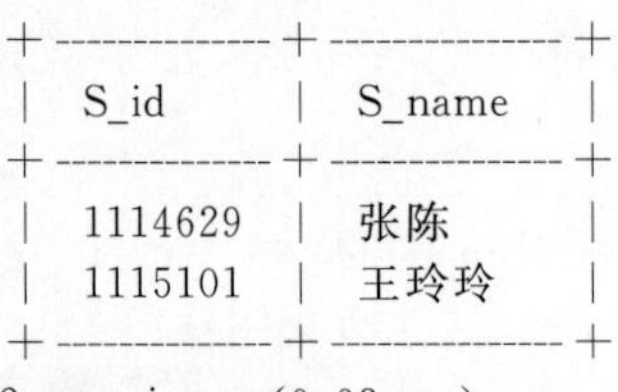

S_id	S_name
1114629	张陈
1115101	王玲玲

```
2 rows in set (0. 03 sec)
```

【拓展任务】

查询没有选修课程号为 2 的学生姓名。

子任务 7.4　子查询与 ANY 运算符

子查询与 ANY 运算符

【例 4-59】

查询时代出版社的教材价格不低于科学出版社的最低价格的教材名称。

【任务分析】

本任务要查询时代出版社的教材价格不低于科学出版社的最低价格的教材名称，即时代出版社的教材价格大于等于科学出版社的任意一个价格。可以先查询科学出版社的价格，可用如下语句：

```
SELECT price FROM books WHERE press='科学出版社';
```

执行结果如下：

```
mysql> SELECT price FROM books WHERE press='科学出版社';
+-----------+
|   price   |
+-----------+
|      28   |
|      30   |
|    23.5   |
+-----------+
3 rows in set (0. 03 sec)
```

再查询时代出版社的教材名称，并把这些教材的价格与科学出版社的教材进行比较，使用 ANY 运算符的子查询。

【任务实现】

在命令窗口编写如下语句：

```
SELECT bookname FROM books WHERE press='时代出版社' AND price>=ANY(SELECT price
FROM books WHERE press='科学出版社');
```

【语句说明】

子查询 SELECT price FROM books WHERE press＝'科学出版社'，查询科学出版社的教材价格。父查询 SELECT bookname FROM books WHERE press＝'时代出版社'，查询时

代出版社的教材名称。在 WHERE 子句中用另一个条件进行价格比较，使用 ANY 运算符引出子查询。执行结果如下：

```
mysql> SELECT bookname FROM books WHERE press ='时代出版社' AND price >= ANY
(SELECT price FROM books WHERE press='科学出版社');
```

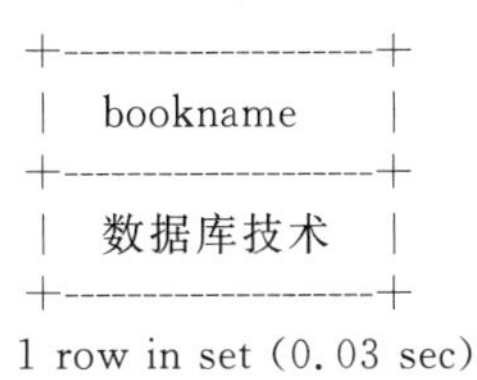

```
+--------------------+
| bookname           |
+--------------------+
| 数据库技术         |
+--------------------+
1 row in set (0.03 sec)
```

【拓展任务】

查询世界出版社的教材中出版日期不迟于科学出版社的最早出版日期的教材名称。

【小技巧】

WHERE 条件表达式与子查询结果集中的某个值进行比较，可以用 ANY 运算符。当满足比较关系时返回 TRUE，否则返回 FALSE。

子任务 7.5　子查询与 ALL 运算符

【例 4-60】

查询出版时间最迟的教材名称和出版时间。

【任务分析】

本任务要查询出版时间最迟的教材名称和出版时间。可以先查询教材的出版时间，可用如下语句：

```
SELECT version FROM books;
```

执行结果如下：

```
mysql> SELECT version FROM books;
+--------------------+
| version            |
+--------------------+
| 2013-05-12         |
| 2013-04-02         |
| 2013-09-12         |
| 2012-01-08         |
| 2014-01-02         |
| 2015-03-02         |
| 2012-05-12         |
+--------------------+
7 rows in set (0.03 sec)
```

再查询出版时间比这些出版时间都迟的教材，即把它们进行比较，使用 ALL 运算符的子查询。

【任务实现】

在命令窗口编写如下语句：

```
SELECT bookname,version FROM books WHERE version>=ALL(SELECT version FROM books);
```

【语句说明】

子查询 SELECT version FROM books，查询教材的出版时间。父查询 SELECT bookname， version FROM books，查询教材名称和出版时间。在 WHERE 子句中用一个条件进行出版时间比较，使用 ALL 运算符引出子查询。执行结果如下：

```
mysql> SELECT bookname,version FROM books WHERE version>=ALL(SELECT version FROM books);
```

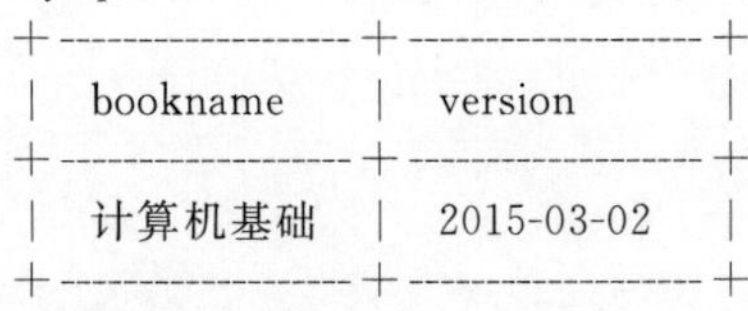

bookname	version
计算机基础	2015-03-02

```
1 row in set (0.03 sec)
```

【拓展任务】

查询成绩最高的学生的学号和成绩。

【小技巧】

WHERE 条件表达式与子查询结果集中的每个值(所有值)都进行比较，可以用 ALL 运算符。当满足比较关系时返回 TRUE，否则返回 FALSE。

本项目小结

本项目详细介绍了基于单表的简单查询、连接查询和子查询。数据查询是数据库系统中最常用最重要的功能，它为用户快速便捷地查询数据提供了有效的方法。学习本项目时，应重点掌握单表查询，灵活运用单表查询、连接查询和子查询，完成实际查询任务。

同步练习与实训

一、选择题

1. 查询一个表中总记录数的 SQL 语句语法格式是(　　)。

A. SELECT COUNT(*) FROM tbl_name;

B. SELECT COUNT FROM tbl_name;

C. SELECT FROM COUNT tbl_name;

D. SELECT * FROM tbl_name;

2. 使用 SQL 语句查询学生信息表 tbl_student 中的所有数据，并按学生学号 stu_id 升序排列，正确的语句是(　　)。

A. SELECT * FROM tbl_student ORDER BY stu_id ASC;

B. SELECT * FROM tbl_student ORDER BY stu_id DESC;

C. SELECT * FROM tbl_student stu_id ORDER BY ASC;

D. SELECT * FROM tbl_student stu_id ORDER BY DESC;

3. 统计表中所有记录个数的聚合函数是(　　)。

A. AVG()　　B. SUM()　　C. MAX()　　D. COUNT()

4. MySQL 中，子查询中可以使用运算符 ANY，它表示的意思是(　　)。

A. 所有的值都满足条件　　B. 至少一个值满足条件

C. 一个值都不用满足　　D. 至多一个值满足条件

5. 查找学生表 student 中姓名的第二个字为“t”的学生学号 sno 和姓名 sname，下面 SQL 语句正确的是(　　)。

A. SELECT sno,sname FROM student WHERE sname='_t%';

B. SELECT sno,sname FROM student WHERE sname LIKE '_t%';

C. SELECT sno,sname FROM student WHERE sname='%t_';

D. SELECT sno,sname FROM student WHERE sname LIKE '%t_';

6. 订单表 tb_order 包含用户信息 uid 和产品信息 pid 等属性列，以下语句能够返回至少被订购过三次的 pid 是（　　）。

A. SELECT pid FROM tb_order WHERE COUNT(pid)>3;

B. SELECT pid FROM tb_order WHERE MAX(pid)>=3;

C. SELECT pid FROM tb_order GROUP BY pid HAVING COUNT(pid)>3;

D. SELECT pid FROM tb_order GROUP BY pid HAVING COUNT(pid)>=3;

7. MySQL 所支持的字符串匹配中，下列通常使用的通配符包括（　　）。

A. *　　B. %　　C. ?　　D. $

8. 在 SELECT 语句中，指定需要查询的内容时，下列不可使用的是（　　）。

A. 聚合函数　　B. 列的别名

C. 百分号通配符　　D. 相应列参与计算的表达式

9. 设 smajor 是 student 表中的一个列，以下能够正确判断 smajor 列是否为空值的表达式是（　　）。

A. smajor IS NULL　　B. smajor=NULL

C. smajor=0　　D. smajor=''

10. 设有一个成绩表 Student_JAVA(id,name,grade)，现需要查询成绩 grade 第二名的学生信息（假设所有学生的成绩各不相同），正确的 SQL 语句应该是（　　）。

A. SELECT * FROM Student_JAVA ORDER BY grade DESC LIMIT 0,1;

B. SELECT * FROM Student_JAVA ORDER BY grade LIMIT 1,1;

C. SELECT * FROM Student_JAVA ORDER LIMIT 1,1;

D. SELECT * FROM Student_JAVA ORDER BY grade DESC LIMIT 1,1;

11. 设有学生选课表 score(sno,cname,grade)，其中 sno 表示学生学号，cname 表示课程名，grade 表示成绩。以下能够统计每个学生选课数的语句是（　　）。

A. SELECT SUM(*) FROM score GROUP BY cname;

B. SELECT COUNT(*) FROM score GROUP BY cname;

C. SELECT COUNT(*) FROM score GROUP BY sno;

D. SELECT SUM(*) FROM score GROUP BY sno;

12. 设有学生表 student(sno,sname,sage,smajor)，各列含义分别为学号、姓名、年龄、专业；学生选课表 score(sno,cname,grade)，各列含义分别为学生学号、课程名、成绩。若要检索“信息管理”专业、选修课程 DB 的学生学号、姓名及成绩，如下能实现该检索要求的语句是（　　）。

A.
```
SELECT s.sno,sname,grade
FROM student s,score sc
WHERE s.sno=sc.sno AND s.smajor='信息管理' AND cname='DB';
```

B.
```
SELECT s.sno,sname,grade
FROM student s,score sc
WHERE s.smajor='信息管理' AND cname='DB';
```

C. SELECT s. sno, sname, grade
FROM student s
WHERE smajor='信息管理' AND cname='DB';

D. SELECT s. sno, sname, grade
FROM score sc
WHERE smajor='信息管理' AND cname='DB';

13. 设有学生表 student(sno, sname, sage, smajor),各列含义分别为学生学号、姓名、年龄、专业。现有语句:

```
SELECT sno, sname, sage, smajor
FROM student
ORDER BY smajor, sage DESC;
```

执行上述语句,其检索结果(　　)。

A. 按 smajor 升序、sage 降序排列　　B. 按 smajor 降序、sage 升序排列
C. 按 smajor 及 sage 的降序排列　　D. 按 smajor 及 sage 的升序排列

14. 设职工表 tb_employee,包含列 eno(职工号)、ename(姓名)、age(年龄)、salary(工资)和 dept(所在部门),要查询工资在 4000～5000(包含 4000、5000)的职工号和姓名,正确的 WHERE 条件表达式是(　　)。

A. 4000＝＜salary＜＝5000　　B. salary＜＝4000 AND salary＞＝5000
C. salary BETWEEN 4000 AND 5000　　D. salary IN[4000, 5000]

15. 与查询语句"SELECT ename, dept FROM tb_employee WHERE dept LIKE '%Sa+_b%' ESCAPE '+';"中 LIKE 子句相匹配的字符串是(　　)。

A. Sa+cbj　　B. Sa+_bJ　　C. Sacbj　　D. Sa_bJ

二、填空题

1. 使用关键字________可以把查询结果中的重复行屏蔽。

2. WHERE 子句的条件表达式中,可以匹配任意多个字符的通配符是________。

3. MySQL 中表查询的命令是________。

4. 检索姓名字段中含有"宏"的表达式为姓名 LIKE ________。

5. HAVING 子句与 WHERE 子句的区别在于:WHERE 子句作用的对象是________,HAVING 子句作用的对象是________。

三、简答题

1. 说明 SELECT 语句中 FROM 子句、WHERE 子句、GROUP BY 子句、ORDER BY 子句、HAVING 子句各自的作用。

2. 连接查询有哪些类型?

3. 内连接和外连接的区别是什么?

4. 什么是子查询?

5. 子查询中,分别在什么情况下使用 IN 运算符和比较运算符?

四、实训题

1. 完成本项目中的所有任务和拓展任务。

2. 查询学生的姓名、性别和系别号。

3. 查询系别号为 2 的学生学号、姓名和系别号,结果中各列的标题分别指定为学号、姓名和系别号。

4. 查询选课学生的学号、课程号和成绩，对其成绩规则进行替换：若成绩为空值，替换为“尚未选课”；若成绩在0～59分，替换为“不及格”；若成绩在60～69分，替换为“及格”；若成绩在70～79，替换为“中等”；若成绩在80～89分，替换为“良好”；若成绩在90～100分，替换为“优秀”。

5. 按120分计算成绩，显示学号为1115101的学生选课信息。

6. 查询学生的系别号，消除结果集中的重复行。

7. 统计学生的总人数。

8. 统计价格不为空的教材数。

9. 统计成绩在80分以上的学生人数。

10. 查询学号为1114629学生所选课程的总成绩。

11. 查询选修课程号为3的学生的平均成绩。

12. 查询选修课程号为1的最高分和最低分。

13. 查询成绩大于70分的学生学号和成绩。

14. 查询成绩为空的学生选课情况。

15. 查询系别号为2，性别为女的学生情况。

16. 查询课程号为1和2课程中低于70分的学生选课情况。

17. 查询姓宋的学生学号、姓名和性别。

18. 查询学号倒数第4个数字为6的学生学号、姓名和系别号。

19. 查询姓名包含下划线的学生学号和姓名。

20. 查询年龄不是19的学生情况。

21. 查询系别号为1、2或3的学生情况。

22. 查询所有学生选过的课程号和课程名。

23. 查询选修了课程号为4且成绩在70分以上的学生姓名和成绩。

24. 查询选修了课程名为园林技术且成绩在70分以上的学生学号、姓名、课程名和成绩。

25. 查询课程不同、成绩相同的学号、课程号和成绩。

26. 查询所有学生选过的课程名。

27. 查询所有学生的选修情况及选修的课程号，若学生未选修任何课程，也要包括其情况。

28. 查询选修了课程的选修情况和所有开设的课程。

29. 查询未选修数据库技术基础的学生学号、姓名和系别号。

30. 查询选修了数据库技术基础的学生学号。

31. 查询所有比系别号为2的学生年龄都大的学生学号、姓名、年龄和系别号。

32. 查询课程号为2的成绩不低于课程号为4的最低成绩的学生学号。

33. 查询被选修的每门课程的平均成绩和选修该课程的人数。

34. 查询每个系别的男生人数、女生人数、总人数和学生总人数。

35. 查询平均成绩在70分以上的学生学号和平均成绩。

36. 查询选修课程超过2门且成绩都在65分以上的学生学号。

37. 将系别号为2的学生按年龄从大到小排序。

38. 将系别号为2的学生按平均成绩从低到高排序。

39. 查询学号最靠前的5位学生情况。

40. 查询学生表中从第6位学生开始的5位学生情况。

项目5

在MySQL数据库表中插入、更新与删除数据

学习导航

知识目标

(1)向表中插入数据的INSERT语句。

(2)更新表中数据的UPDATE语句。

(3)删除表中数据的DELETE语句。

素质目标

掌握数据库中插入、更新及删除数据的操作,教育学生注重细节和规范,培养精益求精的理念。坚持对技能的全面学习,对每个知识点都能做到专注专心。

技能目标

(1)掌握向表中插入数据的方法。

(2)掌握更新表中数据的方法。

(3)掌握删除表中数据的方法。

任务列表

任务1 在数据库表中插入数据

任务2 在数据库表中更新数据

任务3 在数据库表中删除数据

情境描述

在实际生产环境中,开发人员对数据库中表的操作,主要包括表的插入(INSERT)、更新(UPDATE)、删除(DELETE)和查询(SELECT)等操作。本项目将着重介绍前三种操作。

任务实施

任务1 在数据库表中插入记录

向数据表中添加记录的操作通常使用INSERT语句来完成。在MySQL数据库中,INSERT语句有四种语法格式,分别是INSERT... VALUES语句、INSERT... SELECT语

句、INSERT... REPLACE 语句和 INSERT... SET 语句。其中 INSERT... VALUES 语句是 MySQL 中最常用的插入语句。

子任务 1.1　使用 INSERT... VALUES 语句插入新记录

使用 INSERT... VALUES 语句可以一次性向表中插入一条新记录，语法格式为：

```
INSERT INTO table_name (field1,field2,...,fieldN)
                VALUES(value1,value2,...,valuesN);
```

其中，table_name 为表名，field1、field2、fieldN 为表中的字段名，value1、value2、valuesN 为字段对应的值。如果数据为字符型，则必须使用单引号或者双引号，如"value"。

【例 5-1】　向表 department 中，插入一条新记录，内容如下：财务金融学院，id 为 0。

具体操作如下：

微课

使用 INSERT... VALUES 语句插入新记录 1

(1)查看表 department 中的内容。

```
mysql> SELECT * FROM department;
+-----------------------+-------------+
| Dept_name             | Dept_id     |
+-----------------------+-------------+
| 信息技术学院          |           1 |
| 工商管理学院          |           2 |
| 城市建设学院          |           3 |
| 艺术设计学院          |           4 |
| 健康养老学院          |           5 |
| 轨道交通学院          |           6 |
+-----------------------+-------------+
6 rows in set (0.14 sec)
```

由结果看出，表 department 中共有 6 条记录。

(2)插入新记录。

```
mysql> INSERT INTO department(Dept_name,Dept_id) VALUES("财务金融学院",0);
Query OK,1 row affected (0.03 sec)
```

(3)再次查看表 department 中的内容。

```
mysql> SELECT * FROM department;
+-----------------------+-----------------+
| Dept_name             |         Dept_id |
+-----------------------+-----------------+
| 财务金融学院          |               0 |
| 信息技术学院          |               1 |
| 工商管理学院          |               2 |
| 城市建设学院          |               3 |
| 艺术设计学院          |               4 |
| 健康养老学院          |               5 |
| 轨道交通学院          |               6 |
+-----------------------+-----------------+
7 rows in set (0.13 sec)
```

微课

使用 INSERT... VALUES 语句插入新记录 2

由结果看出，表 department 中共有 7 条记录，新记录插入成功。

使用 INSERT... VALUES 语句向数据表中插入记录时，如果该记录中包含了所有字段值时，可以不指定要插入数据的字段名，只需提供被插入的值即可。

【例 5-2】 在表 books 中,插入一条新记录,其内容如下:作者韩三春,书名为《Java 语言程序设计教程》,于 2017 年 3 月 12 日由科学出版社出版,书号为 9345678431221,定价为 28.9 元。具体操作如下:

(1)查看表 books 中的内容。

```
mysql> SELECT * FROM books;
+---------------+--------------+------------+-------+------------+--------+
| isbn          | bookname     | press      | price | version    | author |
+---------------+--------------+------------+-------+------------+--------+
| 9345532332325 | 程序设计基础 | 科学出版社 |    28 | 2013-05-12 | 何力   |
| 9347234498337 | 数据库技术   | 时代出版社 |  28.6 | 2013-04-02 | 李克   |
| 9347766333424 | 高等数学     | 科学出版社 |    30 | 2013-09-12 | 王伟   |
| 9347893744534 | 线性代数     | 历史出版社 |    23 | 2012-01-08 | 张欣   |
| 9348723634634 | 大学英语     | 世界出版社 |    30 | 2014-01-02 | 李新   |
| 9787076635886 | 计算机基础   | 科学出版社 |  23.5 | 2015-03-02 | 张小小 |
| 9847453433422 | 普通物理学   | 教育出版社 |  27.4 | 2012-05-12 | 张力   |
+---------------+--------------+------------+-------+------------+--------+
7 rows in set (0.02 sec)
```

由结果看出,表 books 中原有 7 条记录。

(2)插入新记录。

```
mysql> INSERT INTO books
-> VALUES("9345678431221","Java 语言程序设计教程","科学出版社",28.9,"2017-03-12","韩三春");
Query OK,1 row affected (0.03 sec)
```

这里插入的新记录中包含了所有的字段值,因此在插入语句中,表名 books 后面省略了字段名。

(3)再次查看表 books 中的内容。

```
mysql> SELECT * FROM books;
+---------------+-----------------------+------------+-------+------------+--------+
| isbn          | bookname              | press      | price | version    | author |
+---------------+-----------------------+------------+-------+------------+--------+
| 9345532332325 | 程序设计基础          | 科学出版社 |    28 | 2013-05-12 | 何力   |
| 9345678431221 | Java语言程序设计教程  | 科学出版社 |  28.9 | 2017-03-12 | 韩三春 |
| 9347234498337 | 数据库技术            | 时代出版社 |  28.6 | 2013-04-02 | 李克   |
| 9347766333424 | 高等数学              | 科学出版社 |    30 | 2013-09-12 | 王伟   |
| 9347893744534 | 线性代数              | 历史出版社 |    23 | 2012-01-08 | 张欣   |
| 9348723634634 | 大学英语              | 世界出版社 |    30 | 2014-01-02 | 李新   |
| 9787076635886 | 计算机基础            | 科学出版社 |  23.5 | 2015-03-02 | 张小小 |
| 9847453433422 | 普通物理学            | 教育出版社 |  27.4 | 2012-05-12 | 张力   |
+---------------+-----------------------+------------+-------+------------+--------+
8 rows in set (0.03 sec)
```

由结果看出,表 books 中现有 8 条记录,说明新记录插入成功。

使用 INSERT... VALUES 语句插入一条新记录时,可以选择性插入需要的某些字段,对于其他不需要插入的字段,可以省略(需要对该字段事先设置默认值);同时,在选择性插入某些需要的字段时,注意表格中的主键字段不能省略。

思政小贴士

工程师的目的是更高效地服务。一个人要实现自己的人生目标:成长为一名优秀人才,也必然要有一个正确的世界观、价值观和人生观的引导。

【例 5-3】 在例 5-2 操作的基础上(仍然在表 books 中),插入一条新记录,内容如下:作者张三，书名《VB 程序设计教程》，书号为 9345678653212，定价为 40 元。注意此条记录没有出版社信息（press 字段值）和版本信息（version 字段值）。

具体操作如下：

（1）查看表 books 中的内容。

```
mysql> SELECT * FROM books;
+---------------+----------------------+------------+-------+------------+--------+
| isbn          | bookname             | press      | price | version    | author |
+---------------+----------------------+------------+-------+------------+--------+
| 9345532332325 | 程序设计基础         | 科学出版社 |    28 | 2013-05-12 | 何力   |
| 9345678431221 | Java 语言程序设计教程 | 科学出版社 |  28.9 | 2017-03-12 | 韩三春 |
| 9347234498337 | 数据库技术           | 时代出版社 |  28.6 | 2013-04-02 | 李克   |
| 9347766333424 | 高等数学             | 科学出版社 |    30 | 2013-09-12 | 王伟   |
| 9347893744534 | 线性代数             | 历史出版社 |    23 | 2012-01-08 | 张欣   |
| 9348723634634 | 大学英语             | 世界出版社 |    30 | 2014-01-02 | 李新   |
| 9787076635886 | 计算机基础           | 科学出版社 |  23.5 | 2015-03-02 | 张小小 |
| 9847453433422 | 普通物理学           | 教育出版社 |  27.4 | 2012-05-12 | 张力   |
+---------------+----------------------+------------+-------+------------+--------+
8 rows in set (0.02 sec)
```

表 books 中原有 8 条记录。

（2）查看表 books 中的结构。

```
mysql> DESC books;
+----------+-------------+------+-----+---------+-------+
| Field    | Type        | Null | Key | Default | Extra |
+----------+-------------+------+-----+---------+-------+
| isbn     | bigint(13)  | NO   | PRI | NULL    |       |
| bookname | varchar(50) | NO   |     | NULL    |       |
| press    | varchar(50) | NO   |     | NULL    |       |
| price    | float       | NO   |     | NULL    |       |
| version  | date        | NO   |     | NULL    |       |
| author   | varchar(30) | NO   |     | NULL    |       |
+----------+-------------+------+-----+---------+-------+
6 rows in set (0.02 sec)
```

在 books 表中，主键字段为 isbn，且所有的属性字段都不允许为空。

根据本例要求，无法直接选择性插入某些字段，因而修改表 books 中相应字段的属性，以满足插入要求。

（3）修改表 books 的结构。

```
mysql> ALTER TABLE books MODIFY press varchar(50)DEFAULT NULL;
Query OK,0 rows affected (0.11 sec)
Records: 0  Duplicates: 0  Warnings: 0
```

通过执行结果看出，已经成功修改表 books 中 press 字段的属性，使其默认值为空。

此处，根据实际情况，将表中的 price、version、author 字段的属性依次进行修改，使其默认值为空，具体修改的操作语句并未提供，请读者对照步骤（3）的操作语句自行修改。

（4）再次查看表结构。

```
mysql> DESC books;
+----------+-------------+------+-----+---------+-------+
| Field    | Type        | Null | Key | Default | Extra |
+----------+-------------+------+-----+---------+-------+
```

```
| isbn      | bigint(13)   | NO  | PRI | NULL |  |
| bookname  | varchar(50)  | NO  |     | NULL |  |
| press     | varchar(50)  | YES |     | NULL |  |
| price     | float        | YES |     | NULL |  |
| version   | date         | YES |     | NULL |  |
| author    | varchar(30)  | YES |     | NULL |  |
+-----------+--------------+-----+-----+------+--+
6 rows in set (0.04 sec)
```

由结果看出,在表 books 中,需要省略的字段的属性全部修改完成。

此处,由于表 books 中,字段 isbn 为表的主键,在插入新记录时,不允许为空,故而未修改其属性。

(5)插入新记录。

```
mysql> INSERT INTO books(isbn,bookname,price,author)
-> VALUES("9345678653212","VB程序设计教程","40","张三");
Query OK,1 row affected (0.02 sec)
```

此处,由于修改了表中某些字段的属性,使其在插入时可以选择性省略。根据本例要求,在插入语句中,只是选择性插入某些需要的字段,将不需要的字段省略掉了。

(6)再次查看表 books 中的内容。

```
mysql> SELECT * FROM books;
+---------------+--------------------+------------+-------+------------+--------+
| isbn          | bookname           | press      | price | version    | author |
+---------------+--------------------+------------+-------+------------+--------+
| 9345532332325 | 程序设计基础       | 科学出版社 | 28    | 2013-05-12 | 何力   |
| 9345678431221 | Java语言程序设计教程 | 科学出版社 | 28.9  | 2017-03-12 | 韩三春 |
| 9345678653212 | VB程序设计教程     | NULL       | 40    | NULL       | 张三   |
| 9347234498337 | 数据库技术         | 时代出版社 | 28.6  | 2013-04-02 | 李克   |
| 9347766333424 | 高等数学           | 科学出版社 | 30    | 2013-09-12 | 王伟   |
| 9347893744534 | 线性代数           | 历史出版社 | 23    | 2012-01-08 | 张欣   |
| 9348723634634 | 大学英语           | 世界出版社 | 30    | 2014-01-02 | 李新   |
| 9787076635886 | 计算机基础         | 科学出版社 | 23.5  | 2015-03-02 | 张小小 |
| 9847453433422 | 普通物理学         | 教育出版社 | 27.4  | 2012-05-12 | 张力   |
+---------------+--------------------+------------+-------+------------+--------+
9 rows in set (0.03 sec)
```

由查询结果看出,在表 books 中共有 9 条记录,新记录插入成功。

通过 INSERT... VALUES 语句的上述用法只能一次插入一条新记录,如需插入多条新记录,就得多次调用该语句,意味着需要多次与数据库建立连接,这样一来,就会增加服务器的负荷。

为了可以批量插入新记录,MySQL 数据库提供了另一种解决方案,就是使用一条 INSERT... VALUES 语句来实现插入多条新记录。

批量插入多条记录1

子任务 1.2　批量插入多条新记录

在实际生产环境中,有时候需要一次性插入多条新记录,可以使用 INSERT... VALUES 语句实现一次性插入多条新记录。语法格式为:

```
INSERT INTO table_name (field1,field2,...,fieldN)
        VALUES (value1,value2,...,valuesN),
```

```
(value1,value2,...,valuesN),
(value1,value2,...,valuesN),
(value1,value2,...,valuesN),
...
(value1,value2,...,valuesN);
```

其中,table_name 为表名,field1、field2、fieldN 为表中的字段名,value1、value2、valuesN 为字段对应的值。如果数据为字符型,则必须使用单引号或者双引号,如"value"。

子任务 1.2.1 批量插入多条完整新记录

【例 5-4】 在表 department 中,插入多条新记录,内容见表 5-1。

表 5-1 将要插入表 department 中的新记录内容

Dept_name	Dept_id
文学院	7
建筑与艺术学院	8
商学院	9

具体操作如下:

(1)查看表 department 中的内容。

```
mysql> SELECT * FROM depart;
+------------------------+----------------+
| Dept_name              |   Dept_id      |
+ ------------------     + -------------  +
| 财务金融学院           |         0      |
| 信息技术学院           |         1      |
| 工商管理学院           |         2      |
| 城市建设学院           |         3      |
| 艺术设计学院           |         4      |
| 健康养老学院           |         5      |
| 轨道交通学院           |         6      |
+ ------------------     + -------------  +
7 rows in set (0.02 sec)
```

由结果看出,在表 department 中共有 7 条记录。

(2)插入 3 条新记录。

```
mysql> INSERT INTO department(Dept_name,Dept_id)
    -> VALUES("文学院",7),
    -> ("建筑与艺术学院",8),
    -> ("商学院",9);
Query OK,3 rows affected (0.03 sec)
Records: 3  Duplicates: 0  Warnings: 0
```

由结果 Query OK 看出,一次性插入多条新记录,插入语句执行成功。

(3)再次查看表 department 中的内容。

```
mysql> SELECT * FROM department;
+--------------------------+-----------------+
| Dept_name                |   Dept_id       |
+--------------------------+-----------------+
```

```
| 财务金融学院        |       0 |
| 信息技术学院        |       1 |
| 工商管理学院        |       2 |
| 城市建设学院        |       3 |
| 艺术设计学院        |       4 |
| 健康养老学院        |       5 |
| 轨道交通学院        |       6 |
| 文学院              |       7 |
| 建筑与艺术学院      |       8 |
| 商学院              |       9 |
+---------------------+---------+
10 rows in set (0.02 sec)
```

由结果看出,在表 department 中共有 10 条记录,新记录插入成功。

批量插入多条记录 2

子任务 1.2.2　批量插入多条新记录

【例 5-5】　在表 books 中,插入多条新记录,这些记录内容见表 5-2。

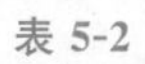

表 5-2　　将要插入表 books 中的新记录内容

isbn	bookname	press	price	version	author
9787811373226	医学英语入门	苏州大学出版社	38	2009-11-1	姜瑾
9787562421467	医学英语翻译与写作教程	重庆大学出版社	27	2008-9-1	王燕
9787811050387	医学英语读写译教程	中南大学出版社	24	2005-2-1	贾德江、刘明东

具体操作如下:

(1)查看表 books 中的内容,以便与后面的操作进行对比。

```
mysql> SELECT * FROM books;
+---------------+------------------------+------------+-------+------------+--------+
| isbn          | bookname               | press      | price | version    | author |
+---------------+------------------------+------------+-------+------------+--------+
| 9345532332325 | 程序设计基础           | 科学出版社 |    28 | 2013-05-12 | 何力   |
| 9345678431221 | Java 语言程序设计教程  | 科学出版社 |  28.9 | 2017-03-12 | 韩三春 |
| 9345678653212 | VB 程序设计教程        | NULL       |    40 | NULL       | 张三   |
| 9347234498337 | 数据库技术             | 时代出版社 |  28.6 | 2013-04-02 | 李克   |
| 9347766333424 | 高等数学               | 科学出版社 |    30 | 2013-09-12 | 王伟   |
| 9347893744534 | 线性代数               | 历史出版社 |    23 | 2012-01-08 | 张欣   |
| 9348723634634 | 大学英语               | 世界出版社 |    30 | 2014-01-02 | 李新   |
| 9787076635886 | 计算机基础             | 科学出版社 |  23.5 | 2015-03-02 | 张小小 |
| 9847453433422 | 普通物理学             | 教育出版社 |  27.4 | 2012-05-12 | 张力   |
+---------------+------------------------+------------+-------+------------+--------+
9 rows in set (0.02 sec)
```

由结果看出,表 books 中共有 9 条记录。

(2)插入 3 条新记录。

```
mysql> INSERT INTO books
    -> ("9787811373226","医学英语入门","苏州大学出版社",38,"2009-11-01","姜瑾"),
    -> ("9787562421467","医学英语翻译与写作教程","重庆大学出版社",27,"2008-09-01","王燕"),
    -> ("9787811050387","医学英语读写译教程","中南大学出版社",24,"2005-02-01","贾德江、刘明东");
Query OK,3 rows affected (0.04 sec)
Records: 3  Duplicates: 0  Warnings: 0
```

插入语句的结果显示,操作成功,已有 3 行数据成功插入数据表。

此处,因需要插入的新记录中包含了所有的字段值,因此在插入语句中,books 后面省略了所有字段名。

此处,由于已经修改了表中某些字段的属性,使其在插入时可以选择性省略。故而可以根据具体要求,在插入语句中,选择性插入某些需要的字段,将不需要的字段省略掉。但是,本例中不要求省略某些字段,故而可以采用步骤(2)的插入语句的方式,请读者注意。

(3)再次查看表 department 中的内容。

```
mysql> SELECT * FROM books;
+------------------+---------------------------+------------------------+---------+---------------+------------+
| isbn             | bookname                  | press                  | price   | version       | author     |
+------------------+---------------------------+------------------------+---------+---------------+------------+
| 9345532332325    | 程序设计基础              | 科学出版社             | 28      | 2013-05-12    | 何力       |
| 9345678431221    | Java 语言程序设计教程     | 科学出版社             | 28.9    | 2017-03-12    | 韩三春     |
| 9345678653212    | VB 程序设计教程           | NULL                   | 40      | NULL          | 张三       |
| 9347234498337    | 数据库技术                | 时代出版社             | 28.6    | 2013-04-02    | 李克       |
| 9347766333424    | 高等数学                  | 科学出版社             | 30      | 2013-09-12    | 王伟       |
| 9347893744534    | 线性代数                  | 历史出版社             | 23      | 2012-01-08    | 张欣       |
| 9348723634634    | 大学英语                  | 世界出版社             | 30      | 2014-01-02    | 李新       |
| 9787076635886    | 计算机基础                | 科学出版社             | 23.5    | 2015-03-02    | 张小小     |
| 9847453433422    | 普通物理学                | 教育出版社             | 27.4    | 2012-05-12    | 张力       |
| 9787562421467    | 医学英语翻译与写作教程    | 重庆大学出版社         | 27      | 2008-09-01    | 王燕       |
| 9787811050387    | 医学英语读写译教程        | 中南大学出版社         | 24      | 2005-02-01    | 贾德江,刘明东 |
| 9787811373226    | 医学英语入门              | 苏州大学出版社         | 38      | 2009-11-01    | 姜瑾       |
+------------------+---------------------------+------------------------+---------+---------------+------------+
12 rows in set (0.02 sec)
```

由结果看出,在表 department 中共有 12 条记录,新记录插入成功。

【例 5-6】 在表 courses 中,插入多条新记录,内容见表 5-3。

表 5-3 将要插入表 courses 中的新记录内容

C_name	C_id
会计学	8
管理会计	9
会计信息系统	10

具体操作如下:

(1)查看表 courses 中的内容。

```
mysql> SELECT * FROM courses;
+------------------------+--------------+
| C_name                 | C_id         |
+------------------------+--------------+
| 计算机基础             |            1 |
| C 语言程序设计         |            2 |
| 园林技术               |            3 |
| 数据库技术基础         |            4 |
| Java 语言程序设计      |            5 |
| 操作系统基础           |            6 |
| 轨道交通技术           |            7 |
+------------------------+--------------+
7 rows in set (0.02 sec)
```

由结果看出,表 courses 中共有 7 条记录。

(2)插入 3 条新记录。

```
mysql> INSERT INTO courses
    -> VALUES("会计学",8),
    -> ("管理会计",9),
    -> ("会计信息系统",10);
    Query OK,10 rows affected (0.04 sec)
    Records: 10  Duplicates: 0  Warnings: 0
```

由结果看出,插入 3 条新记录成功。

(3)再次查看表 courses 中的内容。

```
mysql> SELECT * FROM courses;
+----------------------------+------------------+
| C_name                     | C_id             |
+----------------------------+------------------+
| 计算机基础                 |                1 |
| C 语言程序设计             |                2 |
| 园林技术                   |                3 |
| 数据库技术基础             |                4 |
| Java 语言程序设计          |                5 |
| 操作系统基础               |                6 |
| 轨道交通技术               |                7 |
| 会计学                     |                8 |
| 管理会计                   |                9 |
| 会计信息系统               |               10 |
+----------------------------+------------------+
10 rows in set (0.02 sec)
```

由结果看出,在表 courses 中共有 10 条记录,新记录插入成功。

【例 5-7】 在表 student 中,插入多条新记录,内容见表 5-4。

表 5-4 将要插入表 student 中的新记录内容

S_name	S_id	Dept_id	S_age	S_gender
鲍广成	1114775	5	19	男
赵逸飞	1114789	6	18	男
王子杰	114790	7	18	男

具体操作如下:

(1)查看表 student 中的内容。

```
mysql> SELECT * FROM student;
+---------------+-----------------+-------------+------------+----------------+
| S_name        | S_id            | Dept_id     |  S_age     | S_gender       |
+---------------+-----------------+-------------+------------+----------------+
| 张悦          | 1113080         |           0 |         19 | 女             |
| 郑俊          | 1113238         |           0 |         20 | 男             |
| 任欣          | 1113332         |           0 |         19 | 女             |
| 张海霞        | 1113446         |           0 |         19 | 女             |
| ...           | ...             |         ... |        ... | ...            |
| 宋林          | 1114613         |           0 |         18 | 男             |
| 张陈          | 1114629         |           0 |         19 | 男             |
| 胡雨星        | 1114634         |           0 |         19 | 男             |
```

```
| 戴宇           | 1114646        |           0 |          19 | 男            |
| 黎旭瑶         | 1114774        |           0 |          20 | 女            |
+----------------+----------------+-------------+-------------+---------------+
30 rows in set (0.02 sec)
```

由结果看出(仅截取部分内容),表 student 中共有 30 条记录。

(2)插入 3 条新记录。

```
mysql> INSERT INTO student
    -> VALUES("鲍广成","114775",5,19,"男"),
    -> ("赵逸飞","114789",6,18,"男"),
    -> ("王子杰","114790",7,18,"男");
    Query OK,3rows affected (0.03 sec)
    Records: 3Duplicates: 0   Warnings: 0
```

由结果看出,一次性插入 3 条新记录执行成功。

(3)再次查看表 student 中的内容。

```
mysql> SELECT * FROM student;
+----------------+----------------+-------------+-------------+---------------+
| S_name         | S_id           | Dept_id     | S_age       | S_gender      |
+----------------+----------------+-------------+-------------+---------------+
| 鲍广成         | 114775         |           5 |          19 | 男            |
| 赵逸飞         | 114789         |           6 |          18 | 男            |
| 王子杰         | 114790         |           7 |          18 | 男            |
| 张悦           | 1113080        |           0 |          19 | 女            |
| 郑俊           | 1113238        |           0 |          20 | 男            |
| 任欣           | 1113332        |           0 |          19 | 女            |
| 张海霞         | 1113446        |           0 |          19 | 女            |
| ...            | ...            |         ... |         ... | ...           |
| 宋林           | 1114613        |           0 |          18 | 男            |
| 张陈           | 1114629        |           0 |          19 | 男            |
| 胡雨星         | 1114634        |           0 |          19 | 男            |
| 戴宇           | 1114646        |           0 |          19 | 男            |
| 黎旭瑶         | 1114774        |           0 |          20 | 女            |
+----------------+----------------+-------------+-------------+---------------+
33 rows in set (0.02 sec)
```

由结果看出,在表 student 中共有 33 条记录(这里我们只列出了部分内容),说明 3 条新记录插入成功。

【例 5-8】 在表 teacher 中,插入多条新记录,内容见表 5-5。

表 5-5 将要插入表 teacher 中的新记录内容

T_name	T_id	Dept_id
赵敏	9	0
周淳	10	7
杨澳	11	8

具体操作如下:

(1)查看表 teacher 中的内容。

```
mysql> SELECT * FROM teacher;
```

```
+-----------------+-------------+-----------+
| T_name          |        T_id | Dept_id   |
+-----------------+-------------+-----------+
| 张三            |           1 |         1 |
| 李四            |           2 |         1 |
| 张晓晓          |           3 |         2 |
| 朱力            |           4 |         3 |
| 周晓云          |           5 |         4 |
| 王丽            |           6 |         4 |
| 赵林            |           7 |         5 |
| 王晨            |           8 |         6 |
+-----------------+-------------+-----------+
8 rows in set (0.02 sec)
```

由结果看出,表 teacher 中共有 8 条记录。

(2)插入 3 条新记录。

```
mysql> INSERT INTO teacher
    -> VALUES("赵敏",9,0),
    -> ("周淳",10,7),
    -> ("杨澳",11,8);
    Query OK,3rows affected (0.03 sec)
    Records:3Duplicates:0   Warnings:0
```

由结果看出,一次性插入 3 条新记录成功。

(3)再次查看表 teacher 中的内容。

```
mysql> SELECT * FROM teacher;
+-----------------+-------------+-----------+
| T_name          |        T_id | Dept_id   |
+-----------------+-------------+-----------+
| 张三            |           1 |         1 |
| 李四            |           2 |         1 |
| 张晓晓          |           3 |         2 |
| 朱力            |           4 |         3 |
| 周晓云          |           5 |         4 |
| 王丽            |           6 |         4 |
| 赵林            |           7 |         5 |
| 王晨            |           8 |         6 |
| 赵敏            |           9 |         0 |
| 周淳            |          10 |         7 |
| 杨澳            |          11 |         8 |
+-----------------+-------------+-----------+
11 rows in set (0.02 sec)
```

由结果看出,在表 teacher 中共有 11 条记录,新记录插入成功。

通过任务 1.1 和任务 1.2 的例题,可以看出,使用 INSERT... VALUES 语句一次插入多条新记录和使用 INSERT... VALUES 语句一次插入一条新记录的区别,仅仅是在 VALUES 后面增加每条新记录的字段对应值,每条新记录之间用英文输入法状态下的逗号隔开。

在实际应用中,插入批量数据时,最好使用一条 INSERT... VALUES 语句来一次插入多条新记录。这样可以避免程序和数据库之间建立多次连接,从而达到降低服务器负荷的目的。

子任务 1.3 使用 INSERT...SELECT 语句插入结果集

INSERT 语句是数据库操作中的常用语句，用来向数据表中添加数据。同时 INSERT...VALUES 这种形式在应用程序开发中必不可少。

在开发、测试过程中，经常会遇到这种情况：首先需要复制某一个表中的信息，然后再将这些信息插入另一个表中。这时候就需要使用 INSERT...SELECT 语句。

INSERT...SELECT 语句，可以从一个表复制信息到另一个表。使用 INSERT...SELECT 语句首先从一个表 Table1 复制需要的数据，然后把这些数据插入一个已存在的目标表 Table2 中，在插入过程中，不会影响目标表 Table2 中任何已存在的行。语法格式为：

```
INSERT INTO Table2 (field1,field2,...)
                    SELECT value1,value2,...
                    FROM Table1
                    WHERE(condition);
```

微课

使用 INSERT...SELECT 语句插入结果集 1

其中，Table2 指目标表；field1，field2，... 指目标表中需要插入数据的字段名；Table1 指数据来源表；value1，value2，... 指数据来源表的字段名，该字段名必须与目标表中 field1，field2，... 字段名中的字段个数及数据类型相同；condition 指向目标表复制数据前选择合理数据的查询条件。

注意：

（1）要求目标表 Table2 必须存在，并且字段名 field，field2，... 也必须存在。

（2）注意目标表 Table2 的主键约束，如果目标表 Table2 已设置主键字段而且该主键字段不为空，则字段名 field1，field2，... 中必须包括主键字段。

子任务 1.3.1 复制非常量数据

为了不影响现有数据库中所有表的正常使用，在本小节重新创建 3 张测试表，以便于进行数据复制操作。

本小节为了创建表格方便，采用复制现有表结构的方式（采用 MySQL 中 LIKE 关键字），复制方法不在此赘述，请感兴趣的读者自行查阅资料。

【例 5-9】 以表 department 为标准表结构，创建 3 张测试表。

具体操作如下：

（1）创建测试表 test1。

```
mysql> CREATE TABLE IF NOT EXISTS test1 (LIKE department);
Query OK,0 rows affected (0.04 sec)
```

由结果可知，测试表 test1 创建成功。

```
mysql> DESC test1;
+-----------+---------------------+------+-----+---------+-------+
| Field     | Type                | Null | Key | Default | Extra |
+-----------+---------------------+------+-----+---------+-------+
| Dept_name | varchar(50)         | NO   |     | NULL    |       |
| Dept_id   | tinyint(2)unsigned  | NO   | PRI | NULL    |       |
+-----------+---------------------+------+-----+---------+-------+
2 rows in set (0.55 sec)
```

由结果可得,测试表 test1 的字段和字段属性均与表 department 的字段和字段属性相同。

```
mysql> SELECT * FROM test1;
Empty set (0.02 sec)
```

由结果看出,测试表 test1 是一个空表。

(2)创建测试表 test2。

```
mysql> CREATE TABLE IF NOT EXISTS test2 (LIKE department);
Query OK,0 rows affected (0.05 sec)
```

由结果看出,测试表 test2 创建成功。

```
mysql> DESC test2;
+------------------+--------------------------+------------+-------------+--------------+------------+
| Field            | Type                     | Null       | Key         | Default      | Extra      |
+------------------+--------------------------+------------+-------------+--------------+------------+
| Dept_name        | varchar(50)              | NO         |             | NULL         |            |
| Dept_id          | tinyint(2)unsigned       | NO         | PRI         | NULL         |            |
+------------------+--------------------------+------------+-------------+--------------+------------+
2 rows in set (0.03 sec)
```

由结果看出,测试表 test2 的字段和字段属性均与表 department 的字段和字段属性相同。

```
mysql> SELECT * FROM test2;
Empty set (0.02 sec)
```

由结果看出,测试表 test2 是一个空表。

(3)创建测试表 test3。

```
mysql> CREATE TABLE IF NOT EXISTS test3 (LIKE department);
Query OK,0 rows affected (0.04 sec)
```

由结果看出,测试表 test3 创建成功。

```
mysql> DESC test3;
+------------------+--------------------------+------------+-------------+--------------+------------+
| Field            | Type                     | Null       | Key         | Default      | Extra      |
+------------------+--------------------------+------------+-------------+--------------+------------+
| Dept_name        | varchar(50)              | NO         |             | NULL         |            |
| Dept_id          | tinyint(2)unsigned       | NO         | PRI         | NULL         |            |
+------------------+--------------------------+------------+-------------+--------------+------------+
2 rows in set (0.02 sec)
```

由结果看出,测试表 test3 的字段和字段属性均与表 department 的字段和字段属性相同。

使用 INSERT... SELECT 语句插入结果集 2

```
mysql> SELECT * FROM test3;
Empty set (0.04 sec)
```

由结果看出,测试表 test3 是一个空表。

此处,测试表 test1、test2、test3 均创建成功,且每个表的字段和字段属性均与表 department 的字段和字段属性相同。

【例 5-10】 将测试表 test2 中的所有非常量数据全部复制到测试表 test1 中。

需要确保测试表 test2 中已有记录,为非空表。在此处,省略了向测试表 test2 中插入记录的过程。请读者根据自己的实际情况选择合适的记录插入测试表 test2 中。

具体操作如下:

(1)查看表 test2 的内容。

```
mysql> SELECT * FROM test2;
```

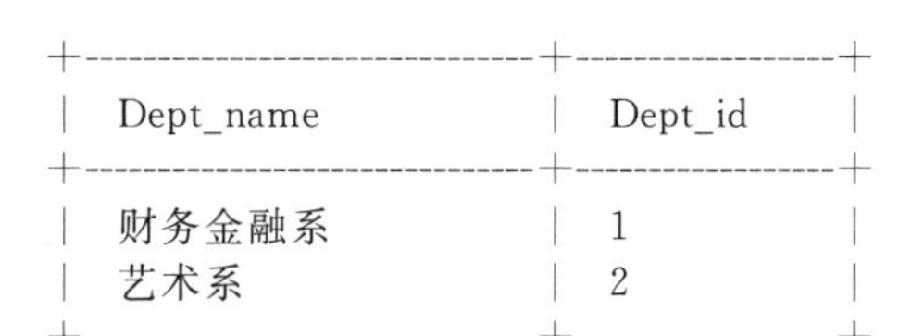

```
+------------------------------+----------------+
| Dept_name                    | Dept_id        |
+------------------------------+----------------+
| 财务金融系                    | 1              |
| 艺术系                        | 2              |
+------------------------------+----------------+
2 rows in set (0.02 sec)
```

由结果看出，测试表 test2 中共有 2 条记录，且全部为非常量数据。

(2)查看表 test1 的内容。

```
mysql> SELECT * FROM test1;
Empty set (0.02 sec)
```

由结果看出，测试表 test1 为空表。

(3)复制数据。

```
mysql> INSERT INTO test1 SELECT * FROM test2;
Query OK,2 rows affected (0.02 sec)
Records: 2  Duplicates: 0  Warnings: 0
```

由结果看出，从测试表 test2 向测试表 test1 复制数据的操作成功。

(4)再次查看表 test1 的内容。

```
mysql> SELECT * FROM test1;
+------------------------------+----------------+
| Dept_name                    | Dept_id        |
+------------------------------+----------------+
| 财务金融系                    | 1              |
| 艺术系                        | 2              |
+------------------------------+----------------+
2 rows in set (0.03 sec)
```

由结果看出，测试表 test1 中共有 2 条记录，且记录数据与测试表 test2 中数据完全相同，说明从测试表 test2 向测试表 test1 复制全部数据已成功。

【例 5-11】 在例 5-10 的基础上，将测试表 test2 中的 id=2 的记录复制到测试表 test3 中。

具体操作如下：

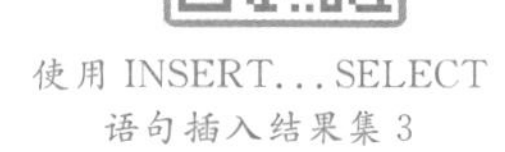

微课 使用 INSERT...SELECT 语句插入结果集 3

(1)查看测试表 test2 的内容。

```
mysql> SELECT * FROM test2;
+------------------------------+----------------+
| Dept_name                    | Dept_id        |
+------------------------------+----------------+
| 财务金融系                    | 1              |
| 艺术系                        | 2              |
+------------------------------+----------------+
2 rows in set (0.02 sec)
```

由结果看出，测试表 test2 中共有 2 条记录，且全部为非常量数据。

(2)查看测试表 test3 的内容。

```
mysql> SELECT * FROM test3;
Empty set (0.03 sec)
```

由结果看出，测试表 test3 为空表。

(3)复制数据。

```
mysql> INSERT INTO test3 SELECT * FROM test2 WHERE Dept_id=2;
```

```
Query OK,1 row affected (0.02 sec)
Records: 1  Duplicates: 0  Warnings: 0
```

由结果看出,从测试表 test2 向测试表 test3 复制数据的语句无误。

(4)再次查看测试表 test3 的内容。

```
mysql> SELECT * FROM test3;
+----------------------------+------------------+
| Dept_name                  | Dept_id          |
+----------------------------+------------------+
| 艺术系                     | 2                |
+----------------------------+------------------+
1 row in set (0.03 sec)
```

由结果看出,测试表 test3 中共有 1 条记录,且记录同测试表 test2,说明从测试表 test2 向测试表 test3 复制记录操作成功。

子任务 1.3.2 复制常量数据

使用 INSERT...SELECT 语句从 Table1 表中选取数据复制到 Table2 中时,除了可以复制数据来源表 Table1 的字段外,还可以复制常量值。

本小节根据需要,重新创建 2 个测试表 test4,test5,然后进行数据列和常量值的复制。

【例 5-12】 利用测试表 test4 复制非常量数据和常量值到测试表 test5。

具体操作如下:

(1)创建测试表 test4 和 test5。

```
mysql> CREATE TABLE test4
    -> (
    -> a varchar(10),
    -> b varchar(10),
    -> c varchar(10)
    -> );
Query OK,0 rows affected (0.04 sec)
```

由结果看出,测试表 test4 创建成功。

```
mysql> CREATE TABLE test5
    -> (
    -> a varchar(10),
    -> c varchar(10),
    -> d int
    -> );
Query OK,0 rows affected (0.05 sec)
```

由结果看出,测试表 test5 创建成功。

(2)在测试表 test4 中创建测试数据。

```
mysql> INSERT INTO test4 VALUES('赵','asds','90');
Query OK,1 row affected (0.02 sec)
```

由结果看出,插入语句无误。

```
mysql> INSERT INTO test4 VALUES('钱','asds','100');
Query OK,1 row affected (0.03 sec)
```

使用 INSERT...SELECT 语句插入结果集 4

由结果看出，插入语句无误。

```
mysql> INSERT INTO test4 VALUES('孙','asds','80');
Query OK,1 row affected (0.02 sec)
```

由结果看出，插入语句无误。

```
mysql> INSERT INTO test4 VALUES('李','asds',NULL);
Query OK,1 row affected (0.02 sec)
```

由结果看出，插入语句无误。

(3)查看表 test4 的内容。

```
mysql> SELECT * FROM test4;
+------------+------------+------------+
| a          | b          | c          |
+------------+------------+------------+
| 赵         | asds       | 90         |
| 钱         | asds       | 100        |
| 孙         | asds       | 80         |
| 李         | asds       | NULL       |
+------------+------------+------------+
4 rows in set (0.55 sec)
```

由结果看出，测试表 test4 中共有 4 条记录，新记录插入成功。

(4)复制部分属性字段名和常量值。

```
mysql> INSERT INTO test5(a,c,d)SELECT a,c,5 FROM test4;
Query OK,4 rows affected (0.04 sec)
Records: 4  Duplicates: 0  Warnings: 0
```

由结果看出，利用测试表 test4 向测试表 test5 复制数据的语句无误。

(5)查看测试表 test5 的内容。

```
mysql> SELECT * FROM test5;
+------------+------------+------------+
| a          | c          | d          |
+------------+------------+------------+
| 赵         | 90         | 5          |
| 钱         | 100        | 5          |
| 孙         | 80         | 5          |
| 李         | NULL       | 5          |
+------------+------------+------------+
4 rows in set (0.18 sec)
```

由结果看出，测试表 test5 中共有 4 条记录，其中既包括来自测试表 test4 的字段 a、c，也包括值为 5 的字段 d。

使用 INSERT...SELECT 语句从一个表复制数据到另一个表时，既可以复制非常量数据，也可以复制常量数据，请读者注意区分二者在复制时的区别。

子任务 1.4　使用 REPLACE 语句插入新记录

在本小节中，将介绍如何使用 MySQL 的 REPLACE...INTO 语句来插入或更新数据库表中的数据。MySQL 的 REPLACE...INTO 语句是一个扩展于 SQL 标准的语句。

REPLACE... INTO 语句的工作过程如下：

(1)如果待插入的新记录在表中不存在，则 REPLACE 语句直接插入该新记录。

(2)如果待插入的新记录在表中已经存在，则 REPLACE... INTO 语句首先删除表中旧的记录，然后重新插入该新记录。

要确定待插入的新记录是否已经存在于表中，MySQL 使用 PRIMARY KEY 或唯一键(UNIQUE KEY)索引。如果表中没有使用主键字段或者唯一键索引，则 REPLACE... INTO 语句相当于 INSERT 语句。

语法格式为：

```
REPLACE INTO table_name (field1,field2,...,fieldN)
                VALUES(value1,value2,...,valuesN);
```

其中，table_name 为表名，field1、field2、fieldN 为表中的字段名，value1、value2、valuesN 为字段对应的值。如果数据为字符型，则必须使用单引号或者双引号，如："value"。

为了不影响现有数据库中所有表的正常使用，本小节需要创建 1 个新的测试表 test，以便解释。

【例 5-13】 使用 REPLACE 语句向测试表 test 中插入新记录。

使用 REPLACE 语句插入新记录 1

具体操作如下：

(1)创建测试表 test。

```
mysql> CREATE TABLE test
    -> (
    -> id int AUTO_INCREMENT PRIMARY KEY,
    -> title varchar(10),
    -> uid varchar(10),
    -> unique index UID(uid)
    -> );
Query OK,0 rows affected (0.04 sec)
```

由结果看出，测试表 test 创建成功。

(2)查看测试表 test 的内容。

```
mysql> SELECT * FROM test;
Empty set (0.52 sec)
```

由结果看出，测试表 test 为空表。

(3)创建原始数据。

```
mysql> INSERT INTO test(title,uid) VALUES('123456','1001');
Query OK,1 row affected (0.02 sec)
mysql> INSERT INTO test(title,uid) VALUES('123456','1002');
Query OK,1 row affected (0.02 sec)
```

由结果看出，向测试表 test 中插入记录语句无误。

(4)再次查看测试表 test 的内容。

使用 REPLACE 语句插入新记录 2

```
mysql> SELECT * FROM test;
+ --------- + ------------- + ------------ +
| id        | title         | uid          |
+ --------- + ------------- + ------------ +
| 1         | 123456        | 1001         |
```

```
| 2        | 123456   | 1002     |
+----------+----------+----------+
2 rows in set (0.02 sec)
```

由结果看出，测试表 test 中共 2 条记录。

(5)第一次插入新记录。

```
mysql> REPLACE INTO test(title,uid) VALUES('1234567','1003');
Query OK,1 row affected (0.02 sec)
```

由结果看出，利用 REPLACE 语句向测试表 test 中插入新记录语句无误。

```
mysql> SELECT * FROM test;
+----------+----------+----------+
| id       | title    | uid      |
+----------+----------+----------+
| 1        | 123456   | 1001     |
| 2        | 123456   | 1002     |
| 3        | 1234567  | 1003     |
+----------+----------+----------+
3 rows in set (0.01 sec)
```

由结果看出，测试表 test 中共有 3 条记录，新记录插入成功。

此处，因测试表 test 中设置了主键字段 id，待插入新记录的主键字段值为"1003"，在表中不存在，则本次插入采用直接插入一行新记录的方式进行。

(6)第二次插入新记录。

```
mysql> REPLACE INTO test(title,uid) VALUES('1234567','1001');
Query OK,2 rows affected (0.03 sec)
```

由结果看出，利用 REPLACE 语句向测试表 test 中插入新记录语句无误。

```
mysql> SELECT * FROM test;
+----------+----------+----------+
| id       | title    | uid      |
+----------+----------+----------+
| 2        | 123456   | 1002     |
| 3        | 1234567  | 1003     |
| 4        | 1234567  | 1001     |
+----------+----------+----------+
3 rows in set (0.02 sec)
```

由结果看出，测试表 test 中共有 3 条记录，新记录插入成功。

此处，因测试表 test 中设置了主键字段 id，待插入新记录的主键字段值为"1001"，在表中已经存在该主键值的记录，则本次插入采用先删除表中原有主键字段值为"1001"的记录，然后再插入待插入的主键字段值为"1001"的记录，相当于更新了表中原有主键字段值为"1001"的旧记录。

思政小贴士

我们要善于运用信息化手段改变现状，优化创新业务流程，构建新的系统环境。作为一名合格的数据库工程师，在提供插入数据方案时，也要做到合理优化。

通过本小节的内容可知，REPLACE 语句在向表中插入记录的时候，遵循以下步骤进行：

(1)首先判断待插入的记录是否已经存在于表中。

(2)如果记录不存在，则直接插入。

(3)如果记录已经存在，则新记录更新原来的旧记录。

REPLACE...INTO 语句与 INSERT...VALUES 语句功能类似,不同点在于 REPLACE...INTO 语句首先尝试插入记录到表中,如果发现表中已经有此行记录(根据主键或者唯一索引判断)则先删除此行记录,然后插入该新记录;否则,直接插入该新记录。要注意的是:插入新记录的表必须有主键或者是唯一索引,否则,REPLACE...INTO 语句会直接插入新记录,这将有可能导致数据表中出现重复的数据。

子任务 1.5　使用 INSERT...SET 语句插入新记录

向数据库中的表插入新记录时,如果这个表的列特别多,那么利用 INSERT...VALUES 语句来完成,容易使操作变得混乱无章。其原因如下:

(1)前后需要对应,容易写错顺序。

(2)后期改动(增加列,减少列),比较分散,容易错漏。

(3)阅读困难。

使用 INSERT...SET 语句插入新记录

这个问题可以使用 INSERT...SET 语句来解决。语法格式为:

```
INSERT INTO 表名
            SET 列名 1 = 列值 1,列名 2=列值 2,...;
```

为了不影响现有数据库中所有表的正常使用,本小节使用测试表 test,以便解释。

【例 5-14】 在测试表 test 中,插入一条新记录,title 为 12345678,uid 为 1005。

具体操作如下:

(1)查看测试表 test 的内容。

```
mysql> SELECT * FROM test;
+--------------+--------------+--------------+
| id           | title        | uid          |
+--------------+--------------+--------------+
| 2            | 123456       | 1002         |
| 3            | 1234567      | 1003         |
| 4            | 1234567      | 1001         |
+--------------+--------------+--------------+
3 rows in set (0.03 sec)
```

由结果看出,测试表 test 中共有 3 条记录。

(2)插入新记录。

```
mysql> INSERT INTO test set title='12345678',uid='1005';
Query OK,1 row affected (0.04 sec)
```

由结果看出,利用 INSERT...SET 语句向测试表 test 中插入新记录语句无误。

(3)再次查看测试表 test 的内容。

```
mysql> SELECT * FROM test;
+--------------+--------------+--------------+
| id           | title        | uid          |
+--------------+--------------+--------------+
| 2            | 123456       | 1002         |
| 3            | 1234567      | 1003         |
| 4            | 1234567      | 1001         |
| 5            | 12345678     | 1005         |
+--------------+--------------+--------------+
4 rows in set (0.05 sec)
```

由结果看出,测试表 test 中共有 4 条记录,新记录插入成功。

通过 INSERT...SET 语句插入新记录清晰明了，容易查错。但是使用 INSERT...SET 语句插入记录时，不能一次性批量插入多条新记录。

INSERT...VALUES 语句和 INSERT...SET 语句都是将指定的数据插入已经存在的表中，而 INSERT...SELECT 语句是将一个表中的数据筛查出来并复制插入已经存在的另一表中。

任务 2　在数据库表中更新记录

在 MySQL 数据库中，成功创建数据库和表，有时需要根据特定要求修改更新表的属性信息，比如修改表默认的字符集、字段默认的字符集等，同时也可以使用 UPDATE 语句更新表中的记录，不仅可以更新特定的行，也可以更新所有的行。

子任务 2.1　更新操作与字符集

MySQL 中默认字符集的设置有四种级别：服务器级、数据库级、表级以及字段级。在创建数据表时，如果不指定其使用的字符集或者是字符集的校对规则，那么将根据系统配置文件中默认的设置值来设置其使用的字符集。但是在某些特定情况下，根据需要可以修改其默认的字符集。

更新数据表的字符集使用 ALTER 命令，语法格式如下：

```
ALTER table 表名
        CONVERT TO character
        SET 新字符集;
```

微课

在数据库表中更新记录 1

更新数据表中字段的字符集同样使用 ALTER 命令，语法格式如下：

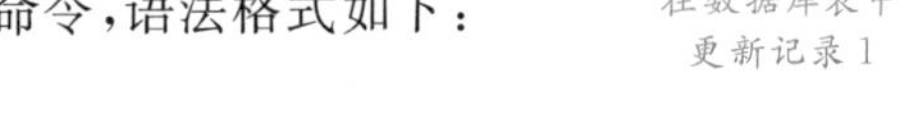

```
ALTER TABLE 表名
          MODIFY COLUMN '字段名' character
          SET 新字符集 NOT NULL;
```

为了不影响现有数据库中所有表的正常使用，本小节使用测试表 test，以便解释。

【例 5-15】　利用测试表 test，修改其使用的字符集为 gbk。

具体操作如下：

(1)查看测试表 test 的结构，可见原有字符集为 utf8。

```
mysql> SHOW CREATE TABLE test;
       CREATE TABLE 'test' (
       'id' int(11)NOT NULL AUTO_INCREMENT,
       'title' varchar(10)DEFAULT NULL,
       'uid' varchar(10)DEFAULT NULL,
       PRIMARY KEY ('id'),
       UNIQUE KEY 'UID' ('uid')
       )ENGINE=InnoDB AUTO_INCREMENT=6 DEFAULT CHARSET=utf8
1 row in set (0.03 sec)
```

由结果看出，测试表 test 默认字符集为 CHARSET=utf8。

(2)修改测试表 test 的字符集。

```
mysql> ALTER TABLE test convert to character set gbk;
Query OK,4 rows affected (0.11 sec)
Records: 4  Duplicates: 0  Warnings: 0
```

由结果看出,修改测试表 test 的默认字符集的 ALTER 语句无误。

(3)再次查看测试表 test 的字符集。

```
mysql> SHOW CREATE TABLE test;
       CREATE TABLE 'test' (
       'id' int(11)NOT NULL AUTO_INCREMENT,
       'title' varchar(10)DEFAULT NULL,
       'uid' varchar(10)DEFAULT NULL,
       PRIMARY KEY ('id'),
       UNIQUE KEY 'UID' ('uid')
   )ENGINE=InnoDB AUTO_INCREMENT=6 DEFAULT CHARSET=gbk
1 row in set (0.02 sec)
```

由结果看出,测试表 test 的字符集已经从 CHARSET=utf8 修改为 CHARSET=gbk。

【例 5-16】 利用测试表 test,修改其中 title 字段使用的字符集为 utf8。

在数据库表中更新记录 2

具体操作如下:

(1)查看字段 title 的字符集。

mysql> SHOW FULL COLUMNS FROM test;

Field	Type	Collation	Null
id	int(11)	NULL	NO
title	varchar(10)	gbk_chinese_ci	YES
uid	varchar(10)	gbk_chinese_ci	YES

3 rows in set (0.03 sec)

由结果看出,测试表 test 中 title 字段的默认字符集为 gbk_chinese_ci。

(2)修改 title 字段的字符集。

```
mysql> ALTER TABLE test MODIFY title varchar(10) character set utf8 NOT NULL;
Query OK,4 rows affected (0.09 sec)
Records: 4  Duplicates: 0  Warnings: 0
```

(3)再次查看 title 的字符集。

mysql> SHOW FULL COLUMNS FROM test;

Field	Type	Collation	Null	key	default	Extra	Privileges
id	int(11)	NULL	NO	PRI	NULL	AUTO_INCREMENT	SELECT,
title	varchar(10)	utf8_general_ci	NO		NULL		INSERT,
uid	varchar(10)	gbk_chinese_ci	YES	UNI	NULL		UPDATE

3 rows in set (0.01 sec)

由结果看出,测试表 test 中 title 字段的字符集已经从 gbk_chinese_ci 字符集修改为 utf8_general_ci 字符集了。

本小节中关于修改表的默认字符集和表中字段的默认字符集的例子很少,请读者根据实际需要自行修改所创建数据库中表的字符集或者字段的字符集。

子任务 2.2　设置自增字段

在数据库应用过程中，经常希望在每次插入新记录时，系统会自动生成字段的主键值，这可以通过为表主键添加 AUTO_INCREMENT 关键字来实现。

思政小贴士

在编写数据库语句时，要注重细节和规范，培养精益求精的理念。始终坚持对技能的全面学习，不可浅尝辄止，要对每个知识点都能做到专注专心，从一而终。

一个表只能有一个字段使用 AUTO_INCREMENT 约束，且该字段必须为主键的一部分。AUTO_INCREMENT 约束的字段可以是任何整数类型(tinyint、smallint、int、bigint)。

在 MySQL 中由 AUTO_INCREMENT 约束的字段默认初始值为 1，每新增一条记录，字段值自动加 1。

如果在创建表的时候，未为字段设置 AUTO_INCREMENT 约束，那么可以使用 ALTER 命令设置该字段的 AUTO_INCREMENT 约束。在为字段设置 AUTO_INCREMENT 约束时，必须已经确定该字段是表的主键字段。

由于现有实例数据库中的表设置了主键，但是一部分不适合设置 AUTO_INCREMENT 约束，一部分已经设置 AUTO_INCREMENT 约束。为了操作方便，本小节重新创建一个测试表 test6，以便解释。

【例 5-17】　为测试表 test6 中的 id 字段设置自增约束。

微课

在数据库表中更新记录 3

具体操作如下：

(1)创建测试表 test6。

```
mysql> CREATE TABLE test6
    -> (
    -> id int NOT NULL,
    -> title varchar(10),
    -> uid varchar(10)
    -> );
Query OK,0 rows affected (0.03 sec)
```

由结果看出，测试表 test6 创建成功。

(2)查看测试表 test6 的结构。

```
mysql> DESC test6;
+-----------+-------------+------+-----+---------+-------+
| Field     | Type        | Null | Key | Default | Extra |
+-----------+-------------+------+-----+---------+-------+
| id        | int(11)     | NO   |     | NULL    |       |
| title     | varchar(10) | YES  |     | NULL    |       |
| uid       | varchar(10) | YES  |     | NULL    |       |
+-----------+-------------+------+-----+---------+-------+
3 rows in set (0.02 sec)
```

由结果看出，在测试表 test6 的结构中，此时没有设置主键，故需要设置主键字段为 id 字段。

(3)设置主键 id。

```
mysql> ALTER TABLE test6 ADD PRIMARY KEY(id);
```

```
Query OK,0 rows affected (0.05 sec)
Records: 0  Duplicates: 0  Warnings: 0
```

由结果看出,为测试表 test6 设置主键字段为 id 字段的语句无误。

```
mysql> DESC test6;
+-----------+---------------+------+-----+---------+-------+
| Field     | Type          | Null | Key | Default | Extra |
+-----------+---------------+------+-----+---------+-------+
| id        | int(11)       | NO   | PRI | NULL    |       |
| title     | varchar(10)   | YES  |     | NULL    |       |
| uid       | varchar(10)   | YES  |     | NULL    |       |
+-----------+---------------+------+-----+---------+-------+
3 rows in set (0.02 sec)
```

由结果看出,在测试表 test6 的结构中,此时已经设置了主键字段为 id 字段。

(4)设置 id 字段为自增字段。

```
mysql> ALTER TABLE test6 change id id int AUTO_INCREMENT;
Query OK,0 rows affected (0.07 sec)
Records: 0  Duplicates: 0  Warnings: 0
```

由结果看出,为测试表 test6 设置主键字段 id 字段为自增字段的语句无误。

```
mysql> DESC test6;
+-----------+---------------+------+-----+---------+----------------+
| Field     | Type          | Null | Key | Default | Extra          |
+-----------+---------------+------+-----+---------+----------------+
| id        | int(11)       | NO   | PRI | NULL    | AUTO_INCREMENT |
| title     | varchar(10)   | YES  |     | NULL    |                |
| uid       | varchar(10)   | YES  |     | NULL    |                |
+-----------+---------------+------+-----+---------+----------------+
3 rows in set (0.02 sec)
```

由结果看出,测试表 test6 的主键字段 id 字段添加了自增约束,已经更新为自增字段。

【例 5-18】 为测试表 test6 中的 id 字段设置自增初始值。

在数据库表中更新记录 4

具体操作如下:

(1)查看测试表 test6 的数据。

```
mysql> SELECT * FROM test6;
Empty set (0.02 sec)
```

由结果看出,测试表 test6 为空表。

(2)创建测试数据。

```
mysql> INSERT INTO test6(id,title,uid) VALUES('23','12345','1003');
Query OK,1 row affected (0.03 sec)
```

由结果看出,测试表 test6 插入新记录的语句无误。

(3)再次查看测试表 test6 的数据。

```
mysql> SELECT * FROM test6;
```

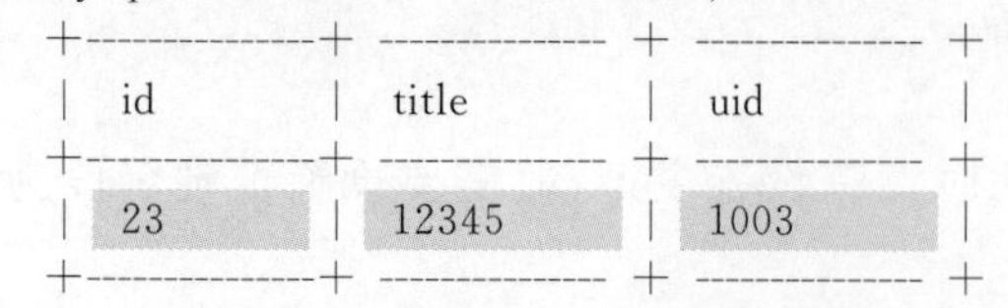

id	title	uid
23	12345	1003

```
1 rows in set (0.02 sec)
```

由结果看出,测试表 test6 中共有 1 条记录,新记录插入成功。

(4)重新设置自增初始值。

```
mysql> ALTER TABLE test6 AUTO_INCREMENT=30;
Query OK,0 rows affected (0.03 sec)
Records: 0  Duplicates: 0  Warnings: 0
```

由结果看出,测试表 test6 中设置自增字段初始值为 30。

(5)创建测试数据。

```
mysql> INSERT INTO test6(title,uid) VALUES('1234','1001');
Query OK,1 row affected (0.03 sec)
```

由结果看出,测试表 test6 插入新记录的语句无误。

```
mysql> INSERT INTO test6(title,uid) VALUES('12345','1002');
Query OK,1 row affected (0.02 sec)
```

由结果看出,测试表 test6 插入新记录的语句无误。

```
mysql> INSERT INTO test6(title,uid) VALUES('12345','1003');
Query OK,1 row affected (0.02 sec)
```

由结果看出,测试表 test6 插入新记录的语句无误。

(6)查看测试表 test6 的数据。

```
mysql> SELECT * FROM test6;
+--------------+--------------+--------------+
| id           | title        | uid          |
+--------------+--------------+--------------+
| 23           | 12345        | 1003         |
| 30           | 1234         | 1001         |
| 31           | 12345        | 1002         |
| 32           | 12345        | 1003         |
+--------------+--------------+--------------+
4 rows in set (0.02 sec)
```

由结果看出,测试表 test6 插入的新记录其自增初始值从 30 开始,重新设置自增初始值成功。

子任务 2.3　使用 UPDATE 语句更新表中数据

在 MySQL 数据库中,可以使用 UPDATE 语句更新表中的记录,可以更新特定的行或者同时更新所有的行。语法格式如下:

```
UPDATE 表名
        SET 变更后的信息
        WHERE 子句;
```

在数据库表中更新记录 5

1. 单表的 UPDATE 语句

```
UPDATE [LOW_PRIORITY] [IGNORE] 表名
                        SET 字段 1=值 1 [,字段 2=值 2 ...]
                        [WHERE 条件表达式]
                        [ORDER BY ...]
                        [LIMIT row_count]
```

2. 多表的 UPDATE 语句

```
UPDATE [LOW_PRIORITY] [IGNORE] 表名
```

SET 字段 1=值 1 [,字段 2=值 2 ...]

[WHERE 条件表达式]

SET 子句指示要修改哪些字段以及这些字段相应的字段值。WHERE 子句指定应更新哪些行。如果没有 WHERE 子句,则更新所有的行。如果指定了 ORDER BY 子句,则按照被指定的顺序对行进行更新。LIMIT 子句用于给定一个限值,限制可以被更新的行的数目。

为了不影响现有数据库中所有表的正常使用,本小节使用测试表 test6,以便解释。

【例 5-19】 更新测试表 test6 中的 id=23 的数据 uid 字段值为 1001。

具体操作如下:

(1)查看测试表 test6 的数据。

```
mysql> SELECT * FROM test6;
+--------------+--------------+--------------+
| id           | title        | uid          |
+--------------+--------------+--------------+
| 23           | 12345        | 1003         |
| 30           | 1234         | 1001         |
| 31           | 12345        | 1002         |
| 32           | 12345        | 1003         |
+--------------+--------------+--------------+
4 rows in set (0.03 sec)
```

由结果看出,测试表 test6 中共有 4 条记录。

(2)更新字段值。

```
mysql> UPDATE test6 set uid='1001'WHERE id=23;
Query OK,1 row affected (0.02 sec)
Rows matched: 1  Changed: 1  Warnings: 0
```

由结果看出,测试表 test6 更新记录的语句无误。

(3)再次查看测试表 test6 的数据。

```
mysql> SELECT * FROM test6;
+--------------+--------------+--------------+
| id           | title        | uid          |
+--------------+--------------+--------------+
| 23           | 12345        | 1001         |
| 30           | 1234         | 1001         |
| 31           | 12345        | 1002         |
| 32           | 12345        | 1003         |
+--------------+--------------+--------------+
4 rows in set (0.02 sec)
```

由结果看出,测试表 test6 中的记录(id=23 的数据),uid 字段值更新为“1001”,更新成功。

【例 5-20】 更新测试表 test6 中的 title=12345 的数据 uid 字段值为 1004。

具体操作如下:

(1)查看测试表 test6 的数据。

```
mysql> SELECT * FROM test6;
+--------------+--------------+--------------+
| 23           | 12345        | 1001         |
| 30           | 1234         | 1001         |
```

```
| 31            | 12345         | 1002          |
| 32            | 12345         | 1003          |
+---------------+---------------+---------------+
4 rows in set (0.02 sec)
```

由结果看出,测试表 test6 中共有 4 条记录。

(2)更新字段值。

```
mysql> UPDATE test6 set uid='1004' WHERE title='12345';
Query OK,3 rows affected (0.03 sec)
Rows matched: 3  Changed: 3  Warnings: 0
```

由结果看出,测试表 test6 更新记录的语句无误。

(3)再次查看测试表 test6 的数据。

```
mysql> SELECT * FROM test6;
+---------------+---------------+---------------+
| id            | title         | uid           |
+---------------+---------------+---------------+
| 23            | 12345         | 1004          |
| 30            | 1234          | 1001          |
| 31            | 12345         | 1004          |
| 32            | 12345         | 1004          |
+---------------+---------------+---------------+
4 rows in set (0.03 sec)
```

由结果看出,测试表 test6 中的记录(title=12345 的数据),uid 字段值为更新"1004",更新成功。

任务 3　在数据库表中删除记录

在数据库中,有时某些数据已经失去意义或者错误时就需要将它们删除。在 MySQL 中有两种方法可以删除数据,一种是 DELETE 语句,另一种是 TRUNCATE... TABLE 语句。

DELETE 语句可以通过 WHERE 子句对要删除的记录进行选择。而使用 TRUNCATE... TABLE 语句将删除表中的所有记录。因此,在使用时 DELETE 语句更灵活。

思政小贴士

要明白"凡事预则立,不预则废"的道理。一个人也要尽早地为自己的成长和发展做好规划,并朝着预定的目标去努力奋斗。

子任务 3.1　使用 DELETE 语句删除表中记录

通常可以使用 DELETE... FROM 语句来删除 MySQL 数据表中的记录。语法格式如下:

```
DELETE FROM 表名 [WHERE 条件表达式]
```

(1)如果没有指定 WHERE 子句,MySQL 表中的所有记录将被删除。

(2)可以在 WHERE 子句中指定任何条件。

(3)可以在单个表中一次性删除记录。

为了不影响现有数据库中所有表的正常使用,本小节使用测试表 test6,以便解释。

【例 5-21】 在例 5-20 的基础上,删除测试表 test6 中 id=23 的记录行。

在数据库表中删除记录 1

具体操作如下:

(1)查看测试表 test6 的数据。

```
mysql> SELECT * FROM test6;
+--------------+ -------------- + -------------- +
| id           | title          | uid            |
+--------------+ -------------- + -------------- +
| 23           | 12345          | 1004           |
| 30           | 1234           | 1001           |
| 31           | 12345          | 1004           |
| 32           | 12345          | 1004           |
+--------------+ -------------- + -------------- +
4 rows in set (0.01 sec)
```

由结果看出,测试表 test6 中共有 4 条记录。

(2)删除指定数据行。

```
mysql> DELETE FROM test6 WHERE id='23';
Query OK,1 row affected (0.02 sec)
```

由结果看出,测试表 test6 删除记录的语句无误。

(3)再次查看测试表 test6 的数据。

```
mysql> SELECT * FROM test6;
+--------------+ -------------- + -------------- +
| id           | title          | uid            |
+  ---------   +  -----------   +  ---------     +
| 30           | 1234           | 1001           |
| 31           | 12345          | 1004           |
| 32           | 12345          | 1004           |
+--------------+ -------------- + -------------- +
3 rows in set (0.02 sec)
```

由结果看出,测试表 test6 中共有 3 条记录,且指定的记录(id=23)已经被删除,删除记录成功。

此处,使用 WHERE 子句一次性删除一条记录。

【例 5-22】 在例 5-21 运行结果的基础上,删除测试表 test6 中 id=30,31,32 的记录行。

具体操作如下:

(1)查看测试表 test6 的数据。

```
mysql> SELECT * FROM test6;
+--------------+ -------------- + -------------- +
| id           | title          | uid            |
+--------------+ -------------- + -------------- +
| 30           | 1234           | 1001           |
| 31           | 12345          | 1004           |
| 32           | 12345          | 1004           |
+--------------+ -------------- + -------------- +
3 rows in set (0.02 sec)
```

由结果看出,测试表 test6 中共有 3 条记录。

(2)删除指定数据行。

```
mysql> DELETE FROM test6 WHERE id IN(30,31,32);
Query OK,3 rows affected (0.02 sec)
```

由结果看出,测试表 test6 删除记录的语句无误。

(3)再次查看测试表 test6 的数据。

```
mysql> SELECT * FROM test6;
Empty set (0.02 sec)
```

由结果看出,测试表 test6 中共有 0 条记录,指定的记录(id=30,31,32)已经被删除,此时测试表是一个空表,删除记录成功。

此处,使用 WHERE 子句一次性删除多条记录。

【例 5-23】 删除测试表 test5 中的所有数据。

具体操作如下:

(1)查看数据库中的表。

```
mysql> SHOW TABLES;
+--------------------------------+
| Tables_in_zhangyanli           |
+--------------------------------+
| admin                          |
| books                          |
| courses                        |
| department                     |
| selected                       |
| student                        |
| teacher                        |
| test                           |
| test1                          |
| test2                          |
| test3                          |
| test4                          |
| test5                          |
| test6                          |
+--------------------------------+
14 rows in set (0.02 sec)
```

由结果看出,数据库中共有 14 张表,其中包括测试表 test5。

(2)查看测试表 test5 中的数据。

```
mysql> SELECT * FROM test5;
+--------------+--------------+--------------+
| a            | c            | d            |
+--------------+--------------+--------------+
| 赵           | 90           | 5            |
| 钱           | 100          | 5            |
| 孙           | 80           | 5            |
| 李           | NULL         | 5            |
+--------------+--------------+--------------+
4 rows in set (0.02 sec)
```

由结果看出,测试表 test5 中共有 4 条记录。

(3)删除测试表 test5 的全部数据。

```
mysql> DELETE FROM test5;
Query OK,4 rows affected (0.04 sec)
```

由结果看出,测试表 test5 删除记录的语句无误。

(4)再次查看测试表 test5 中的数据。

```
mysql> SELECT * FROM test5;
Empty set (0.02 sec)
```

由结果看出,测试表 test5 中共有 0 条记录,指定的记录已经被删除,此时测试表是一个空表,删除记录成功。

子任务 3.2 使用 TRUNCATE...TABLE 清空表记录

在 MySQL 数据库中,还有一种方式可以删除表中的所有记录,即使用 TRUNCATE...TABLE 语句。但是 TRUNCATE...TABLE 语句不能与 WHERE 子句一起使用。语法格式如下:

```
TRUNCATE [TABLE] 表名;
```

在数据库表中删除记录 2

【例 5-24】 删除测试表 test4 中的所有数据。

具体操作如下:

(1)查看数据库中的所有的表。

```
mysql> SHOW TABLES;
```

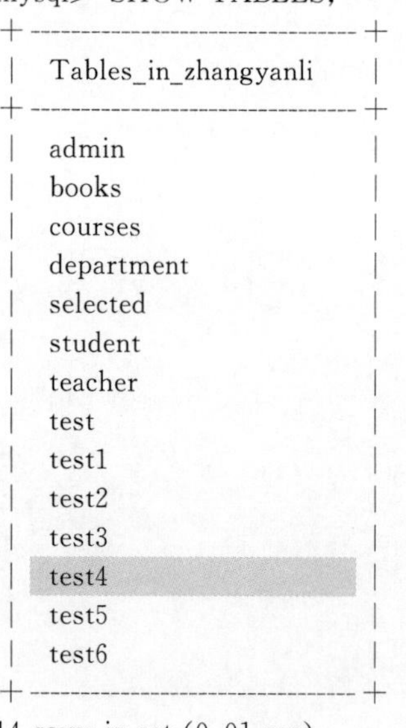

```
+------------------------------+
| Tables_in_zhangyanli         |
+------------------------------+
| admin                        |
| books                        |
| courses                      |
| department                   |
| selected                     |
| student                      |
| teacher                      |
| test                         |
| test1                        |
| test2                        |
| test3                        |
| test4                        |
| test5                        |
| test6                        |
+------------------------------+
14 rows in set (0.01 sec)
```

由结果看出,数据库中共有 14 张表,其中包括测试表 test4。

(2)查看测试表 test4 的数据。

```
mysql> SELECT * FROM test4;
+------------+------------+------------+
| a          | b          | c          |
+------------+------------+------------+
| 赵         | asds       | 90         |
```

```
| 钱            | asds          | 100           |
| 孙            | asds          | 80            |
| 李            | asds          | NULL          |
+---------------+---------------+---------------+
4 rows in set (0.02 sec)
```

由结果看出，测试表 test4 中共有 4 条记录。

(3)删除测试表 test4 中的全部数据。

```
mysql> truncate table test4;
Query OK,0 rows affected (0.03 sec)
```

由结果看出，测试表 test4 删除记录的语句无误。

(4)再次查看测试表 test4 中的数据。

```
mysql> SELECT * FROM test4;
Empty set (0.02 sec)
```

由结果看出，测试表 test4 中共有 0 条记录，表中所有的记录已经被删除，此时测试表是一个空表，删除记录成功。

在使用这 DELETE 语句和 TRUNCATE... TABLE 语句删除记录时，请注意二者的区别：

(1)DELETE 语句，后面可以跟 WHERE 子句，通常指定 WHERE 子句中的条件表达式，只删除满足条件的部分记录。而 TRUNCATE... TABLE 语句，只能用于删除表中的所有记录。

(2)使用 DELETE 语句，删除表中所有记录后，向表中添加记录时，自动增加字段的值，其新值为删除时该字段的最大值加 1，也就是在原来的基础上递增(如删除时该字段最大值为 100，则再次添加记录时，新记录的该字段值为 101)。使用 TRUNCATE... TABLE 语句，删除表中的数据后，向表中添加记录时，自动增加字段的默认初始值重新从 1 开始。

3. DELETE 语句，每删除一条记录，都会在日志中记录，而使用 TRUNCATE... TABLE 语句，不会在日志中记录删除的内容，因此，TRUNCATE... TABLE 语句的执行效率比 DELETE 语句高。

不管使用 DELETE 语句或者 TRUNCATE... TABLE 语句，在删除表中的记录时，都需要读者仔细考虑是否有删除记录的必要，以免造成不必要的麻烦，请读者谨慎使用。

思政小贴士

中国传统文化源远流长、博大精深，其中不乏教人修身、立志、治国、安邦的睿智，我们有理由继承和发扬它。继承爱国传统，弘扬民族精神。

子任务 3.3 使用 DROP... TABLE 语句删除表

在 MySQL 数据库中，对于不再需要的数据表，可以将其从数据库中删除。本小节将说明 MySQL 数据库中数据表的删除方法。

当需要删除一个表时，可以使用 DROP... TABLE 语句来完成，语法格式如下：

```
DROP TABLE [IF EXISTS]
            <表名> [,<表名1>,<表名2>],...;
```

(1)<表名>：被删除的表名。

(2)表被删除时,所有的表数据和表定义均会被取消,所以使用本语句要小心。

(3)参数 IF EXISTS 用于在删除前判断删除的表是否存在,加上该参数后,在删除表的时候,如果表不存在,DROP... TABLE 语句可以顺利执行,但会发出警告(warning)。

【例 5-25】 删除测试表 test6。

在数据库表中删除记录 3

具体操作如下:

(1)查看数据库所有的表。

```
mysql> SHOW TABLES;
```

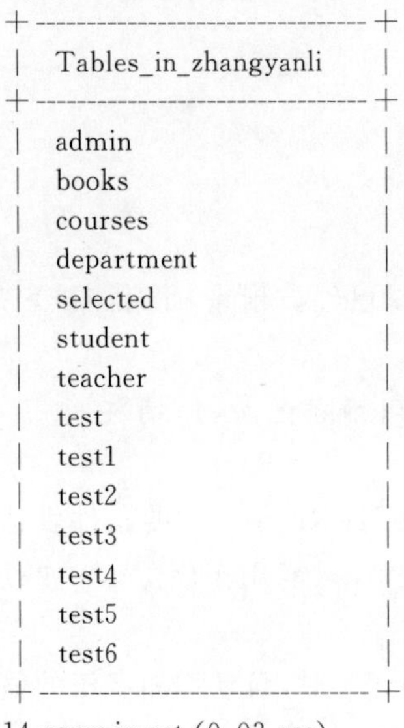

```
+---------------------------------+
| Tables_in_zhangyanli            |
+---------------------------------+
| admin                           |
| books                           |
| courses                         |
| department                      |
| selected                        |
| student                         |
| teacher                         |
| test                            |
| test1                           |
| test2                           |
| test3                           |
| test4                           |
| test5                           |
| test6                           |
+---------------------------------+
14 rows in set (0.03 sec)
```

由结果看出,数据库中共有 14 张表,其中包括测试表 test6。

(2)删除测试表 test6。

```
mysql> DROP TABLE test6;
Query OK,0 rows affected (0.01 sec)
```

由结果看出,删除测试表 test6 的语句无误。

(4)再次查看数据库中所有的表。

```
mysql> SHOW TABLES;
```

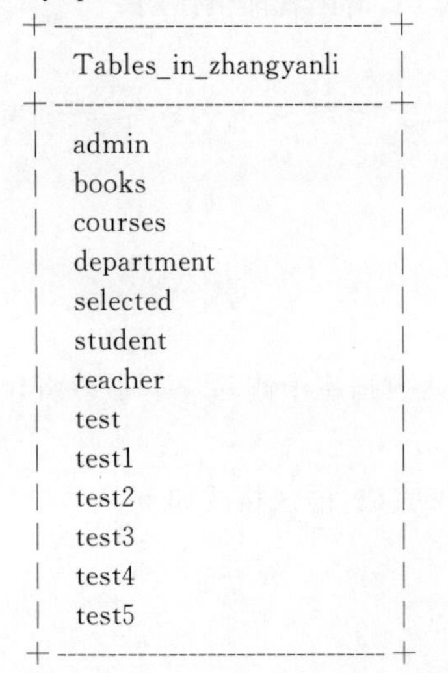

```
+---------------------------------+
| Tables_in_zhangyanli            |
+---------------------------------+
| admin                           |
| books                           |
| courses                         |
| department                      |
| selected                        |
| student                         |
| teacher                         |
| test                            |
| test1                           |
| test2                           |
| test3                           |
| test4                           |
| test5                           |
+---------------------------------+
```

```
13 rows in set (0.56 sec)
```

由结果看出，数据库中共有 13 张表，其中不包括测试表 test6，删除测试表 test6 成功。

【例 5-26】 删除数据库所有的测试表。

具体操作如下：

(1)查看数据库所有的表。

```
mysql> SHOW TABLES;
```

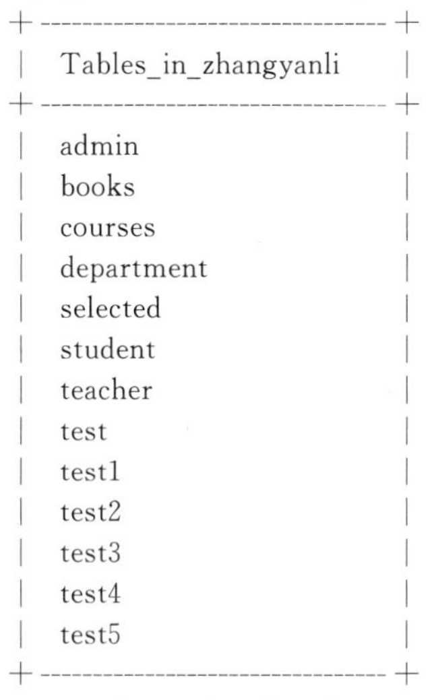

```
+--------------------------------+
| Tables_in_zhangyanli           |
+--------------------------------+
| admin                          |
| books                          |
| courses                        |
| department                     |
| selected                       |
| student                        |
| teacher                        |
| test                           |
| test1                          |
| test2                          |
| test3                          |
| test4                          |
| test5                          |
+--------------------------------+
13 rows in set (0.02 sec)
```

由结果看出，数据库中共有 13 张表，其中包括测试表 6 张。

(2)删除所有测试表。

```
mysql> DROP TABLE IF EXISTS test,test1,test2,test3,test4,test5;
Query OK,0 rows affected (0.11 sec)
```

由结果看出，删除数据库中所有的测试表的语句无误。

(3)再次查看数据库中所有的表。

```
mysql> SHOW TABLES;
```

```
+--------------------------------+
| Tables_in_zhangyanli           |
+--------------------------------+
| admin                          |
| books                          |
| courses                        |
| department                     |
| selected                       |
| student                        |
| teacher                        |
+--------------------------------+
7 rows in set (0.02 sec)
```

由结果看出，数据库中共有 7 张表，其中不包括所有的测试表，删除所有的测试表成功。

对比 TRUNCATE... TABLE 语句、DELETE 语句、DROP... TABLE 语句可知，需要删除表中的记录时可以使用 TRUNCATE... TABLE 语句和 DELETE 语句，而需要删除整个表时可以使用 DROP... TABLE 语句，使用 DROP... TABLE 语句删除整个表时，表的结构和表中所有的数据都会随之被删除。

本项目小结

本项目介绍了在 MySQL 数据库的数据表中添加数据、修改数据和删除数据的具体方法，也就是对表数据进行增、删和改操作。这几种操作在实际应用中经常用到。因此，对于本项目的内容需要认真学习，做到举一反三，灵活应用。

同步练习与实训

创建 Student 表和 Score 表，并对表进行插入、更新和删除操作，Student 表的结构见表 5-6，Score 表的结构见表 5-7。

表 5-6　Student 表的结构

字段名	字段描述	数据类型	主键	外键	非空	唯一	自增
Id	学号	int(10)	否	否	是	否	否
Name	姓名	varchar(20)	否	否	是	否	否
Sex	性别	varchar(4)	否	否	否	否	否
Birth	出生年份	year	否	否	否	否	否
Department	院系	varchar(20)	否	否	是	否	否
Address	家庭住址	varchar(50)	否	否	否	否	否

表 5-7　Score 表的结构

字段名	字段描述	数据类型	主键	外键	非空	唯一	自增
Id	编号	int(10)	否	否	是	否	否
Stu_id	学号	int(10)	否	否	是	否	否
C_name	课程名	varchar(20)	否	否	否	否	否
Grade	分数	int(10)	否	否	否	否	否

(1)分别创建 student 表和 score 表。

(2)分别为 student 表设置主键、自增字段为 Id 和 score 表设置主键、自增字段为 Id。

(3)向 student 表中插入新记录如下：

901,'张老大','男',1985,'计算机系','北京市海淀区'

(4)向 student 表中插入多条新记录如下：

902,'张老二','男',1986,'中文系','北京市昌平区'

903,'张三','女',1990,'中文系','湖南省永州市'

904,'李四','男',1990,'英语系','辽宁省阜新市'

905,'王五','女',1991,'英语系','福建省厦门市'

906,'王六','男',1988,'计算机系','湖南省衡阳市'

(5)向 score 表中插入新记录如下：

NULL,901,'计算机',98

(6)向 score 表中插入新记录如下：

NULL,901,'英语',80

NULL,902,'计算机',65
NULL,902,'中文',88
NULL,903,'中文',95
NULL,904,'计算机',70
NULL,904,'英语',92
NULL,905,'英语',94
NULL,906,'计算机',90
NULL,906,'英语',85
(7)更新 student 表中 Id 为 3 的学生的姓名为张强,设计系。
(8)更新 student 表中学号 Id 为 5 的学生的成绩为 99。
(9)更新 score 表中的学号为 904 的学生的成绩为 99。

项目 6

使用 MySQL 数据库中的函数

学习导航

知识目标

(1)了解 MySQL 数据库中的常量和变量。

(2)掌握 MySQL 数据库中不同运算符的用法。

(3)掌握 MySQL 数据库中条件控制与循环语句的用法。

(4)掌握 MySQL 数据库中自定义函数与系统函数的用法。

素质目标

通过对函数的学习,引导学生建立起保持初心、规范做事、踏实做人的行为准则。

技能目标

(1)学会定义常量与变量。

(2)能够熟练使用不同运算符。

(3)会创建并使用自定义函数。

(4)能够使用不同系统函数解决问题。

任务列表

任务 1　了解 MySQL 函数编程基础知识

任务 2　创建与使用自定义函数

任务 3　使用系统函数

任务描述

通过前面任务的学习,我们学会了 MySQL 数据库中的一些基本操作,可以查询出数据表中满足条件的数据,向数据表中插入新数据,修改更新数据,删除不需要的数据等。但以上操作远远不能满足复杂的应用,有些应用需要使用功能强大、使用更方便的 MySQL 函数来解决,甚至需要用户自己定义函数以满足应用的特殊需求。函数是 MySQL 数据库中非常重要的一部分,使用函数可以极大地提高对数据库的管理效率。

任务实施

任务 1 了解 MySQL 函数编程基础知识

尽管有不少方便的图形化管理工具可以用来操作 MySQL，但各种功能的实现基础是 SQL 语言，只有 SQL 语言可以直接和数据库引擎进行交互。SQL 语言是一系列操作数据库及数据库对象的命令语句，因此了解一些 MySQL 编程基础是必要的，主要包括常量、自定义变量、运算符与表达式、流程控制语句、函数等。

子任务 1.1 认识 MySQL 数据库中的常量

常量是指程序运行中值始终不变的量。在 MySQL 程序设计过程中，定义常量的格式要求取决于其所表示的值的数据类型，下面介绍 MySQL 中几种常用的常量类型。

思政小贴士

常量的值，在程序运行中始终保持不变，坚定如初。青年大学生在人生成长路上也要向既定目标努力奋斗，不蹉跎，不懈怠。人生没有白走的路，每一步都算数，不忘初心，方得始终。

1. 字符串常量

了解 MySQL 函数编程基础知识

字符串常量是指用单引号或双引号括起来的字符序列，字符串常量分为 ASCII 字符串常量和 Unicode 字符串常量。

ASCII 字符串常量是用单引号括起来的，由 ASCII 字符构成的符号串。例如：'Beijing'、'Hello Beijing'。

Unicode 字符串常量与 ASCII 字符串常量相似，但它前面有一个 N 标识符（N 代表 SQL-92 标准中的国际语言（National Language））。N 必须大写，只能用单引号括起字符串。例如：N'Beijing'、N'Hello Beijing'。

Unicode 数据中的每个字符用 2～4 个字节存储，而每个 ASCII 字符用一个字节存储。

2. 数值常量

数值常量可以分为整数常量和浮点数常量。

整数常量是指不带小数点的整数的十进制数，例如：10，+723，−20190723。

浮点数常量是指使用小数点的数值常量，例如：7.23，−10.53。

3. 十六进制整型常量

MySQL 支持十六进制值。一个十六进制值通常指定为一个字符串常量，每对十六进制数字被转换为一个字符，使用前缀 0x 加十六进制数字串表示。数字串只能包括数字 0～9、字母 A～F 或 a～f。例如：0x41、0x2A7、0xBC2。

十六进制值的默认类型是字符串。如果想要确保该值作为数字处理，可以使用语句 CAST(num AS UNSIGNED)。

例如：执行语句 SELECT 0x41，CAST(0x41 AS UNSIGNED)；执行结果为 A、65。

如果要将一个字符串或数字转换为十六进制格式的字符串,可以用 HEX()函数。

例如:将字符串 CA 转换为十六进制。语句为 SELECT HEX('CA');执行结果为 4341。

4. 日期常量

日期常量,用单引号将表示日期的字符串括起来构成。日期常量包括年、月、日,数据类型为 date,例如:'2019/07/23'、'2019-07-23'。

需要特别注意的是,MySQL 是按年-月-日的顺序表示日期的。中间的间隔符“-”也可以使用“\”“@”或“%”等特殊符号。

日期常量的值必须符合日期的标准,例如,'2019-02-30'这样的日期是错误的。

5. 布尔值

布尔值只包含两个值:TRUE 和 FALSE。TRUE 的数字值为 1,FALSE 的数字值为 0。

【例 6-1】 获取 TRUE 和 FALSE 的值,SQL 语句及运行结果如下所示:

mysql> SELECT TRUE,FALSE;

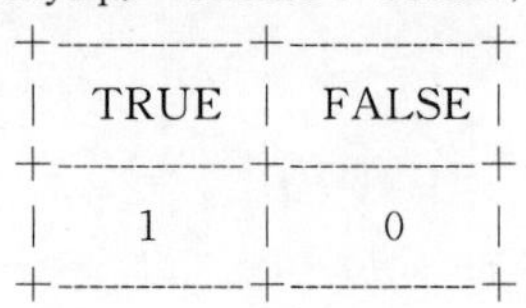

```
+------------+------------+
|  TRUE      |  FALSE     |
+------------+------------+
|     1      |     0      |
+------------+------------+
```

1 row in set (0.02 sec)

6. NULL 值

NULL 值可适用于各种列类型,它通常用来表示“没有值”“无数据”等意义,并且不同于数字类型的“0”或字符串类型的空字符串。

子任务 1.2 认识 MySQL 数据库中用户自定义变量

变量是指在程序执行过程中其值可以改变的量。用户可以利用变量存储程序执行过程中用到的数据,如输入的数值、计算中间值、计算结果等。

变量由变量名和值组成,其类型和常量一样。变量名不能和命令、函数名等关键字相同。用户可以随时改变变量的值。在 MySQL 系统中,分为两种类型的变量:一是用户自定义变量;二是系统变量,系统变量在 MySQL 服务器启动时就被引入并初始化为默认值。

用户自定义变量是指用户在表达式中自己定义的变量,往往用来保存中间结果的局部变量。用户可以先在用户自定义变量中保存值,然后在后面引用,这样可以将值从一个语句传递到另一个语句。在使用用户自定义变量前必须先定义和初始化。如果使用了没有初始化的变量,它的值为 NULL。

定义和初始化一个用户自定义变量可以使用 SET 语句,语法格式如下:

SET @变量名 1 = [表达式 1],@变量名 2 = [表达式 2],...

其中,变量名 1、变量名 2 为变量名,变量名可以由当前字符集的文字数字字符以及“.”“_”“$”组成。当变量名中需要包含一些特殊符号(如空格、# 等)时,可以使用双引号或单引号将整个变量括起来。表达式 1、表达式 2 为要给变量赋的值,可以是常量、变量或表达式。

【例 6-2】 创建用户自定义变量 name 并赋值为“小叶子”,SQL 语句如下:

SET @name='小叶子';

【例 6-3】 同时定义多个用户自定义变量,创建变量 var1 并赋值为 1,var2 赋值为 2,var3 赋值为 3,中间用逗号隔开,SQL 语句如下:

SET @var1=1,@var2=2,@var3=3;

【例 6-4】 创建用户自定义变量 var，声明为 char 类型，长度为 8，并赋值为“孙杨”，SQL 语句如下：

```
BEGIN
    DECLARE var char(8);
    SET @var = '孙杨';
END
```

子任务 1.3 认识 MySQL 数据库中运算符与表达式

MySQL 运算符和其他高级语言中的运算符类似，由变量、常量等连接表达式中的各个操作数，其作用是指明对操作数所进行的运算。MySQL 中常见的运算符有算术运算符、比较运算符、逻辑运算符、位运算符。

认识 MySQL 数据库中运算符与表达式

1. 算术运算符

算术运算符是 MySQL 中最基本的运算符，用于各类数值运算，MySQL 中的算术运算符见表 6-1。

表 6-1 MySQL 中的算术运算符

运算符	描述
+	加法运算
−	减法运算
*	乘法运算
/(DIV)	除法运算，返回商
%(MOD)	求余运算，返回余数

下面介绍不同算术运算符的使用方法。

【例 6-5】 使用算术运算符对 student 表中 S_age 字段值进行加、减、乘、除、求余运算，SQL 语句及运行结果如下所示：

```
mysql> SELECT S_id,S_age,S_age+3,S_age-3,S_age * 3,S_age/3,S_age%3 FROM student;
+---------------+------------+---------------+-----------+----------------+--------------+--------------+
| S_id          | S_age      | S_age+3       | S_age-3   | S_age * 3      | S_age/3      | S_age%3      |
+---------------+------------+---------------+-----------+----------------+--------------+--------------+
| 1113080       | 19         | 22            | 16        | 57             | 6.3333       | 1            |
| 1113238       | 20         | 23            | 17        | 60             | 6.6667       | 2            |
| 1113332       | 19         | 22            | 16        | 57             | 6.3333       | 1            |
| 1113446       | 19         | 22            | 16        | 57             | 6.3333       | 1            |
| 1113456       | 18         | 21            | 15        | 54             | 6.0000       | 0            |
| 1113458       | 19         | 22            | 16        | 57             | 6.3333       | 1            |
| 1113726       | 19         | 22            | 16        | 57             | 6.3333       | 1            |
| 1113873       | 18         | 21            | 15        | 54             | 6.0000       | 0            |
| 1113875       | 18         | 21            | 15        | 54             | 6.0000       | 0            |
| 1113885       | 18         | 21            | 15        | 54             | 6.0000       | 0            |
| 1113921       | 19         | 22            | 16        | 57             | 6.3333       | 1            |
| 1114086       | 19         | 22            | 16        | 57             | 6.3333       | 1            |
| 1114089       | 19         | 22            | 16        | 57             | 6.3333       | 1            |
| 1114108       | 18         | 21            | 15        | 54             | 6.0000       | 0            |
| 1114118       | 18         | 21            | 15        | 54             | 6.0000       | 0            |
```

```
| 1114239 | 19 | 22 | 16 | 57 | 6.3333 | 1 |
| 1114244 | 18 | 21 | 15 | 54 | 6.0000 | 0 |
| 1114256 | 18 | 21 | 15 | 54 | 6.0000 | 0 |
| 1114273 | 19 | 22 | 16 | 57 | 6.3333 | 1 |
| 1114280 | 19 | 22 | 16 | 57 | 6.3333 | 1 |
| 1114295 | 19 | 22 | 16 | 57 | 6.3333 | 1 |
| 1114319 | 19 | 22 | 16 | 57 | 6.3333 | 1 |
| 1114332 | 18 | 21 | 15 | 54 | 6.0000 | 0 |
| 1114355 | 19 | 22 | 16 | 57 | 6.3333 | 1 |
| 1114607 | 18 | 21 | 15 | 54 | 6.0000 | 0 |
| 1114613 | 18 | 21 | 15 | 54 | 6.0000 | 0 |
| 1114629 | 19 | 22 | 16 | 57 | 6.3333 | 1 |
| 1114634 | 19 | 22 | 16 | 57 | 6.3333 | 1 |
| 1114646 | 19 | 22 | 16 | 57 | 6.3333 | 1 |
| 1114774 | 20 | 23 | 17 | 60 | 6.6667 | 2 |
+---------+----+----+----+----+--------+---+
30 rows in set (0.03 sec)
```

2. 比较运算符

比较运算符是查询数据时最常用的一类运算符。SELECT 语句中的条件语句经常使用比较运算符,通过这些比较运算符,可以判断数据表中的哪些记录是符合条件的。比较结果为真,则返回 1;比较结果为假则返回 0;比较结果不确定则返回 NULL。MySQL 中常用的比较运算符见表 6-2。

表 6-2　　MySQL 中常用的比较运算符

运算符	作　用
=	等于
<>,!=	不等于
<=>	严格比较两个 NULL 值是否相等
>	大于
<	小于
<=	小于等于
>=	大于等于
BETWEEN AND	在两值之间
NOT BETWEEN AND	不在两值之间
IN	在集合中
NOT IN	不在集合中
LIKE	模糊匹配
REGEXP 或 RLIKE	正则式匹配
IS NULL	为空
IS NOT NULL	不为空

下面介绍常用的比较运算符的使用方法。

(1)=、<>、! =、<=>运算符

等于运算符=用来判断数字、字符串和表达式是否相等,如果相等,返回 1,否则返回 0。但是等于运算符不能用于判断 NULL,否则返回值为 NULL。若数字和字符串数字进行相等判断,MySQL 可以自动将字符串数字转换为数字后再进行判断。

不等于运算符<>、!=用于判断数字、字符串和表达式是否不相等，如果不相等，返回 1，否则返回 0，与等于运算符返回值情况相反，同样也不能用于判断 NULL。

<=>运算符也称为安全等于运算符，具有等于运算符的所有功能，不同的是<=>可以用来判断 NULL 值。当两个操作数均为 NULL 时，其返回值为 1；当其中一个操作数为 NULL 时，其返回值为 0。

【例 6-6】 使用=、<>、!=、<=>进行运算，SQL 语句及运行结果如下所示：

```
mysql> SELECT 5=3 c1,'7'=7 c2,7=7 c3,'hello'='Hello' c4,NULL=NULL c5,5<>3 c6,'hello'
       <>'hello' c7,5!=3 c8,NULL<=>NULL c9;
+------+------+------+------+--------+------+------+------+------+
| c1   | c2   | c3   | c4   | c5     | c6   | c7   | c8   | c9   |
+------+------+------+------+--------+------+------+------+------+
| 0    | 1    | 1    | 1    | NULL   | 1    | 0    | 1    | 1    |
+------+------+------+------+--------+------+------+------+------+
1 row in set (0.05 sec)
```

(2)>、>=、<、<=运算符

大于运算符>，用于判断左边的操作数是否大于右边的操作数；大于或等于运算符>=用于判断左边的操作数是否大于或等于右边的操作数，如果是，返回 1，否则返回 0。

小于运算符<用于判断左边的操作数是否小于右边的操作数；小于或等于运算符<=用于判断左边的操作数是否小于或等于右边的操作数，如果是，返回 1，否则返回 0。

以上四个运算符均不能用于判断空值 NULL。

【例 6-7】 使用>、>=、<、<=进行运算，SQL 语句及运行结果如下所示：

```
mysql> SELECT 5>3,'7'>=7,7<7,'hello'<='Hello',NULL>NULL;
+------+---------+-------+-------------------+-----------+
| 5>3  | '7'>=7  | 7<7   | 'hello'<='Hello'  | NULL>NULL |
+------+---------+-------+-------------------+-----------+
| 1    | 1       | 0     | 1                 |      NULL |
+------+---------+-------+-------------------+-----------+
1 row in set (0.02 sec)
```

(3)IS NULL、IS NOT NULL 运算符

IS NULL 运算符用于检验一个值是否为 NULL，如果为 NULL，返回 1，否则返回 0。

IS NOT NULL 运算符用于检验一个值是否为非 NULL，如果为非 NULL，返回 1，否则返回 0。

【例 6-8】 使用 IS NULL、IS NOT NULL 判断 NULL 值、非 NULL 值，SQL 语句及运行结果如下所示：

```
mysql> SELECT NULL IS NULL,'hello' IS NULL,'hello' IS NOT NULL,NULL IS NOT NULL;
+--------------+-----------------+---------------------+------------------+
| NULL IS NULL | 'hello' IS NULL | 'hello' IS NOT NULL | NULL IS NOT NULL |
+--------------+-----------------+---------------------+------------------+
| 1            | 0               | 1                   | 0                |
+--------------+-----------------+---------------------+------------------+
1 row in set (0.05 sec)
```

(4)BETWEEN AND 运算符

BETWEEN AND 运算符用于检验某个值是否在两个值之间，其语法格式为“expr BETWEEN min AND max”，如果 expr 大于或等于 min，并且小于或等于 max，则返回 1，否则返回 0。

【例 6-9】 使用 BETWEEN AND 运算符进行区间值判断，SQL 语句及运行结果如下所示：

```
mysql> SELECT 77 BETWEEN 0 AND 100,77 BETWEEN 0 AND 10,'d' BETWEEN 'a' AND 'z';
+------------------------+-----------------------+--------------------------+
| 77 BETWEEN 0 AND 100   | 77 BETWEEN 0 AND 10   | 'd' BETWEEN 'a' AND 'z'  |
+------------------------+-----------------------+--------------------------+
|            1           |           0           |                       1  |
+------------------------+-----------------------+--------------------------+
1 row in set (0.01 sec)
```

(5)IN、NOT IN 运算符

IN 运算符用于判断操作数是否为 IN 列表中的某个值，如果是，返回 1，否则返回 0。

NOT IN 运算符与 IN 运算符相反，如果不是列表中某个值，返回 1，否则返回 0。

【例 6-10】 使用 IN、NOT IN 运算符进行值判断，SQL 语句及运行结果如下所示：

```
mysql> SELECT 77 IN (6,'hello',8) c1,77 IN (6,77,'hello',8) c2,77 NOT IN (6,'hello',8) c3,77
       NOT IN (6,77,'hello',8) c4;
+------+------+------+------+
| c1   | c2   | c3   | c4   |
+------+------+------+------+
| 0    | 1    | 1    | 0    |
+------+------+------+------+
1 row in set,2 warnings (0.02 sec)
```

(6)LIKE 运算符

LIKE 运算符用于匹配条件，多用于条件语句中，其语法格式为"expr LIKE 匹配条件"。如果 expr 满足匹配条件，则返回值为 1(TRUE)，如果不匹配，则返回值为 0(FALSE)。若 expr 或匹配条件中的任何一个为 NULL，则结果为 NULL。

LIKE 运算符可以使用以下两种通配符进行条件匹配：

(a)%匹配符，匹配任何字符。

(b)_匹配符，只能匹配一个字符。

【例 6-11】 使用 LIKE 运算符进行字符串匹配运算，SQL 语句及运行结果如下所示：

```
mysql> SELECT 'hello' LIKE 'hello' c1,'hello' LIKE 'hel_' c2,'hello' LIKE '%o' c3,'hello' LIKE
       NULL c4;
+------+------+------+--------+
| c1   | c2   | c3   | c4     |
+------+------+------+--------+
| 1    | 0    | 1    | NULL   |
+------+------+------+--------+
1 row in set (0.02 sec)
```

【例 6-12】 使用 LIKE 运算符查询 student 表中所有姓王的学生，SQL 语句及运行结果如下所示：

```
mysql> SELECT S_name,S_id FROM student WHERE S_name LIKE '王%';
+-----------+-----------+
| S_name    | S_id      |
+-----------+-----------+
| 王兴鹏    | 1114086   |
| 王小丽    | 1114108   |
```

```
| 王志高        | 1114295       |
+---------------+---------------+
3 rows in set (0.01 sec)
```

3. 逻辑运算符

逻辑运算符

逻辑运算符是 MySQL 常用的一类运算符，所有逻辑运算符的结果均为 TRUE、FALSE 或 NULL。在 MySQL 中，分别显示为 1(TRUE)、0(FALSE)、NULL。MySQL 中常用的逻辑运算符见表 6-3。

表 6-3　MySQL 中常用的逻辑运算符

逻辑运算符	作　用
NOT 或 !	逻辑非
AND	逻辑与
OR	逻辑或
XOR	逻辑异或

下面介绍常用的逻辑运算符的使用方法。

(1)NOT 或！运算符

逻辑非运算符 NOT 或!，当操作数为 0(FALSE)时，返回 1(TRUE)；当操作数为 1(TRUE)时，返回 0(FALSE)；当操作数为 NULL 时返回 NULL。

【例 6-13】 使用逻辑非运算符进行逻辑判断，SQL 语句及运行结果如下所示：

```
mysql> SELECT NOT 3>5,NOT 3<5,!(3>5),!(3<5),! 3<5;
+-----------+-----------+---------+---------+--------+
| NOT 3>5   | NOT 3<5   | !(3>5)  | !(3<5)  | ! 3<5  |
+-----------+-----------+---------+---------+--------+
|     1     |     0     |    1    |    0    |   1    |
+-----------+-----------+---------+---------+--------+
1 row in set (0.02 sec)
```

由例 6-13 的运行结果可以看出，最后的!(3<5)与！3<5 结果并不相同。出现这种结果的原因是，在！3<5 中，逻辑非运算符！的优先级高于比较运算符<，因此先计算的是！3，结果为 0，再计算 0<5，因此最终结果为 1。在使用运算符时一定要注意不同运算符的优先级，如果不能确定优先级的顺序，可以使用括号以保证结果的正确性。

(2)ADD 或 && 运算符

逻辑与运算符 ADD 或 &&，当所有操作数均为非 0(TRUE)值且均不为 NULL 时，返回 1；当有一个或多个操作数为 0 时，返回 0；其余情况返回 NULL。

【例 6-14】 使用逻辑与运算符进行逻辑判断，SQL 语句及运行结果如下所示：

```
mysql> SELECT 3>5  AND 3<5,3<5 && 5<6,NULL&&3<5,NULL&&3>5;
+---------------+--------------+--------------+--------------+
| 3>5 AND 3<5   | 3<5 && 5<6   | NULL&&3<5    | NULL&&3>5    |
+---------------+--------------+--------------+--------------+
|       0       |      1       |     NULL     |      0       |
+---------------+--------------+--------------+--------------+
1 row in set (0.01 sec)
```

(3)OR 或||运算符

逻辑或运算符 OR 或||，当任意一个操作数为非 0(TRUE)值且均不为 NULL 时，返回 1，否则返回 0；当有一个操作数为 NULL 且另外操作数为非 0(TRUE)值时，结果为 1，否则结

果为 NULL;当操作数均为 NULL 时,返回 NULL。

【例 6-15】 使用逻辑或运算符进行逻辑判断,SQL 语句及运行结果如下所示:

```
mysql> SELECT 3>5 OR 3<5,3>5 OR 5>6,NULL OR 3<5,NULL OR NULL;
+------------+------------+-------------+--------------+
| 3>5 OR 3<5 | 3>5 OR 5>6 | NULL OR 3<5 | NULL OR NULL |
+------------+------------+-------------+--------------+
|     1      |     0      |      1      |     NULL     |
+------------+------------+-------------+--------------+
1 row in set (0.02 sec)
```

(4)XOR 运算符

逻辑异或运算符 XOR,当任意一个操作数为 NULL 时,返回 NULL;对于非 NULL 操作数,如果两个操作数都是非 0(TRUE)或者 0(FALSE)值,返回 0;如果一个为 0(FALSE)值,另一个为非 0(TRUE)值,则返回 1。

【例 6-16】 使用逻辑异或运算符进行逻辑判断,SQL 语句及运行结果如下所示:

```
mysql> SELECT 3>5 XOR 3<5,3<5 XOR 5<6,NULL XOR 3<5;
+-------------+-------------+--------------+
| 3>5 XOR 3<5 | 3<5 XOR 5<6 | NULL XOR 3<5 |
+-------------+-------------+--------------+
|      1      |      0      |     NULL     |
+-------------+-------------+--------------+
1 row in set (0.14 sec)
```

4. 位运算符

位运算符是在二进制数上进行计算的运算符。位运算符会先将操作数变成二进制数再进行位运算,然后再将计算结果从二进制数变回十进制数。MySQL 中常用的位运算符有 6 种,其运算符及作用,见表 6-4。

表 6-4　　MySQL 中常用的位运算符

位运算符	作　用
&	按位与,1 和 1 相与得 1,1 和 0 相与得 0
|	按位或,0 和 0 相或得 0,其他情况均得 1
^	按位异或,相同的数异或得 0,不同的数异或得 1
<<	左移,“num<<n”,将 num 的二进制数向左移 n 位,右边补 n 个 0
>>	右移,“num>>n”,将 num 的二进制数向右移 n 位,左边补 n 个 0
~	按位取反,1 取反得 0,0 取反得 1

下面介绍常用的位运算符的使用方法。

【例 6-17】 使用位运算符进行计算,将数字 4 和 7 进行按位与、按位或、按位异或,将 13 进行按位取反,将 13 左移 3 位,将 13 右移 3 位,SQL 语句及运行结果如下所示:

```
mysql> SELECT BIN(4),BIN(7),BIN(13),4&7,4|7,4^7,~13 c1,13<<3,13>>3;
+--------+--------+---------+-----+-----+-----+----------------------+-------+-------+
| BIN(4) | BIN(7) | BIN(13) | 4&7 | 4|7 | 4^7 | c1                   | 13<<3 | 13>>3 |
+--------+--------+---------+-----+-----+-----+----------------------+-------+-------+
| 100    | 111    | 1101    | 4   | 7   | 3   | 18446744073709551602 | 104   | 1     |
+--------+--------+---------+-----+-----+-----+----------------------+-------+-------+
1 row in set (0.02 sec)
```

5. 运算符的优先级

上述介绍了多种运算符，由于在 MySQL 具体使用过程中可能需要同时用到多个运算符，因此必须考虑运算符的运算顺序，即运算符的优先级，其决定了不同运算符在表达式中计算的先后顺序，表 6-5 列出了 MySQL 中各类运算符及其优先级，按优先级从低到高排列，优先级最高的是！运算符，优先级最低的是赋值运算符。

表 6-5　MySQL 中各类运算符及其优先级

优先级	运算符
1	=(赋值运算符)、:=
2	||、OR
3	XOR
4	&&、AND
5	NOT
6	BETWEEN、CASE、WHEN、THEN、ELSE
7	=(比较运算符)、<=>、>=、>、<=、<、<>、!=、IS、LIKE、REGEXP、IN
8	|
9	&
10	<<、>>
11	-、+
12	*、/(DIV)、%(MOD)
13	^
14	-(负号)、~(按位取反)
15	!

6. 表达式

表达式由变量、常量、运算符、函数等元素组成。表达式可以在查询语句中的任何位置使用，如查询条件、指定变量值等。

【例 6-18】　查询 student 表中所有年龄大于 18 岁的女生，SQL 语句及运行结果如下所示：

```
mysql> SELECT * FROM student WHERE S_age>18 AND S_gender = '女';
+-----------+-----------+-----------+----------+------------+
| S_name    | S_id      | Dept_id   | S_age    | S_gender   |
+-----------+-----------+-----------+----------+------------+
| 张悦      | 1113080   |     0     |    19    | 女         |
| 任欣      | 1113332   |     0     |    19    | 女         |
| 张海霞    | 1113446   |     0     |    19    | 女         |
| 郑玲      | 1113458   |     0     |    19    | 女         |
| 马玲      | 1114239   |     0     |    19    | 女         |
| 方思思    | 1114273   |     0     |    19    | 女         |
| 尚琪      | 1114280   |     0     |    19    | 女         |
| 黄婷婷    | 1114319   |     0     |    19    | 女         |
| 夏叶枫    | 1114355   |     0     |    19    | 女         |
| 黎旭瑶    | 1114774   |     0     |    20    | 女         |
+-----------+-----------+-----------+----------+------------+
10 rows in set (0.04 sec)
```

子任务 1.4　认识 BEGIN...END 语句块

BEGIN...END 用于定义 SQL 语句块，BEGIN 定义 SQL 语句的开始位置，END 定义 SQL 语句的结尾位置，二者之间可以包含一系列的 SQL 语句，将这一系列语句当成一个整体。BEGIN...END 在自定义函数、自定义存储过程、自定义触发器等场景中会大量使用。语法如下：

认识 BEGIN...END 语句块

```
BEGIN
    {sql_body}
END
```

其中{sql_body}是指使用语句块定义的任何有效的 SQL 语句或语句组合。在后面子任务中会用到 BEGIN...END 语句块，这里不再过多阐述。

子任务 1.5　了解重置命令结束标记

MySQL 中默认的命令结束标记是分号“;”，该标记表明一条 SQL 已经结束，可以执行该语句了。但是有时候我们并不希望 MySQL 这样做，在命令行客户端，当编写自定义函数、自定义存储过程、自定义触发器等输入语句较多且语句中包含分号时，并不希望语句立刻执行，而是希望等整段语句输入完成后再执行这段语句。

这时候就需要使用 DELIMITER 关键字来自定义命令结束标记，可以在编写语句前将命令结束标记设置为其他符号，例如//或＄＄等。设置自定义命令结束标记后，需要等到该自定义标记下次出现时，中间这段语句才会被执行。例如：

```
DELIMITER //
CREATE FUNCTION FUN_ADD(a int,b int)
RETURNS int
BEGIN
  RETURN a+b;
END
//
DELIMITER ;
```

在这个例子中，我们自定义结束标记为(//)，需要等到倒数第 2 行的(//)标记出现时，这个自定义函数才会被定义成功。之后需要重置命令结束标记为默认的分号“;”，这样后续执行语句仍然使用默认的分号作为命令结束标记，不会影响后续语句的正常执行。

任务 2　创建与使用自定义函数

当 MySQL 系统函数无法满足应用需求时，用户可以考虑按应用需求自己定义函数，即自定义函数。自定义函数是将一段 SQL 语句组合成一个整体功能来使用。调用自定义函数与调用系统函数的方法基本相同。

子任务 2.1 创建自定义函数

在 MySQL 中创建自定义函数的语法如下：

```
CREATE FUNCTION fun_name(param1 type1,param2 type2,...)
RETURNS type
BEGIN
{sql_body}
END
```

其中，fun_name 为自定义函数的名称，不要与系统函数名称重复。括号中为函数的参数列表，如果函数没有参数，只保留空括号即可，每个参数均由参数名称和参数类型组成。RETURNS type 指定函数的返回值类型。{sql_body}为函数体，由符合条件的 SQL 组合而成。

下面创建一个根据学号获取学生姓名的函数，函数名称为 FUN_GET_STU_NAME，SQL 语句如下所示：

```
mysql> DELIMITER //
mysql> CREATE FUNCTION FUN_GET_STU_NAME(inputId bigint)
    -> RETURNS varchar(10)
    -> BEGIN
    -> RETURN (SELECT S_name FROM student WHERE S_id=inputId);
    -> END
-> //
Query OK,0 rows affected (0.02 sec)
```

思政小贴士

自定义函数，根据不同业务需求，用户自己定义实现，可以有多种思路和实现方式。在平时的学习生活中，青年大学生也要发挥这种多思维、多思路的创新精神。

子任务 2.2 函数的创建与调用

在 MySQL 中可以使用 SHOW CREATE 语句来查看自定义函数的状态。格式为：

```
SHOW CREATE FUNCTION fun_name;
```

子任务 2.1 中创建的自定义函数 FUN_GET_STU_NAME，想查看该函数的状态信息，SQL 语句如下：

```
SHOW CREATE FUNCTION FUN_GET_STU_NAME;
```

函数的创建与调用

SQL 语句执行结果如下所示：

```
mysql> SHOW CREATE FUNCTION FUN_GET_STU_NAME;
| Function | sql_mode | Create Function | character_set_client |
collation_connection | Database Collation |
+--------------------+-------------------------------------------------+
| FUN_GET_STU_NAME
| ONLY_FULL_GROUP_BY,STRICT_TRANS_TABLES,NO_ZERO_IN_DATE,NO_ZERO_DATE,
ERROR_ FOR_DIVISION_BY_ZERO,NO_AUTO_CREATE_USER,NO_ENGINE_SUBSTITUTION
```

```
| CREATE DEFINER='songxiaoqian'@'%' FUNCTION 'FUN_GET_STU_NAME'(inputId bigint)
RETURNS varchar(10) CHARSET utf8
BEGIN
    RETURN (SELECT S_name FROM student WHERE S_id=inputId);
END
| latin1
| latin1_swedish_ci
| utf8_general_ci |
+--------------------+--------------------------------------------------+
1 row in set (0.03 sec)
```

在 MySQL 中调用自定义函数和调用系统函数的使用方法基本相同，自定义函数与系统函数的性质基本相同。区别在于，自定义函数是用户定义的，系统函数是 MySQL 自带的。调用方式如下：

```
SELECT fun_name(param1,param2);
```

例如子任务 2.1 中创建的自定义函数 FUN_GET_STU_NAME，调用 SQL 语句如下：

```
SELECT FUN_GET_STU_NAME(1113080);
```

SQL 语句执行结果如下所示：

```
mysql> SELECT FUN_GET_STU_NAME(1113080);
+--------------------------------------------+
|  FUN_GET_STU_NAME(1113080)                 |
+--------------------------------------------+
|  张悦                                      |
+--------------------------------------------+
1 row in set (0.02 sec)
```

可以看到，函数调用后可以成功查询到学号 1113080 对应的学生姓名。

使用条件控制语句

子任务 2.3　使用条件控制语句

一般结构化程序设计语言的基本结构有顺序结构、选择结构和循环结构。顺序结构是一种自然结构，按顺序执行；选择结构和循环结构需要根据程序的执行情况对程序的执行顺序进行控制与调整。在 SQL 语言中，流程控制语句就是用来控制程序执行流程的语句，包括条件控制语句、循环控制语句等。本任务将介绍条件控制语句，子任务 2.4 将介绍循环控制语句。

1. IF...ELSE 语句

该条件 condition 用于指定 SQL 语句的执行条件。当条件为真时，则执行条件表达式后面的 SQL 语句。当条件为假时，可以用 ELSE 关键字指定要执行的 SQL 语句。语法格式如下：

```
IF <condition> THEN
    <sql_block>
ELSE
    <sql_block>
END IF;
```

下面创建一个自定义函数，通过身份证号判断性别信息，SQL 语句如下：

```
mysql> DELIMITER //
```

```
mysql> CREATE FUNCTION FUN_GET_ID_SEX(id_num varchar(18))
    -> RETURNS varchar(1)
    -> BEGIN
    ->        DECLARE i int;
    ->        SELECT SUBSTR(id_num,17,1)INTO i;
    ->        IF i%2=0 THEN
    ->             RETURN '女';
    ->        ELSE
    ->             RETURN '男';
    ->        END IF;
    -> END
    -> //
Query OK,0 rows affected (0.03 sec)
```

执行该自定义函数，通过身份证号判断性别，结果如下所示：

```
mysql> SELECT FUN_GET_ID_SEX('342401199608081234');
+------------------------------------------+
| FUN_GET_ID_SEX('342401199608081234')     |
+------------------------------------------+
| 男                                       |
+------------------------------------------+
1 row in set (0.02 sec)
```

2. CASE 语句

CASE 关键字可以根据表达式的真假来确定是否返回某个值，使用该关键字可以进行多个分支的判断。CASE 语句有两种语法格式：

```
CASE <expr>
     WHEN <e1> THEN <sql_block1>;
     WHEN <e2> THEN <sql_block2>;
     ...
     ELSE <sql_blockn>;
END CASE;
```

当 expr 表达式值为 e1 时，执行语句块 sql_block1；值为 e2 时，执行语句块 sql_block2；以此类推，若值都不符合，则执行 ELSE 后的语句块 sql_blockn。类似于 Java 程序语言中的 switch 语句功能。

或

```
CASE
     WHEN <expr1> THEN <sql_block1>;
     WHEN <expr2> THEN <sql_block2>;
     ...
     ELSE <sql_blockn>;
END CASE;
```

当 expr1 表达式为真时，执行语句块 sql_block1；当 expr2 表达式为真时，执行语句块 sql_block2；以此类推，若以上都不为真，执行 ELSE 后的语句块 sql_blockn。

下面使用 CASE 语句创建一个自定义函数，实现输入一个成绩，判断输出属于哪个等级，SQL 语句如下：

```
mysql> DELIMITER //
mysql> CREATE FUNCTION FUN_GET_GRADE_RANK(grade int)
    -> RETURNS varchar(1)
    -> BEGIN
    -> DECLARE rank varchar(1);
    -> CASE
    ->          WHEN grade>=90 THEN SET rank='优';
    ->          WHEN grade>=80 AND grade<90 THEN SET rank='良';
    ->          WHEN grade>=70 AND grade<80 THEN SET rank='中';
    ->          ELSE SET rank='差';
    -> END CASE;
    -> RETURN rank;
    -> END
    -> //
Query OK,0 rows affected (0.01 sec)
```

执行该自定义函数,结果如下所示:

```
mysql> SELECT fun_get_grade_rank(86);
+--------------------------+
| FUN_GET_GRADE_RANK(86)   |
+--------------------------+
| 良                       |
+--------------------------+
1 row in set (0.01 sec)
```

子任务 2.4 使用循环语句

WHILE 语句是设置重复执行 SQL 语句或语句块的条件。当指定条件为真时,重复执行循环语句。语法如下:

```
WHILE <condition> DO
    <sql_block>;
END WHILE;
```

下面使用 WHILE 语句创建一个自定义函数,输入开始和结束整数,得到两者之间所有整数之和,SQL 语句如下:

```
mysql> DELIMITER //
mysql> CREATE FUNCTION FUN_GET_NUM_SUM(startNum int,stopNum int)
    -> RETURNS int
    -> BEGIN
    -> DECLARE SUM int DEFAULT 0;
    -> DECLARE num int DEFAULT startNum;
    -> WHILE num<=stopNum DO
    ->          SET SUM=SUM+num;
    ->          SET num=num+1;
    -> END WHILE;
    -> RETURN SUM;
```

```
    -> END
    -> //
Query OK,0 rows affected (0.03 sec)
```

执行该自定义函数,结果如下所示:

```
mysql> SELECT fun_get_num_SUM(1,100);
+------------------------------------------+
| FUN_GET_NUM_SUM(1,100)                   |
+------------------------------------------+
|                              5050        |
+------------------------------------------+
1 row in set (0.03 sec)
```

思政小贴士

在今后的工作中,如果使用函数时涉及单位或业务上的不能外传的敏感或机密数据,不得随意泄露,要严格遵守单位保密工作制度,维护网络安全,否则将会承担相应的法律责任。

任务 3　使用系统函数

MySQL 提供了大量、丰富的系统函数,用户在进行数据库管理或数据查询等操作时会经常用到这些函数。通过对数据进行处理,数据库可以变得功能更加强大、使用更加灵活,以满足不同用户的需求。这些函数从功能上主要分为数学函数、字符串函数、数据类型转换函数、条件控制函数、系统信息函数、日期和时间函数等。后续子任务中将介绍不同系统函数的使用方法。

思政小贴士

在使用系统函数过程中,若输入错误,就得不到正确的结果。任何一个小失误都可能导致严重的后果。所以我们要发挥工匠精神,做事严谨细致、认真负责、精益求精,付出努力,做好每件事,不留遗憾。

子任务 3.1　使用数学函数

微课

使用数学函数

数学函数主要用来处理数值数据方面的运算。MySQL 中常用的数学函数主要有绝对值函数、三角函数、对数函数、随机函数等。在使用数学函数的过程中如果有错误产生,该函数会返回空值。MySQL 中常用的数学函数及作用见表 6-6。

表 6-6　MySQL 中常用的数学函数及作用

数学函数	作　用
ABS(x)	返回 x 的绝对值
ACOS(x)	求 x 的反余弦值(参数是弧度)
ASIN(x)	求 x 的反正弦值(参数是弧度)
ATAN(x)	求 x 的反正切值(参数是弧度)
ATAN2(n,m)	求反正切值(参数是弧度)

(续表)

数学函数	作　用
AVG(expression)	返回一个表达式的平均值,expression 是一个字段
CEIL(x)	返回大于或等于 x 的最小整数
CEILING(x)	返回大于或等于 x 的最小整数
COS(x)	求 x 的余弦值(参数是弧度)
COT(x)	求 x 的余切值(参数是弧度)
COUNT(expression)	返回查询的记录总数,expression 参数是一个字段或者 * 号
DEGREES(x)	将弧度转换为角度
n DIV m	整除,n 为被除数,m 为除数
EXP(x)	返回 e 的 x 次方
FLOOR(x)	返回小于或等于 x 的最大整数
GREATEST(expr1,expr2,expr3,...)	返回列表中的最大值
LEAST(expr1,expr2,expr3,...)	返回列表中的最小值
LN	返回数字的自然对数
LOG(x)	返回自然对数(以 e 为底的对数)
LOG10(x)	返回以 10 为底的对数
LOG2(x)	返回以 2 为底的对数
MAX(expression)	返回字段 expression 中的最大值
MIN(expression)	返回字段 expression 中的最小值
MOD(x,y)	返回 x 除以 y 以后的余数
PI()	返回圆周率(3.141593)
POW(x,y)	返回 x 的 y 次方
POWER(x,y)	返回 x 的 y 次方
RADIANS(x)	将角度转换为弧度
RAND()	返回 0 到 1 的随机数
ROUND(x)	返回离 x 最近的整数
ROUND(x,y)	返回离 x 最近的值,保留小数位数 y 位
SIGN(x)	返回 x 的符号,x 是负数、0、正数分别返回-1、0 和 1
SIN(x)	求正弦值(参数是弧度)
SQRT(x)	返回 x 的平方根
SUM(expression)	返回指定字段的总和
TAN(x)	求正切值(参数是弧度)
TRUNCATE(x,y)	返回数值 x 保留到小数点后 y 位的值(与 ROUND 最大的区别是不会进行四舍五入)

下面介绍几种常用的数学函数的使用方法。

1. ABS(x)函数和 PI()函数

ABS(x)函数用于求绝对值,PI()函数用于返回圆周率。

【例 6-19】 使用 ABS(x)函数和 PI()函数,SQL 语句及运行结果如下所示:

```
mysql> SELECT ABS(7),ABS(-7),PI();
+-----------------+-----------------+-----------------+
| ABS(7)          | ABS(-7)         | PI()            |
+-----------------+-----------------+-----------------+
|       7         |       7         | 3.141593        |
+-----------------+-----------------+-----------------+
1 row in set (0.07 sec)
```

2. MOD()函数

MOD()函数用于进行求余计算。

【例 6-20】 使用 MOD()函数求余,SQL 语句及运行结果如下所示:

```
mysql> SELECT MOD(35,7),MOD(36,7),MOD(35.5,7.4);
+---------------------+---------------------+-----------------------+
| MOD(35,7)           | MOD(36,7)           | MOD(35.5,7.4)         |
+---------------------+---------------------+-----------------------+
|        0            |        1            |         5.9           |
+---------------------+---------------------+-----------------------+
1 row in set (0.03 sec)
```

3. FLOOR(x)函数

FLOOR(x)函数用于返回小于或等于 x 的最大整数。

【例 6-21】 使用 FLOOR(x)函数,SQL 语句及运行结果如下所示:

```
mysql> SELECT FLOOR(5),FLOOR(4.22),FLOOR(-4.22);
+---------------------+---------------------+-----------------------+
| FLOOR(5)            | FLOOR(4.22)         | FLOOR(-4.22)          |
+---------------------+---------------------+-----------------------+
|       5             |        4            |         -5            |
+---------------------+---------------------+-----------------------+
1 row in set (0.03 sec)
```

4. SQRT(x)函数

SQRT(x)函数用于求平方根,注意 x 为非负数。

【例 6-22】 使用 SQRT(x)函数,SQL 语句及运行结果如下所示:

```
mysql> SELECT SQRT(64),SQRT(34),SQRT(-64);
+---------------------+-------------------------+-----------------------+
| SQRT(64)            | SQRT(34)                | SQRT(-64)             |
+---------------------+-------------------------+-----------------------+
|       8             | 5.830951894845301       |       NULL            |
+---------------------+-------------------------+-----------------------+
1 row in set (0.02 sec)
```

5. ROUND(x)函数和 ROUND(x,y)函数

ROUND(x)函数用于返回离 x 最近的整数,也就是对 x 进行四舍五入处理。

ROUND(x,y)函数用于返回 x 保留到小数点后 y 位的值,截断时需进行四舍五入处理。

【例 6-23】 使用 ROUND(x)函数获取 2.7、2.3 最近的整数,使用 ROUND(x,y)函数获取 2.7127345 小数点后 3 位的值,SQL 语句及运行结果如下所示:

```
mysql> SELECT ROUND(2.7),ROUND(2.3),ROUND(2.7127345,3);
+---------------------+---------------------+--------------------------------+
| ROUND(2.7)          | ROUND(2.3)          | ROUND(2.7127345,3)             |
+---------------------+---------------------+--------------------------------+
|        3            |        2            |          2.713                 |
+---------------------+---------------------+--------------------------------+
1 row in set (0.02 sec)
```

6. POW(x,y)函数和 POWER(x,y)函数

POW(x,y)函数和 POWER(x,y)函数都是用于计算 x 的 y 次方。

【例 6-24】 使用 POW(x,y)函数和 POWER(x,y)函数,SQL 语句及运行结果如下所示:

```
mysql> SELECT POW(2,3),POW(2,-2),POWER(2,3),POWER(2,-3);
+-----------+-----------+------------+-------------+
| POW(2,3)  | POW(2,-2) | POWER(2,3) | POWER(2,-3) |
+-----------+-----------+------------+-------------+
|     8     |   0.25    |     8      |    0.125    |
+-----------+-----------+------------+-------------+
1 row in set (0.01 sec)
```

子任务 3.2 使用字符串函数

使用字符串函数

字符串函数主要用来处理字符串数据。MySQL 中常用的字符串函数主要有计算字符长度函数、字符串合并函数、字符串转换函数、字符串比较函数、查找指定字符串位置函数等。MySQL 中常用的字符串函数及作用见表 6-7。

表 6-7 MySQL 中常用的字符串函数及作用

字符串函数	作　用
ASCII(s)	返回字符串 s 的第一个字符的 ASCII 码
CHAR_LENGTH(s)	返回字符串 s 的字符数,一个多字节字符算作一个字符
CHARACTER_LENGTH(s)	返回字符串 s 的字符数
CONCAT(s1,s2,...,sn)	字符串 s1,s2 等多个字符串合并为一个字符串
CONCAT_WS(x,s1,s2,...,sn)	同 CONCAT(s1,s2,...)函数,但是每个字符串之间要加上 x,x 可以是分隔符
FIELD(s,s1,s2,...)	返回第一个字符串 s 在字符串列表(s1,s2,...)中的位置
FIND_IN_SET(s1,s2)	返回在字符串 s2 中与 s1 匹配的字符串的位置
FORMAT(x,n)	函数可以将数字 x 进行格式化“#,###.##”,将 x 保留到小数点后 n 位,最后一位四舍五入
INSERT(s1,x,len,s2)	字符串 s2 替换 s1 的 x 位置开始长度为 len 的字符串
LOCATE(s1,s)	从字符串 s 中获取 s1 的开始位置
LCASE(s)	将字符串 s 的所有字母变成小写字母
LENGTH(s)	返回字符串 s 的长度,返回字符串的字节长度
LEFT(s,n)	返回字符串 s 的前 n 个字符
LOWER(s)	将字符串 s 的所有字母变成小写字母
LPAD(s1,len,s2)	在字符串 s1 的开始处填充字符串 s2,使字符串长度达到 len
LTRIM(s)	去掉字符串 s 开始处的空格
MID(s,n,len)	从字符串 s 的 start 位置截取长度为 length 的子字符串,同 SUBSTRING(s,n,len)
POSITION(s1 IN s)	从字符串 s 中获取 s1 的开始位置
REPEAT(s,n)	将字符串 s 重复 n 次
REPLACE(s,s1,s2)	将字符串 s2 替代字符串 s 中的字符串 s1
REVERSE(s)	将字符串 s 的顺序反过来
RIGHT(s,n)	返回字符串 s 的后 n 个字符

（续表）

字符串函数	作　用
RPAD(s1,len,s2)	在字符串 s1 的结尾处添加字符串 s2,使字符串的长度达到 len
RTRIM(s)	去掉字符串 s 结尾处的空格
SPACE(n)	返回 n 个空格
STRCMP(s1,s2)	比较字符串 s1 和 s2,如果 s1 与 s2 相等返回 0,如果 s1>s2 返回 1,如果 s1<s2 返回－1
SUBSTR(s,start,length)	从字符串 s 的 start 位置截取长度为 length 的子字符串
SUBSTRING(s,start,length)	从字符串 s 的 start 位置截取长度为 length 的子字符串
SUBSTRING_INDEX(s,delimiter,number)	返回从字符串 s 的第 number 个出现的分隔符 delimiter 之后的子串。 如果 number 是正数,返回第 number 个字符左边的字符串。 如果 number 是负数,返回第 number 的绝对值(从右边数)个字符右边的字符串
TRIM(s)	去掉字符串 s 开始和结尾处的空格
UCASE(s)	将字符串转换为大写
UPPER(s)	将字符串转换为大写

下面介绍几种常用的字符串函数的使用方法。

1. CHAR_LENGTH(s)函数和 LENGTH(s)函数

CHAR_LENGTH(s)函数用于返回字符串 s 中所包含的字符的个数,其中一个多字节字符算作一个单字符。

LENGTH(s)函数用于返回字符串 s 的长度,与 CHAR_LENGTH(s)函数不同,其中一个多字节字符算作多个单字符。

【例 6-25】 使用 CHAR_LENGTH(s)函数计算字符串中字符的个数,LENGTH(s)函数计算字符串的长度,SQL 语句及运行结果如下所示:

```
mysql> SELECT CHAR_LENGTH('hello') c1,CHAR_LENGTH('hello 你好') c2,LENGTH('hello') c3,
LENGTH('hello 你好') c4;
+--------+--------+--------+--------+
| c1     | c2     | c3     | c4     |
+--------+--------+--------+--------+
| 5      | 7      | 5      | 11     |
+--------+--------+--------+--------+
1 row in set (0.01 sec)
```

2. CONCAT(s1,s2,...,sn)函数

CONCAT(s1,s2,...,sn)函数用于将字符串 s1,s2 等多个字符串合并为一个字符串。若其中任何一个参数为 NULL,则结果返回 NULL。

【例 6-26】 使用 CONCAT(s1,s2,...,sn)函数合并字符串,SQL 语句及运行结果如下所示:

```
mysql> SELECT CONCAT('Hello ','MySQL'),CONCAT('Hello ',NULL,'MySQL');
+--------------------------+-------------------------------+
| CONCAT('Hello ','MySQL') | CONCAT('Hello ',NULL,'MySQL') |
+--------------------------+-------------------------------+
| Hello MySQL              | NULL                          |
+--------------------------+-------------------------------+
1 row in set (0.38 sec)
```

3. INSERT(s1,x,len,s2)函数

INSERT(s1,x,len,s2)函数用于返回字符串 s1,其中,s1 中起始于 x 的位置,长度为 len 的子字符串将被 s2 替换。若 x 超过字符串长度,则返回原始字符串;若 len 长度大于 x 位置后的字符串总长度,则从位置 x 开始全部被替换;若有参数为 NULL,则结果返回 NULL。

【例 6-27】 使用 INSERT(s1,x,len,s2)函数进行字符串替换操作,SQL 语句及运行结果如下所示:

```
mysql> SELECT INSERT('Heaao',3,2,'ll') c1,INSERT('Heaao',7,2,'ll')
c2,INSERT('Heaao',3,7,'ll') c3;
```

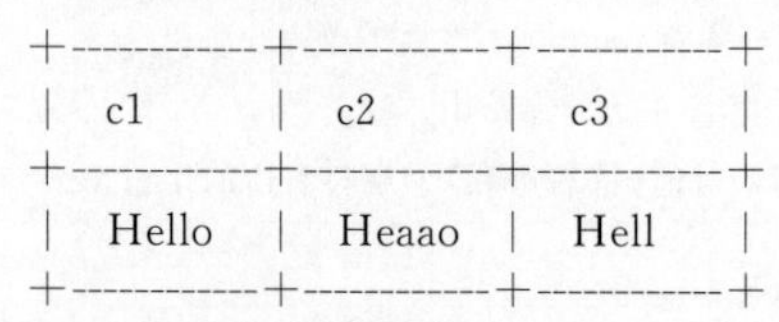

c1	c2	c3
Hello	Heaao	Hell

1 row in set (0.02 sec)

4. LOWER(s)函数和 UPPER(s)函数

LOWER(s)函数用于将字符串 s 中的字母全部转换成小写字母。

UPPER(s)函数用于将字符串 s 中的字母全部转换成大写字母。

【例 6-28】 使用 LOWER(s)函数和 UPPER(s)函数进行字符串字母大小写转换,SQL 语句及运行结果如下所示:

```
mysql> SELECT LOWER('HELLO'),UPPER('mysql');
```

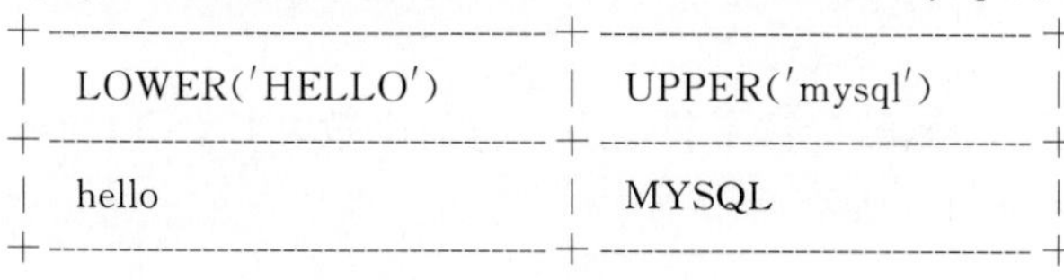

LOWER('HELLO')	UPPER('mysql')
hello	MYSQL

1 row in set (0.02 sec)

5. SUBSTRING(s,start,length)函数

SUBSTRING(s,start,length)函数用于返回从字符串 s 的 start 位置截取长度为 length 的子字符串。

【例 6-29】 使用 SUBSTRING(s,start,length)函数进行截取子字符串,SQL 语句及运行结果如下所示:

```
mysql> SELECT SUBSTRING('Hello MySQL Book',7,5);
+---------------------------------------+
| SUBSTRING('Hello MySQL Book',7,5)     |
+---------------------------------------+
| MySQL                                 |
+---------------------------------------+
1 row in set (0.01 sec)
```

6. REVERSE(s)函数

REVERSE(s)函数用于将字符串 s 的顺序反过来。

【例 6-30】 使用 REVERSE(s)函数进行字符串反序,SQL 语句及运行结果如下所示:

```
mysql> SELECT REVERSE('Hello MySQL');
+----------------------------+
| REVERSE('Hello MySQL')     |
+----------------------------+
```

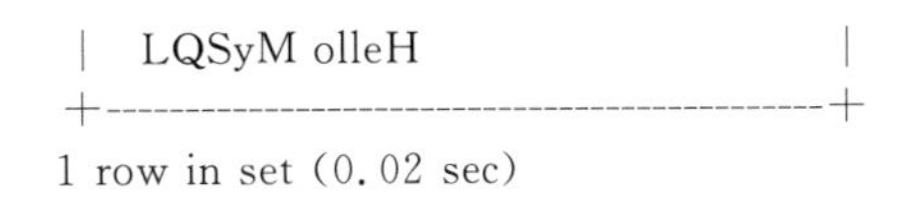

```
| LQSyM olleH                                |
+--------------------------------------------+
1 row in set (0.02 sec)
```

使用数据类型转换函数

子任务 3.3　使用数据类型转换函数

数据类型转换函数主要包括 CAST(data AS type)函数和 CONVERT(data,type)函数，这两个函数用于将 data 的数据类型转换成 type 类型。注意，这两个函数只对 binary，char，date，time，datetime，SIGNED integer，UNSIGNED integer 这些类型起作用。不过这两个函数只是改变了输出值的数据类型，并不会改变原有数据表中字段的类型。

【例 6-31】 使用 CAST(data AS type)函数和 CONVERT(data,type)函数将系统日期时间转换成 date 类型、time 类型，仅得到日期或时间，SQL 语句及运行结果如下所示：

```
mysql> SELECT SYSDATE(),CAST(SYSDATE() AS date),CONVERT(SYSDATE(),time);
+---------------------------+------------------------------+------------------------------+
| SYSDATE()                 | CAST(SYSDATE() AS date)      | CONVERT(SYSDATE(),time)      |
+---------------------------+------------------------------+------------------------------+
| 2019-08-05 10:23:05       | 2019-08-05                   | 10:23:05                     |
+---------------------------+------------------------------+------------------------------+
1 row in set (0.02 sec)
```

子任务 3.4　使用条件控制函数

条件控制函数也称为条件判断函数，该函数根据不同的条件，执行不同的 SQL 语句。MySQL 中常用的条件控制函数及作用见表 6-8。

表 6-8　　MySQL 中常用的条件控制函数及作用

条件控制函数	作　用
IF(expr,v1,v2)	如果表达式 expr 成立，则执行 v1；否则执行 v2
IFNULL(v1,v2)	如果 v1 不为空，则返回 v1；否则返回 v2
CASE WHEN expr1 THEN v1 [WHEN expr2 THEN v2 ...] [ELSE vn] END	若表达式 expr1 成立，则返回 v1 的值；若表达式 expr2 成立，则返回 v2 的值；以此类推，最后遇到 else 时，返回 vn 的值
CASE expr WHEN e1 THEN v1 [WHEN e2 THEN v2 ...] [ELSE vn] END	若表达式 expr 取值为 e1，则返回 v1 的值，若表达式 expr 取值为 e2，则返回 v2 的值；以此类推，最后遇到 else 时，返回 vn 的值

下面介绍条件控制函数的使用方法。

1. IF(expr,v1,v2)函数

【例 6-32】 使用 IF(expr,v1,v2)函数根据 expr 表达式结果返回相应的值，其中 expr 成立，返回 v1，否则返回 v2，SQL 语句及运行结果如下所示：

```
mysql> SELECT IF(1>2,1,0),IF(3<5,'小于','大于');
+--------------------+----------------------------+
| IF(1>2,1,0)        | IF(3<5,'小于','大于')      |
+--------------------+----------------------------+
|                  0 | 小于                       |
+--------------------+----------------------------+
1 row in set,2 warnings (0.02 sec)
```

2. IFNULL(v1,v2)函数

【例 6-33】 使用 IFNULL(v1,v2)函数根据 v1 的值返回相应值，若 v1 不为空，返回 v1；否则返回 v2，SQL 语句及运行结果如下所示：

```
mysql> SELECT IFNULL(3,5) c1,IFNULL(NULL,5) c2,IFNULL(SQRT(4),'正常') c3,IFNULL
(SQRT(-4),'不正常') c4;
```

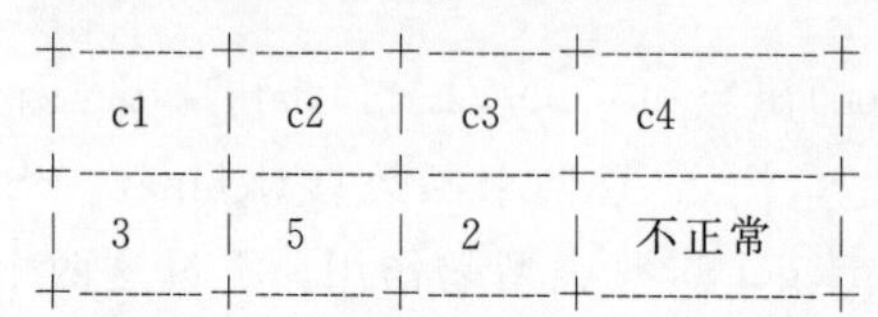

```
+--------+--------+--------+------------+
| c1     | c2     | c3     | c4         |
+--------+--------+--------+------------+
| 3      | 5      | 2      | 不正常     |
+--------+--------+--------+------------+
1 row in set,2 warnings (0.02 sec)
```

3. CASE 函数

【例 6-34】 使用 CASE 函数根据表达式 expr 的取值返回相应值，根据 books 表中的 price 字段进行价格等级判断：价格低于 25 的为便宜；价格大于等于 25 且小于 28 的为中等；其他情况为较贵。SQL 语句及运行结果如下所示：

```
mysql> SELECT isbn,price,CASE WHEN price<25 THEN '便宜'
    -> WHEN price<28 AND price>=25 THEN '中等'
    -> ELSE '较贵' END note FROM books;

+-------------------+---------+---------+
| isbn              | price   | note    |
+-------------------+---------+---------+
| 9345532332325     |      28 | 较贵    |
| 9347234498337     |    28.6 | 较贵    |
| 9347766333424     |      30 | 较贵    |
| 9347893744534     |      23 | 便宜    |
| 9348723634634     |      30 | 较贵    |
| 9787076635886     |    23.5 | 便宜    |
| 9847453433422     |    27.4 | 中等    |
+-------------------+---------+---------+
7 rows in set (0.02 sec)
```

使用系统信息函数

子任务 3.5 使用系统信息函数

系统信息函数用来查询 MySQL 数据库的系统信息，例如查询数据库版本、数据库当前用户、当前数据库名等。MySQL 中常用的系统信息函数及作用见表 6-9。

表 6-9 MySQL 中常用的系统信息函数及作用

系统信息函数	作 用
VERSION()	获取数据库的版本号
CONNECTION_ID()	获取服务器的连接数
DATABASE(),SCHEMA()	获取当前数据库名
SESSION_USER(),SYSTEM_USER(),USER()	获取当前用户

（续表）

系统信息函数	作 用
CURRENT_USER,CURRENT_USER()	获取当前用户
CHARSET(str)	获取字符串 str 的字符集
COLLATION(str)	获取字符串 str 的字符排列方式
LAST_INSERT_ID()	获取最近生成的 AUTO_INCREMENT 的值

下面介绍几种常用的系统信息函数的使用方法。

1. 获取数据库版本号、连接数、当前数据库名

【例 6-35】 使用 VERSION()函数获取版本号，CONNECTION_ID()函数获取服务器连接数，DATABASE()和 SCHEMA()函数获取当前数据库名，SQL 语句及运行结果如下所示：

```
mysql> SELECT VERSION(),CONNECTION_ID(),DATABASE(),SCHEMA();
+-----------------+---------------------+------------------+------------------+
| VERSION()       | CONNECTION_ID()     | DATABASE()       | SCHEMA()         |
+-----------------+---------------------+------------------+------------------+
| 5.7.26          |                1011 | songxiaoqian     | songxiaoqian     |
+-----------------+---------------------+------------------+------------------+
1 row in set (0.02 sec)
```

2. 获取当前用户名

【例 6-36】 使用 SESSION_USER()、SYSTEM_USER()、USER()、CURRENT_USER()函数都可以获取当前用户名，SQL 语句及运行结果如下所示：

```
mysql> SELECT SESSION_USER() c1,SYSTEM_USER() c2;
+---------------------------+---------------------------+
| c1                        | c2                        |
+---------------------------+---------------------------+
| songxiaoqian@36.5.152.199 | songxiaoqian@36.5.152.199 |
+---------------------------+---------------------------+
1 row in set (0.02 sec)
mysql> SELECT USER() c3,CURRENT_USER c4,CURRENT_USER() c5;
```

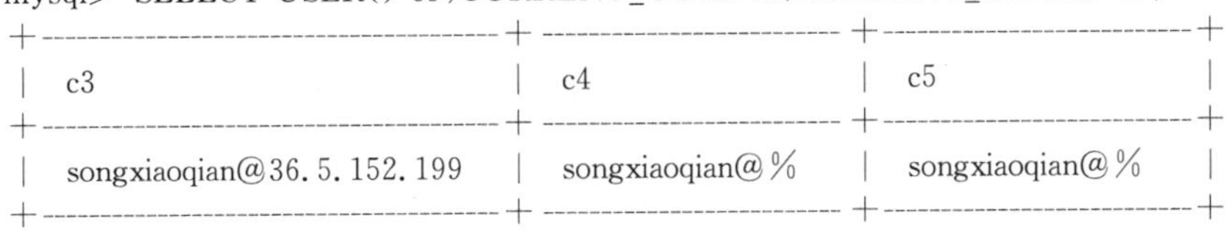

```
+---------------------------+----------------+----------------+
| c3                        | c4             | c5             |
+---------------------------+----------------+----------------+
| songxiaoqian@36.5.152.199 | songxiaoqian@% | songxiaoqian@% |
+---------------------------+----------------+----------------+
1 row in set (0.02 sec)
```

3. 获取字符串的字符集和排列方式

CHARSET(str)函数用于获取字符串 str 的字符集，一般情况下是系统的默认字符集。COLLATION(str)函数用于返回字符串 str 的字符排列方式。

【例 6-37】 使用 CHARSET(str)函数获取字符串 str 的字符集，COLLATION(str)函数获取字符串 str 的字符排列方式，SQL 语句及运行结果如下所示：

```
mysql> SELECT CHARSET('Hello'),COLLATION('Hello');
+------------------+--------------------+
| CHARSET('Hello') | COLLATION('Hello') |
+------------------+--------------------+
| utf8             | utf8_general_ci    |
+------------------+--------------------+
1 row in set (0.02 sec)
```

子任务 3.6　使用日期和时间函数

日期和时间函数主要用来处理日期和时间的值，一般的日期函数可以使用 date 类型作为参数，还可以使用 datetime 或 timestamp 类型作为参数，只是忽略了这些类型值的时间部分。MySQL 中常用的日期和时间函数及作用见表 6-10。

表 6-10　　MySQL 中常用的日期和时间函数及作用

日期和时间函数	作　用
ADDDATE(d,n)	计算起始日期 d 加上 n 天的日期
ADDTIME(t,n)	时间 t 加上 n 秒的时间
CURDATE()	返回当前日期
CURRENT_DATE()	返回当前日期
CURRENT_TIME()	返回当前时间
CURRENT_TIMESTAMP()	返回当前日期和时间
CURTIME()	返回当前时间
DATE()	从日期或日期时间表达式中提取日期值
DATEDIFF(d1,d2)	计算日期 d1～d2 相隔的天数
DATE_ADD(d,INTERVAL expr type)	计算起始日期 d 加上一个时间段后的日期
DATE_FORMAT(d,f)	按表达式 f 的要求显示日期 d
DATE_SUB(date,INTERVAL expr type)	函数从日期减去指定的时间间隔
DAY(d)	返回日期值 d 的日期部分
DAYNAME(d)	返回日期 d 是星期几，如 Monday，Tuesday
DAYOFMONTH(d)	计算日期 d 是本月的第几天
DAYOFWEEK(d)	日期 d 今天是星期几，1 星期日，2 星期一，以此类推
DAYOFYEAR(d)	计算日期 d 是本年的第几天
EXTRACT(type FROM d)	从日期 d 中获取指定的值，type 指定返回的值。 type 可取值为： MICROSECOND、SECOND、MINUTE、HOUR DAY、WEEK、MONTH、QUARTER、YEAR SECOND_MICROSECOND、MINUTE_MICROSECOND MINUTE_SECOND、HOUR_MICROSECOND、HOUR_SECOND HOUR_MINUTE、DAY_MICROSECOND、DAY_SECOND DAY_MINUTE、DAY_HOUR、YEAR_MONTH
FROM_DAYS(n)	计算从 0000 年 1 月 1 日开始 n 天后的日期
HOUR(t)	返回 t 中的小时值
LAST_DAY(d)	返回给定日期的那一月份的最后一天
LOCALTIME()	返回当前日期和时间
LOCALTIMESTAMP()	返回当前日期和时间
MAKEDATE(year,day-of-year)	基于给定参数年份 year 和所在年中的天数序号 day-of-year 返回一个日期
MAKETIME(hour,minute,second)	组合时间，参数分别为小时、分钟、秒

（续表）

日期和时间函数	作　用
MICROSECOND(date)	返回日期参数所对应的微秒数
MINUTE(t)	返回 t 中的分钟值
MONTHNAME(d)	返回日期当中的月份名称，如 January
MONTH(d)	返回日期 d 中的月份值，1 到 12
NOW()	返回当前日期和时间
PERIOD_ADD(period,number)	为年-月组合日期添加一个时段
PERIOD_DIFF(period1,period2)	返回两个时段之间的月份差值
QUARTER(d)	返回日期 d 是第几季节，返回 1 到 4
SECOND(t)	返回 t 中的秒钟值
SEC_TO_TIME(s)	将以秒为单位的时间 s 转换为时分秒的格式
STR_TO_DATE(string,format_mask)	将字符串转变为日期
SUBDATE(d,n)	日期 d 减去 n 天后的日期
SUBTIME(t,n)	时间 t 减去 n 秒的时间
SYSDATE()	返回当前日期和时间
TIME(expression)	提取传入表达式的时间部分
TIME_FORMAT(t,f)	按表达式 f 的要求显示时间 t
TIME_TO_SEC(t)	将时间 t 转换为秒
TIMEDIFF(time1,time2)	计算时间差值
TIMESTAMP(expression,interval)	单个参数时，函数返回日期或日期时间表达式；有 2 个参数时，将参数加和
TO_DAYS(d)	计算日期 d 距离 0000 年 1 月 1 日的天数
WEEK(d)	计算日期 d 是本年的第几个星期，范围是 0 到 53
WEEKDAY(d)	日期 d 是星期几，0 表示星期一，1 表示星期二
WEEKOFYEAR(d)	计算日期 d 是本年的第几个星期，范围是 0 到 53
YEAR(d)	返回年份
YEARWEEK(date,mode)	返回年份及第几周（0 到 53），mode 中 0 表示周天，1 表示周一，以此类推

下面介绍几种常用的日期和时间函数的使用方法。

1. CURRENT_DATE()函数和 CURRENT_TIME()函数

CURRENT_DATE()函数用于获取当前日期，CURRENT_TIME()函数用于获取当前时间。

【例 6-38】 使用 CURRENT_DATE()函数和 CURRENT_TIME()函数分别获取当前日期和时间，SQL 语句及运行结果如下所示：

```
mysql> SELECT CURRENT_DATE(),CURRENT_TIME();
+--------------------------------+----------------------------------+
| CURRENT_DATE()                 | CURRENT_TIME()                   |
+--------------------------------+----------------------------------+
| 2019-08-05                     | 10:32:13                         |
+--------------------------------+----------------------------------+
1 row in set (0.03 sec)
```

2. NOW()函数和 SYSDATE()函数

NOW()、SYSDATE()、CURRENT_TIMESTAMP()、LOCALTIME()、LOCALTIMESTAMP()几个函数的作用相同，都用于返回当前日期和时间值，格式为 YYYY-MM-DD HH:MM:SS 或 YYYYMMDDHHMMSS，具体格式根据函数是用于字符串还是用在数字语境中而定。

【例 6-39】 使用 NOW()、SYSDATE()、LOCALTIME()函数获取当前日期时间，SQL 语句及运行结果如下所示：

```
mysql> SELECT NOW(),SYSDATE(),LOCALTIME();
+------------------------------+------------------------------+------------------------------+
| NOW()                        | SYSDATE()                    | LOCALTIME()                  |
+------------------------------+------------------------------+------------------------------+
| 2019-08-05 10:32:47          | 2019-08-05 10:32:47          | 2019-08-05 10:32:47          |
+------------------------------+------------------------------+------------------------------+
1 row in set (0.02 sec)
```

思政小贴士

2022 年 2 月 5 日晚，在首都体育馆举行的北京冬奥会短道速滑 2000 米混合团体接力决赛中，由曲春雨、范可新、张雨婷、武大靖、任子威组成的中国队以 2 分 37 秒 348 夺得金牌。这是该项目历史首金，也是中国代表团在本届冬奥会上收获的首枚金牌。作为社会主义事业接班人，成长在红旗下，我们仰望星空脚踏实地，为祖国的繁荣昌盛贡献出自己的力量。

3. MONTH(d)函数和 MONTHNAME(d)函数

MONTH(d)函数用于返回日期 d 对应的月份，返回值为 1～12。

MONTHNAME(d)函数用于返回日期 d 对应月份的英文全称，如 May、March 等。

【例 6-40】 使用 MONTH(d)函数和 MONTHNAME(d)函数获取 books 表中 version 字段的月份及英文全称，SQL 语句及运行结果如下所示：

```
mysql> SELECT version,MONTH(version),MONTHNAME(version) FROM books;
+-------------------+------------------------+------------------------------+
| version           | MONTH(version)         | MONTHNAME(version)           |
+-------------------+------------------------+------------------------------+
| 2013-05-12        |                      5 | May                          |
| 2013-04-02        |                      4 | April                        |
| 2013-09-12        |                      9 | September                    |
| 2012-01-08        |                      1 | January                      |
| 2014-01-02        |                      1 | January                      |
| 2015-03-02        |                      3 | March                        |
| 2012-05-12        |                      5 | May                          |
+-------------------+------------------------+------------------------------+
7 rows in set (0.01 sec)
```

4. DAYOFWEEK(d)函数和 DAYNAME(d)函数

DAYOFWEEK(d)函数用于返回日期 d 对应的一周的位置，返回值为 1～7，1 表示周日，2 表示周一，3 表示周二，依次类推。

DAYNAME(d)函数用于返回日期 d 对应的星期英文全称，如 Sunday、Monday 等。

【例 6-41】 使用 DAYOFWEEK(d)函数和 DAYNAME(d)函数获取 books 表中 version 字段的星期位置及英文全称，SQL 语句及运行结果如下所示：

```
mysql> SELECT version,DAYNAME(version)dayname,-> DAYOFWEEK(version)dayIndex FROM books;
```

version	dayname	dayIndex
2013-05-12	Sunday	1
2013-04-02	Tuesday	3
2013-09-12	Thursday	5
2012-01-08	Sunday	1
2014-01-02	Thursday	5
2015-03-02	Monday	2
2012-05-12	Saturday	7

7 rows in set (0.01 sec)

5. DATEDIFF(d1,d2)函数

DATEDIFF(d1,d2)函数用于计算日期 d1 与 d2 之间相隔的天数，若 d2 日期迟于 d1，则会返回负数。

【例 6-42】 使用 DATEDIFF(d1,d2)函数用于计算两个日期之间相隔的天数，SQL 语句及运行结果如下所示：

```
mysql> SELECT DATEDIFF('2019-7-26','2019-06-18');
```

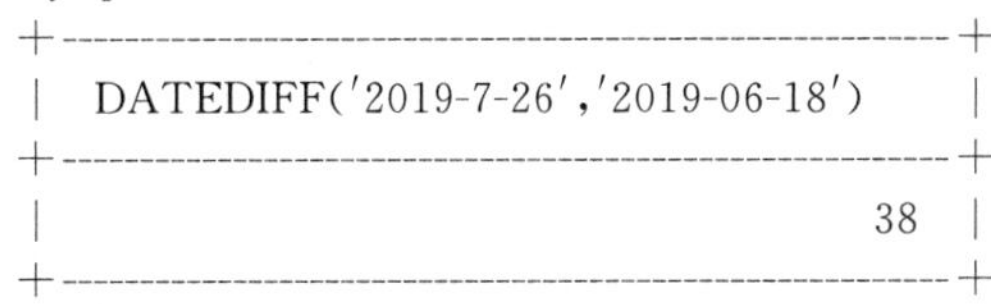

DATEDIFF('2019-7-26','2019-06-18')
38

1 row in set (0.01 sec)

6. ADDDATE(d,n)函数

ADDDATE(d,n)函数用于返回日期 d 加上 n 天后的日期。

【例 6-43】 使用 ADDDATE(d,n)函数用于返回 books 表中 version 字段加上 10 天后的日期，SQL 语句及运行结果如下所示：

```
mysql> SELECT version,ADDDATE(version,10) FROM books;
```

version	ADDDATE(version,10)
2013-05-12	2013-05-22
2013-04-02	2013-04-12
2013-09-12	2013-09-22
2012-01-08	2012-01-18
2014-01-02	2014-01-12
2015-03-02	2015-03-12
2012-05-12	2012-05-22

7 rows in set (0.02 sec)

子任务 3.7 其他常用的 MySQL 函数

MySQL 中除了上述的系统函数以外，还包括其他一些函数。例如数字格式化函数 FORMAT(x,n)、IP 地址与数字转换函数 INET_ATON(IP)，加锁函数 GET_LOCK(name,time)、解锁函数 RELEASE_LOCK(name)等。表 6-11 中列举了 MySQL 中的其他函数及作用。

表 6-11　MySQL 中的其他函数及作用

函数名	作　用
FORMAT(x,n)	将数字 x 格式化，并以四舍五入的方式保留小数点后 n 位，结果以字符串的形式返回
ASCII(s)	返回字符串 s 的第一个字符的 ASCII 编码
BIN(x)	返回 x 的二进制编码
HEX(x)	返回 x 的十六进制编码
OCT(x)	返回 x 的八进制编码
CONV(x,f1,f2)	将 x 从 f1 进制数转换成 f2 进制数，如有任意参数为 NULL，则返回值为 NULL
INET_ATON(IP)	将 IP 地址转换成数字表示
INET_NTOA(N))	将数字 N 转换成 IP 地址的形式
BENCHMARK(count,expr)	将表达式 expr 重复执行 count 次，然后返回执行时间
GET_LOCK(name,time)	定义一个名称为 name、持续时间为 time 秒的锁。若锁定成功，返回 1；若尝试超时，返回 0；若遇到错误，返回 NULL
RELEASE_LOCK(name)	解除名称为 name 的锁，解锁成功，返回 1；尝试超时，返回 0；遇到错误，返回 NULL
IS_FREE_LOCK(name)	判断名称为 name 的锁是否可以使用(没有被锁)，若锁可以使用，返回 1；若正在被使用，返回 0；若遇到错误，返回 NULL
IS_USED_LOCK(name)	判断名称为 name 的锁是否正在被使用(被锁)，若正在使用，返回使用者的客户端连接标识符(connection ID)，否则返回 NULL

下面介绍几种常用的其他函数的使用方法。

1. FORMAT(x,n)函数

FORMAT(x,n)函数可以将数字 x 进行格式化，并以四舍五入的方式保留到小数点后 n 位，结果以字符串的形式返回。

【例 6-44】 使用 FORMAT(x,n)函数进行格式化数字，结果保留到小数点后 3 位，SQL 语句及运行结果如下所示：

```
mysql> SELECT FORMAT(12.3456,3),FORMAT(12.3451,3);
+------------------------------+------------------------------+
| FORMAT(12.3456,3)            | FORMAT(12.3451,3)            |
+------------------------------+------------------------------+
| 12.346                       | 12.345                       |
+------------------------------+------------------------------+
1 row in set (0.03 sec)
```

2. ASCII(s)函数

ASCII(s)函数用于返回字符串 s 的第一个字符的 ASCII 编码。

【例 6-45】 使用 ASCII(s)函数返回第一个字符的 ASCII 编码，SQL 语句及运行结果如下所示：

```
mysql> SELECT ASCII('ABCD');
```

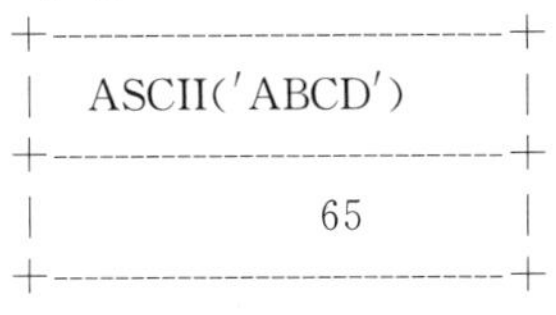

```
+---------------------------+
|  ASCII('ABCD')            |
+---------------------------+
|              65           |
+---------------------------+
```

```
1 row in set (0.02 sec)
```

3. BIN(x)、HEX(x)、OCT(x)函数

BIN(x)、HEX(x)、OCT(x)函数用于返回 x 的二进制、十六进制、八进制编码。

【例 6-46】 使用 BIN(x)、HEX(x)、OCT(x)函数返回相应进制编码，SQL 语句及运行结果如下所示：

```
mysql> SELECT BIN(13),HEX(13),OCT(13);
+----------------+------------------+-----------------+
|  BIN(13)       |  HEX(13)         |  OCT(13)        |
+----------------+------------------+-----------------+
|  1101          |  D               |  15             |
+----------------+------------------+-----------------+
1 row in set (0.02 sec)
```

本项目小结

本项目首先介绍了 MySQL 函数编程的基础知识，包括如何定义常量和用户自定义变量，算术运算符、比较运算符、逻辑运算符、位运算符的使用方法及优先级比较，介绍了 BEGIN...END 语句块的用法以及如何使用 DELIMITER 重置命令结束标记。

其次介绍了如何创建和自定义函数，其中可以利用条件控制语句和循环语句使得自定义函数功能更加强大。

最后介绍了 MySQL 的系统函数，主要包括数学函数、字符串函数、数据类型转换函数、条件控制函数、系统信息函数、日期和时间函数以及其他常用的函数。利用这些函数可以更加高效地管理数据库，解决更多的问题。

同步练习与实训

一、选择题

1. <=>运算符属于以下哪种运算符？(　　)

A. 算术运算符　　B. 比较运算符

C. 逻辑运算符　　D. 位运算符

2. 下面哪个不是 MySQL 的算术运算符？(　　)

A. /　　B. %　　C. >　　D. —

3. 下面哪个不是 MySQL 的逻辑运算符？(　　)

A. AND　　B. NOT　　C. ||　　D. +

4. 下面哪个是 MySQL 的字符串函数？(　　)

A. ABS　　B. SIN　　C. LENGTH　　D. ROUND

5. 下面哪个函数不能进行数据类型转换？(　　)

A. CONVERT　　B. LITRIM　　C. CAST　　D. 以上都不正确

6. 下面哪个函数可以用于获取系统日期？(　　)

A. YEAR()　　B. CURDATE()　　C. COUNT()　　D. SUM()

7. ROUND()函数属于以下什么函数类型？(　　)

A. 数学函数　　B. 系统信息函数

C. 字符串函数　　D. 日期和时间函数

8. 表达式 9%2 的运算结果是(　　)。

A. 1　　B. 2　　C. 3　　D. 4

9. SQL 语句 SELECT ASCII('ABCD')的执行结果是(　　)。

A. 71　　B. 72　　C. 63　　D. 65

10. SQL 语句 SELECT ROUND(13.4361,2)的执行结果是(　　)。

A. 13.43　　B. 13.44　　C. 13.42　　D. 13.45

二、填空题

1. MySQL 中，主要有________运算符、________运算符、________运算符和位运算符。

2. 语句 SELECT ASCII('Beijing')的执行结果是________。

3. 语句 SELECT DAY('2019-07-29')的执行结果是________。

4. MySQL 编程中，用于循环语句的是________。

5. MySQL 编程中，用于分支选择语句的有________和________。

三、简答题

1. MySQL 中有哪些常用的运算符？

2. 简述创建自定义函数的步骤。

3. MySQL 中有哪些常用的系统函数？

四、实训题

1. 创建自定义函数，实现输入学生学号，获取学生所在院系名称。

2. 创建自定义函数，实现输入 3 个整数，输出最大值。

3. 利用系统函数，获取所有学生的年龄平均值。

4. 利用系统函数，随机获取一位学生信息。

项目 7

使用 MySQL 数据库的视图与触发器

学习导航

知识目标

(1)理解视图、触发器的概念和作用。

(2)掌握视图、触发器的创建及管理方法。

(3)理解临时表的概念及用法。

(4)理解 MySQL 数据库中事件的用法。

素质目标

触发器是实现完整性、一致性的特殊存储过程,通常用来定义业务规则。通过本项目的学习,引导学生建立起正确的规则意识。

技能目标

(1)能够在 MySQL 中学会创建并灵活运用视图。

(2)能够在 MySQL 中学会创建并灵活运用触发器。

(3)能够在 MySQL 中学会创建并运用临时表。

(4)能够在 MySQL 中学会创建并运用事件。

任务列表

任务 1　了解并使用视图

任务 2　使用触发器

任务 3　认识 MySQL 数据库中的临时表

任务 4　认识 MySQL 数据库中的事件

任务描述

在数据库中,视图是从一个或多个数据表中导出的虚表,其内容是建立在数据表的查询基础之上,视图中的数据在视图被使用时动态生成,数据随着基本表的数据变化而变化。视图就像一个窗口,用户只需要关心这个窗口提供的有用数据即可。

触发器是数据库中的独立对象之一,为了确保数据库中数据的完整性,设计人员可以使用触发器实现复杂的业务逻辑。例如某届学生毕业,那么该系部的学生总数就会根据毕业学生的数量进行相应减少,这时就可以使用触发器来完成。

任务实施

任务 1　了解并使用视图

预备知识

1. 视图是什么

了解并使用视图

视图到底是什么呢？我们先来看看下面的示例。

【例 7-1】　视图引入示例。

```
CREATE VIEW v_view1
AS
SELECT   S_id,S_name,S_gender,S_age
FROM student
WHERE S_age>19;
```

在上面这一段代码中,CREATE VIEW 是创建视图的命令动词,v_view1 是视图名称。从关键字 AS 后的代码可以看出,视图就是基于 SELECT 查询建立的对象。执行这一段代码,在数据库中就建立了一个名为 v_view1 的视图。接下来再看看下面的代码及这段代码的执行结果。

```
mysql> SELECT *
    -> FROM v_view1;
+-----------+----------+------------+---------+
| S_id      | S_name   | S_gender   | S_age   |
+-----------+----------+------------+---------+
| 1113238   | 郑俊     | 女         |   20    |
| 1114774   | 黎旭瑶   | 女         |   20    |
+-----------+----------+------------+---------+
2 rows in set (0.02 sec)

mysql> UPDATE student
    -> SET S_gender = '男'
    -> WHERE S_id = '1113238';
Query OK,0 rows affected (0.02 sec)
Rows matched: 1  Changed: 0  Warnings: 0

mysql> SELECT *
    -> FROM v_view1;
+-----------+----------+------------+---------+
| S_id      | S_name   | S_gender   | S_age   |
+-----------+----------+------------+---------+
```

```
| 1113238         | 郑俊      | 男             | 20          |
| 1114774         | 黎旭瑶    | 女             | 20          |
+-----------------+-----------+----------------+-------------+
2 rows in set (0.02 sec);
```

从第一个 SELECT 查询的执行结果可以看出，v_view1 视图出现在 FROM 子句中，这意味着它可以像表一样来使用。

从第二个 SELECT 查询的执行结果可以看出(注意对比"1113238"学生的性别)，v_view1 视图中并没有存储数据，从视图中查询出的数据都来源于视图定义中的基表。也就是说，两个 SELECT 查询的执行结果其实就是 v_view1 视图定义中 SELECT 语句的执行结果。

从上面的例子，可以得出这样的结论：视图是基于数据表而建立的数据库对象，视图可以像表一样使用。但数据库中仅存储视图的定义，不存储视图的数据，视图是基于基础表导出的虚表。

2. 创建视图的方法

在 MySQL 中，可以通过以下两种途径创建视图：

(1)使用 Navicat 等图形工具，在对象管理器中选中视图节点，单击"新建视图"按钮，打开"视图创建工具"窗口，然后在图形界面中添加相应的表并选择相关字段即可定义视图。

(2)使用命令动词 CREATE VIEW，直接在编辑器中编写视图定义代码。

考虑到实际应用中，使用最多的是第二种方式，故这里仅讨论使用 CREATE VIEW 创建视图的方法。下面是该命令的语法。

```
CREATE[ALGORITHM={UNDEFINED|MEGER|TEMPTABLE}] VIEW 视图名[(列[,...n])]
AS
SELECT 语句
[ WITH [CASCADED|LOCAL] CHECK OPTION ]
```

语法说明：

(1)视图名应符合标识符的命名规则。

(2)ALGORITHM 为可选参数，表示视图选择的算法，其取值有三个。其中 UNDEFINED 表示自动选择算法，MEGER 表示将使用的视图语句和视图定义合并起来，使得视图定义的某一部分取代语句对应的部分，TEMPTABLE 表示将视图的结果存入临时表，然后用临时表来执行语句。

(3)列 [,...n]用于指定视图中各列的名称，这里指定的列名与 SELECT 语句结果集的列一一对应。若省略这个列名列表，将直接使用 SELECT 语句中的列名称(注意此时不能出现无列名的列)。

(4)SELECT 语句用于定义视图，SELECT 语句中可以使用多个表或其他视图。

(5)WITH [CASCADED|LOCAL] CHECK OPTION 为可选参数，表示用于限制通过视图执行的所有 UPDATE 语句必须在该视图的权限范围之内。其中 CASCADED 为默认值，表示更新视图时要满足所有相关视图和基本表的条件，在 MySQL 5.7.6 版本以后 LOCAL 表示更新视图时，MySQL 会检查 WITH LOCAL CHECK OPTION 和 WITH CASCADED CHECK OPTION 选项的视图和条件。

子任务 1.1　了解并创建视图

【任务需求】

根据表 7-1 中院系学生名单视图 v_yxxsmd 的定义，完成 v_yxxsmd 视图的创建，并要求视图中显示的数据按院系编号升序排列。

表 7-1　　v_yxxsmd 的定义

序号	视图列名	基表名	基表中列名	备注
1	Dept_id	department	Dept_id	
2	Dept_name	department	Dept_name	
3	S_id	student	S_id	
4	S_name	student	S_name	

【任务分析】

由前面的分析可知，视图就是基于 SELECT 查询建立的对象，所以要建立上述名为 v_yxxsmd 的视图，首先要明确该视图是基于什么样的查询来建立的？由于视图中显示的列 Dept_id、Dept_name、S_id 及 S_name 分别来源于基表 department 和 student，因此该查询是两张或两张以上表的连接查询。再来看一下基表 department 和 student 是否有关联字段，通过观察基表 department 和 student 的结构我们可知这两张表的关联字段为 S_id，因此创建该视图其实就是基于 department 和 student 的连接查询。

思政小贴士

编写 SQL 语言时务必做到认真、仔细、精益求精，注重细节和规范。同时 SQL 语言中 DDL 语言有很多相似之处，学习时注意融会贯通，拓展思维，培养举一反三的学习能力。

【任务实现】

结合前面的 CREATE VIEW 语法，在编辑窗口编写代码如下：

```
CREATE VIEW v_yxxsmd
AS
SELECT d. Dept_id,Dept_name,S_id,S_name
FROM department d JOIN student s ON d. Dept_id=s. Dept_id
ORDER BY d. Dept_id;
```

【程序说明】

代码中省略了视图名称后的列名列表，将直接使用 SELECT 语句中的列名作为视图的列名。在查询的过程中，由于 department 和 student 的表名较长，因此分别使用 d 和 s 来作为别名以简化代码编写，不过要注意的是一旦在 FROM 子句中使用了别名，在其他子句中需要指定表前缀时均需使用别名，例如 SELECT 语句中的 d. Dept_id 和 ORDER BY 子句中的 d. Dept_id 等。在本例中是基于 department 和 student 两张表的连接查询生成的视图，在实际应用的过程中视图可以基于前面学习过的各种类型的查询来生成。另外视图除了可以从基本表中直接查询生成，还可以从已经创建好的视图中进行查询来生成。

子任务 1.2　如何查看视图的定义

【任务需求】

查看子任务 1.1 中创建的视图 v_yxxsmd 的基本信息、结构信息和定义文本。

【任务分析】

由前面的预备知识可知，视图是基于数据表而建立的数据库对象，视图可以像表一样使用，但数据库中仅存储视图的定义不存储视图的数据，视图是基于基础表导出的虚表。所以在视图创建完成以后，可以通过三类语句来查看视图的基本信息、结构信息和定义文本。

(1)使用 SHOW TABLE STATUS 语句查看视图的基本信息的语法格式为：

```
SHOW TABLE STATUS LIKE '视图名'
```

(2)使用 DESCRIBE 或 DESC 语句查看视图的结构信息的语法格式为：

```
DESCRIBE '视图名' /DESC '视图名'
```

(3)使用 SHOW CREATE VIEW 语句查看视图的定义文本的语法格式为：

```
SHOW CREATE VIEW '视图名'
```

【任务实现】

(1)使用 SHOW TABLE STATUS 语句查看视图 v_yxxsmd 的基本信息，代码及执行结果如下：

```
mysql> SHOW TABLE STATUS LIKE 'v_yxxsmd' \G;
*************************** 1. row ***************************
Name: v_yxxsmd
Engine: NULL
Version: NULL
Row_format: NULL
Rows: NULL
Avg_row_length: NULL
Data_length: NULL
Max_data_length: NULL
Index_length: NULL
Data_free: NULL
Auto_increment: NULL
Create_time: NULL
Update_time: NULL
Check_time: NULL
Collation: NULL
Checksum: NULL
Create_options: NULL
Comment: VIEW
1 row in set (0.02 sec)
```

(2)使用 DESCRIBE 或 DESC 语句查看视图 v_yxxsmd 的结构信息，代码及执行结果如下：

```
mysql> DESCRIBE v_yxxsmd;
```

```
+--------------+--------------------------+----------+---------+-----------+---------+
| Field        | Type                     | Null     | Key     | Default   | Extra   |
+--------------+--------------------------+----------+---------+-----------+---------+
| Dept_id      | tinyint(2)unsigned       | NO       |         | NULL      |         |
| Dept_name    | varchar(50)              | NO       |         | NULL      |         |
| S_id         | bigint(8)                | NO       |         | NULL      |         |
| S_name       | varchar(10)              | NO       |         | NULL      |         |
+--------------+--------------------------+----------+---------+-----------+---------+
4 rows in set (0.02 sec)
```

(3)使用 SHOW CREATE VIEW 语句查看视图 v_yxxsmd 的定义文本,代码及执行结果如下:

```
mysql> SHOW CREATE VIEW v_yxxsmd \G;
*************************** 1. row ****************************
View: v_yxxsmd
Create View: CREATE ALGORITHM = UNDEFINED DEFINER =' chenjunsheng' @'%' SQL
SECURITY DEFINER VIEW 'v_yxxsmd' AS SELECT 'd'.'Dept_i
','s'.'S_name' AS 'S_name' FROM ('department' 'd' JOIN 'student' 's' ON(('d'.'Dept_id' = 's'.'
Dept_id'))) ORDER BY 'd'.'Dept_id'
character_set_client: gbk
collation_connection: gbk_chinese_ci
1 row in set (0.02 sec)
```

【程序说明】

从 SHOW TABLE STATUS LIKE 'v_yxxsmd'的执行结果来看,Name 的值为 v_yxxsmd,Comment 的值为 VIEW,说明该对象为视图,其他信息均为 NULL,说明该对象为虚表。

从 DESCRIBE v_yxxsmd 的执行结果来看,结果显示了视图的字段定义、字段的数据类型、是否为空、是否为主/外键、默认值和其他信息。

从 SHOW CREATE VIEW v_yxxsmd 的执行结果来看,结果显示了视图的名称、创建视图的定义文本、客户端使用的编码以及校对规则等。

子任务 1.3　理解视图的作用

【任务需求】

从院系学生名单视图 v_yxxsmd 中筛选出“信息技术学院”院系的名称和学生的姓名。

【任务分析】

由于院系名称字段 Dept_name 属于 department 表,而学生姓名字段 S_name 属于 student 表,如果没有视图 v_yxxsmd 的存在,则需要通过 department 表和 student 表的连接查询来完成,但是有了视图 v_yxxsmd,本任务中的数据筛选工作就变得非常简单。

思政小贴士

对数据库中数据的大量重复性的查询不仅降低工作效率,而且会有泄露数据库结构信息的安全隐患。在掌握基本查询技能之后应当拓展思维,深入学习思考、创新,对事物的发展方向做出判断,防患于未然。

【任务实现】

在编辑窗口编写代码及执行结果如下:

```
mysql> SELECT Dept_name,S_name
    -> FROM v_yxxsmd
    -> WHERE Dept_name='信息技术学院';
+------------------------+-------------+
| Dept_name              | S_name      |
+------------------------+-------------+
| 信息技术学院           | 郑俊        |
| 信息技术学院           | 黎旭瑶      |
| 信息技术学院           | 倪杰        |
| 信息技术学院           | 张海霞      |
| 信息技术学院           | 任欣        |
+------------------------+-------------+
5 rows in set (0.02 sec)
```

【程序说明】

对于所引用的数据表来说,视图的作用类似于筛选。定义视图可以来自一张或多张表,或者其他已经定义好的视图。通过视图进行查询没有任何限制,且进行数据修改的限制也较少。与直接操纵数据表相比,视图具有以下优点和作用:

(1)使用视图可以合理地组织数据,简化用户操作。如有了该视图 v_yxxsmd,本任务中的查询代码就变得非常简单。

(2)使用视图有利于提高数据的独立性。在应用系统开发过程中,前端应用通过视图而不是基础表访问数据,当修改基础表结构时,前端应用不会受到影响。当升级以前建立的应用系统时,也可以通过建立视图来模仿以前存在但已被更改的表。

(3)使用视图可以提高数据的安全性。视图可以用作安全机制,通过视图只允许用户查看或修改其所能看到的数据,而不是允许其访问基础表的所有数据,有利于提高数据的安全性。

子任务 1.4　如何删除视图

【任务需求】

将视图 v_yxxsmd 从数据库中删除。

【任务分析】

通过任务 1.3 的学习可知,在数据库中建立视图具有很多优点,但当某个视图不再被需要时,就需要将其从数据库中删除。在删除时,可以选择使用 Navicat 等图形工具或直接使用 SQL 语句。图形工具只需要在对象浏览器窗口中选中相应视图,单击鼠标右键选择"删除视图"选项即可。在 SQL 语句中使用 DROP VIEW 语句删除视图,其语法格式如下:

```
DROP VIEW  [IF EXISTS] 视图名
```

其中,IF EXISTS 为可选参数,用于判断视图是否存在,如果存在则执行,不存在则不执行。

【任务实现】

在编辑窗口编写代码及执行结果如下:

```
mysql> DROP VIEW IF EXISTS v_yxxsmd;
Query OK,0 rows affected,1 warning (0.02 sec)

mysql> SHOW CREATE VIEW v_yxxsmd;
ERROR 1146 (42S02): Table 'chenjunsheng.v_yxxsmd' doesn't exist;
```

【程序说明】

执行语句 SHOW CREATE VIEW v_yxxsmd 的目的是验证该视图是否真的被删除，从执行结果来看，结果显示不存在名为 v_yxxsmd 的视图，表示视图删除成功。

子任务 1.5　对视图进行检查

【任务需求】

掌握更新视图时检查选项子句 WITH CASCADED CHECK OPTION 及 WITH LOCAL CHECK OPTION 的作用。

【任务分析】

由前面部分的学习可知，视图是一个从数据表或视图导出的虚表，数据库中仅存储视图的定义不存储视图的数据。视图建立后，可以像表一样使用，可以使用视图进行查询、更新、删除或插入数据，但如果视图创建的过程中带有检查选项子句 WITH CASCADED CHECK OPTION 或 WITH LOCAL CHECK OPTION，则在更新视图时会受到相应的限制。

【任务实现】

为了本任务的描述方便，先创建一张测试表 t1，创建的语句如下：

```
mysql> CREATE TABLE t1(a int);
Query OK,0 rows affected (0.04 sec)
```

基于 t1 表依次创建视图 v1、v2 和 v3，创建的语句如下：

```
mysql> CREATE VIEW v1
    -> AS
    -> SELECT *
    -> FROM t1
    -> WHERE a>10;
Query OK,0 rows affected (0.12 sec)
mysql> CREATE VIEW v2
    -> AS
    -> SELECT *
    -> FROM v1
    -> WHERE a<20
    -> WITH CASCADED CHECK OPTION;
Query OK,0 rows affected (0.02 sec)
mysql> CREATE VIEW v3
    -> AS
    -> SELECT *
    -> FROM v2
    -> WHERE a<30
    -> WITH LOCAL CHECK OPTION;
Query OK,0 rows affected (0.03 sec)
```

首先向视图 v1 中插入如下的记录：

```
mysql> INSERT INTO v1 VALUES(5);
Query OK,1 row affected (0.03 sec)
```

从执行结果来看，因为视图 v1 没有检查选项，所以即使插入的记录不满足 v1 中 WHERE 子句的限制条件，也可以正常插入，这说明如果在创建视图过程中不带检查选项，那么对于可更新视图而言在数据操作时不做任何检查。

然后向视图 v2 中插入如下两条记录：

```
mysql> INSERT INTO v2 VALUES(5);
ERROR 1369 (HY000): CHECK OPTION failed 'chenjunsheng.v2'
mysql> INSERT INTO v2 VALUES(25);
ERROR 1369 (HY000): CHECK OPTION failed 'chenjunsheng.v2'
```

从执行结果来看，如果带有检查选项子句 WITH CASCADED CHECK OPTION，则更新视图时，MySQL 会循环检查视图的规则以及底层表或视图的规则是否满足，如果有一个条件不满足，那么更新视图都会报错。

最后向视图 v3 中插入如下的记录：

```
mysql> INSERT INTO v3 VALUES(35);
ERROR 1369 (HY000): CHECK OPTION failed 'chenjunsheng.v3'
mysql> INSERT INTO v3 VALUES(25);
ERROR 1369 (HY000): CHECK OPTION failed 'chenjunsheng.v3'
```

从执行结果来看，从 MySQL 5.7.6 开始如果带有检查选项子句 WITH LOCAL CHECK OPTION，则更新视图时，MySQL 会检查带有检查选项 WITH LOCAL CHECK OPTION 和 WITH CASCADED CHECK OPTION 的视图规则，如果有相应的条件不满足，则更新视图也会报错。

【程序说明】

检查选项子句 WITH CASCADED CHECK OPTION 及 WITH LOCAL CHECK OPTION 为创建视图的可选项，在实际应用的过程中可以根据实际情况灵活选用，另外需要注意的是，直接使用 WITH CHECK OPTION 子句的作用等同于使用 WITH CASCADED CHECK OPTION 子句，正如前面所说，CASCADED 为检查选项的默认值。

任务 2 使用触发器

使用触发器 1

思政小贴士

规则无处不在。若日常生活中没有规则，人们就无法正常地生活、学习和工作。触发器是实现完整性、一致性的特殊存储过程，可在执行 SQL 语句触发事件时自动生效。通常使用触发器来定义业务规则。

预备知识

1. 触发器是什么

触发器是一种特殊的存储过程，可以用来对表实施复杂的完整性约束，保持数据的一致性。当触发器所保护的数据发生改变时，触发器会自动被激活，并执行触发器中所定义的相关操作，以保证关联数据的完整性。一般能够激活触发器的事件包括 INSERT、UPDATE 和 DELETE 事件。

2. 创建触发器的方法

和前面数据库对象创建一样,这里仅讨论使用 CREATE TRIGGER 创建触发器的方法。该命令的语法如下:

```
CREATE TRIGGER 触发器名称
{ { BEFORE | AFTER} {[DELETE] [,] [INSERT] [,] [UPDATE] }
ON 表名
FOR EACH ROW
BEGIN
SQL 语句 [ ... n ]
END
```

语法说明:

(1)触发器名称:指定要创建的触发器的名称,应符合标识符的命名规则。

(2)BEFORE|AFTER:用来指明触发器是在激活它的语句之前或之后触发。

(3){[DELETE] [,] [INSERT] [,] [UPDATE] }:是指在表上执行哪些数据操作语句时激活触发器的关键字,必须至少指定一项。

(4)表名:是指触发事件操作的表的名称。

(5)FOR EACH ROW:表示任何一条记录上的操作满足触发事件都会触发该触发器。

(6)SQL 语句 [... n]:定义触发器触发后,要执行的 SQL 操作。

3. 触发器工作过程中两个重要的逻辑表

触发器有两个特殊的表:插入表(NEW 表)和删除表(OLD 表)。这两张表是逻辑表也是虚表。由系统在内存中创建这两张表,不会存储在数据库中。两张表都是只读的,只能读取数据而不能修改数据。这两张表的结构总是与触发器表的结构相同。当触发器完成工作后,这两张表就会被删除。

NEW 表的数据是插入或修改后的数据,而 OLD 表的数据是更新前的或是删除的数据。在触发器工作过程中这两张临时表和执行操作之间的对应关系见表 7-2。

表 7-2 具体操作和逻辑表之间的关系

对表的操作	NEW 逻辑表	OLD 逻辑表
增加记录(INSERT)	存放增加的记录	无
删除记录(DELETE)	无	存放被删除的记录
修改记录(UPDATE)	存放更新后的记录	存放更新前的记录

子任务 2.1 了解并创建触发器

【任务需求】

在 student 表中创建一触发器 insert_stu,每次向 student 表中插入记录时,自动将插入的记录备份到备份表 student_bak 中。

【任务分析】

为了完成本任务,首先需要创建备份表 student_bak 表,其结构与 student 保持一致(可以通过 DESC 命令查看 student 表的结构),创建 student_bak 的 SQL 语句如下:

触发器 insert_stu 需要建立在 student 表上,触发的条件为每次向 student 表中插入数据,即执行 INSERT 操作。由前面预备知识的学习可知，触发器的触发条件为 INSERT 操作时，系统会自动创建逻辑表 NEW，逻辑表 NEW 的结构与触发器表 student 一致。当触发器触发以后插入的记录会被同时存入逻辑表 NEW 中，由于任务最终需要将向 student 表中插入的记录插入备份表 student_bak 中，所以该触发器的执行语句部分需要从逻辑表 NEW 中获取插入的字段值，并使用 INSERT INTO 语句将其插入备份表 student_bak 中。

【任务实现】

首先使用 DESC 命令查看 student 表的结构，查看语句及执行结果如下：

```
mysql> DESC student;
+------------------+------------------------------+-----------+----------+------------+-----------+
| Field            | Type                         | Null      | Key      | Default    | Extra     |
+------------------+------------------------------+-----------+----------+------------+-----------+
| S_name           | varchar(10)                  | NO        |          | NULL       |           |
| S_id             | bigint(8)                    | NO        | PRI      | NULL       |           |
| Dept_id          | tinyint(3)unsigned           | NO        |          | NULL       |           |
| S_age            | tinyint(2)unsigned           | NO        |          | NULL       |           |
| S_gender         | char(2)                      | NO        |          | NULL       |           |
+------------------+------------------------------+-----------+----------+------------+-----------+
5 rows in set (0.02 sec)
```

然后按照 student 表的结构创建备份表 student_bak，创建语句及执行结果如下：

```
mysql> CREATE TABLE student_bak (
    -> S_name varchar(10)NOT NULL,
    -> S_id bigint(8)NOT NULL,
    -> Dept_id tinyint(3)   NOT NULL,
    -> S_age tinyint(2)   NOT NULL,
    -> S_gender char(2)NOT NULL);
Query OK,0 rows affected (0.05 sec)
```

最后在 student 表中创建触发器 insert_stu，按照前面的分析，触发器的创建语句及执行结果如下：

```
mysql> DELIMITER #
mysql> CREATE TRIGGER insert_stu
    -> AFTER INSERT
    -> ON student
    -> FOR EACH ROW
    -> BEGIN
    -> INSERT INTO student_bak
    -> VALUES(new.S_name,new.S_id,new.Dept_id,new.S_age,new.S_gender);
    -> END#
Query OK,0 rows affected (0.02 sec)
```

【程序说明】

在上面这一段代码中，DELIMITER # 是将 MySQL 的分隔符修改为“#”，CREATE TRIGGER 是创建触发器的命令动词，insert_stu 是触发器的名称。ON 关键字后面指定的是创建该触发器的表，AFTER 后指定的是该触发器的触发条件，关键字 BEGIN... END 之间指定的是该触发器的功能，即从逻辑表中获取插入 student 表中的字段值，然后将其插入备份表 student_bak 中。执行这一段代码后，在 student 表中就建立了一个名为 insert_stu 的触发器。

为了验证上述触发器是否起作用,可以向 student 表中插入如下的记录:

```
mysql> INSERT INTO student VALUES('胡夏','1111998',6,20,'男')#
Query OK,1 row affected (0.02 sec)
```

如果触发器起作用则会将这条记录插入备份表 student_bak 中,此时可以通过查询语句从 student_bak 表中查看到该条记录,查看的 SQL 语句及执行结果如下:

```
mysql> SELECT *
    -> FROM student_bak#
+------------+------------+------------+------------+--------------+
| S_name     | S_id       | Dept_id    | S_age      | S_gender     |
+------------+------------+------------+------------+--------------+
| 胡夏       | 1111998    |          6 |         20 | 男           |
+------------+------------+------------+------------+--------------+
1 row in set (0.02 sec)
```

很显然上述触发器达到了预期的目的。从上面的例子可以看出,触发器(trigger)是与表事件相关的特殊的存储过程,它的执行不是由程序调用,也不是手工启动,而是由事件来触发,比如当对一个表进行操作(INSERT,DELETE,UPDATE)时就会激活它执行,进而执行特定的操作。

子任务 2.2　如何查看触发器

【任务需求】

查看子任务 2.1 中已创建的触发器 insert_stu 的相关信息。

【任务分析】

查看触发器是指查看数据库中已存在的触发器的定义、状态和语法等信息。在 MySQL 中可以使用 SHOW TRIGGERS 语句来查看触发器的基本信息,同时所有触发器的定义都存在于 information_schema 数据库下的 triggers 表中,查询 triggers 表可以查看到所有触发器的详细信息。这两种方法具体如下:

(1)使用 SHOW TRIGGERS 语句查看触发器信息的语法格式为:

```
SHOW TRIGGERS;
```

(2)在 triggers 表中查看触发器信息的语法格式为:

```
SELECT *
FROM information_schema. triggers
[WHERE TRIGGER_NAME='触发器名'];
```

其中,“information_schema. triggers”表示 information_schema 数据库下的 triggers 表;WHERE 子句为可选项。如果没有 WHERE 子句,那么查看到的是数据库中所有触发器的详细信息;如果带有 WHERE 子句并指定了触发器名称,则查看到的是指定触发器的详细信息。

【任务实现】

(1)使用 SHOW TRIGGERS 语句查看触发器 insert_stu 的基本信息,代码及执行结果如下:

```
mysql> SHOW TRIGGERS\G
*************************** 1. row ***************************
             Trigger:  insert_stu
               Event:  INSERT
```

```
                  Table:  student
              Statement:  BEGIN
INSERT INTO student_bak
VALUES(new.S_name,new.S_id,new.Dept_id,new.S_age,new.S_gender);
END
                 Timing:  AFTER
                Created:  2019-08-14 22:44:22.47
               sql_mode:
ONLY_FULL_GROUP_BY,STRICT_TRANS_TABLES,NO_ZERO_IN_DATE,NO_ZERO_DATE,
ERROR_FOR_D
                Definer:  chenjunsheng@%
   character_set_client:  gbk
   collation_connection:  gbk_chinese_ci
     Database Collation:  utf8_general_ci
1 row in set (0.02 sec)
```

(2)在 triggers 表中查看触发器 insert_stu 的信息,代码及执行结果如下:

```
mysql> SELECT *
    -> FROM information_schema.triggers
    -> WHERE TRIGGER_NAME='insert_stu'\G
**************************** 1. row ****************************
             TRIGGER_CATALOG:  def
              TRIGGER_SCHEMA:  chenjunsheng
                TRIGGER_NAME:  insert_stu
          EVENT_MANIPULATION:  INSERT
        EVENT_OBJECT_CATALOG:  def
         EVENT_OBJECT_SCHEMA:  chenjunsheng
          EVENT_OBJECT_TABLE:  student
                ACTION_ORDER:  1
            ACTION_CONDITION:  NULL
            ACTION_STATEMENT:  BEGIN
INSERT INTO student_bak
VALUES(new.S_name,new.S_id,new.Dept_id,new.S_age,new.S_gender);
END
          ACTION_ORIENTATION:  ROW
               ACTION_TIMING:  AFTER
  ACTION_REFERENCE_OLD_TABLE:  NULL
  ACTION_REFERENCE_NEW_TABLE:  NULL
    ACTION_REFERENCE_OLD_ROW:  OLD
    ACTION_REFERENCE_NEW_ROW:  NEW
                     CREATED:  2019-08-14 22:44:22.47
SQL_MODE: ONLY_FULL_GROUP_BY,STRICT_TRANS_TABLES,NO_ZERO_IN_DATE,NO_
ZERO_DATE,
                     DEFINER:  chenjunsheng@%
        CHARACTER_SET_CLIENT:  gbk
        COLLATION_CONNECTION:  gbk_chinese_ci
```

```
        DATABASE_COLLATION:  utf8_general_ci
1 row in set (0.02 sec)
```

【程序说明】

从 SHOW TRIGGERS 的执行结果来看，结果显示的是数据库中所有触发器的基本信息。由于此时数据库中只有 insert_stu 触发器，所以只显示了该触发器的基本信息。

从 SELECT * FROM information_schema.triggers WHERE TRIGGER_NAME='insert_stu'的执行结果来看，结果显示了指定的"insert_stu"触发器的详细信息，如果没有 WHERE 子句，那么会查看到数据库中所有触发器的详细信息。但在实际应用过程中，由于带有 WHERE 子句的查看方式可以查询指定的触发器，所以使用起来更加方便和灵活。

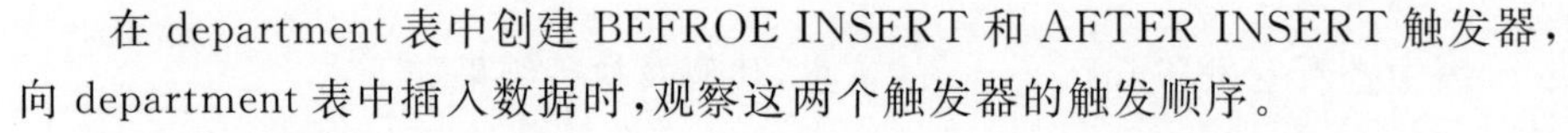

子任务 2.3　触发器的使用

使用触发器 2

【任务需求】

在 department 表中创建 BEFROE INSERT 和 AFTER INSERT 触发器，向 department 表中插入数据时，观察这两个触发器的触发顺序。

【任务分析】

在本任务的预备知识部分详细讲解了创建触发器的语法格式，通过学习可知 BEFORE 和 AFTER 参数指定了触发器的执行时间，其中"BEFORE"是指在触发事件之前执行触发语句，"AFTER"是指在触发事件之后执行触发语句，在触发器的实际工作过程中，触发器的执行顺序是 BEFORE 触发器、表操作(INSERT、UPDATE 和 DELETE)和 AFTER 触发器，本任务旨在通过一个示例演示这三者的执行顺序。

【任务实现】

为了演示方便，首先在数据库中创建一张新表 tri_test，用于记录触发器工作过程中插入的信息，该表的创建语句及执行结果如下：

```
mysql> CREATE TABLE tri_test
    -> (id int PRIMARY KEY AUTO_INCREMENT,
    -> info varchar(20));
Query OK,0 rows affected (0.05 sec)
```

然后创建本任务的触发器 before_insert_dept 和 after_insert_dept，其中 before_insert_dept 为 BEFORE INSERT 触发器，after_insert_dept 为 AFTER INSERT 触发器，创建触发器的代码及执行结果如下：

```
mysql> DELIMITER #
mysql> CREATE TRIGGER before_insert_dept
    -> BEFORE INSERT
    -> ON department
    -> FOR EACH ROW
    -> BEGIN
    -> INSERT INTO tri_test VALUES(NULL,'before_insert');
    -> END#
Query OK,0 rows affected (0.03 sec)
mysql>
mysql> CREATE TRIGGER after_insert_dept
```

```
    -> AFTER INSERT
    -> ON department
    -> FOR EACH ROW
    -> BEGIN
    -> INSERT INTO tri_test   VALUES(NULL,'after_insert');
    -> END#
Query OK,0 rows affected (0.03 sec)
```

在触发器创建好以后,向 department 表中插入一条记录。代码及执行结果如下:

```
mysql> INSERT INTO department VALUES('汽车电子学院',7)#
Query OK,1 row affected (0.02 sec)
```

执行结果显示,记录插入成功。现在可以查看 tri_test 表中的记录。代码及执行结果如下:

```
mysql> SELECT * FROM tri_test#
+----------+------------------------+
| id       | info                   |
+----------+------------------------+
| 1        | before_insert          |
| 2        | after_insert           |
+----------+------------------------+
2 rows in set (0.02 sec)
```

【程序说明】

查询结果显示,before_insert_dept 和 after_insert_dept 触发器均被激活,先激活 before_insert_dept 触发器,然后再激活 after_insert_dept 触发器。

在激活触发器时,对触发器中的执行语句存在一些限制。例如触发器不能包含事务相关的操作(如 COMMIT 或 ROLLBACK 等),也不能包含存储过程的调用语句 CALL 等。

在触发器执行过程中,任何步骤出错都会阻止程序向下执行。但是对于基本表而言,已经更新过的记录是不能回滚的,也就是说更新后的数据将继续保留在基本表中。因此在设计触发器时要慎重考虑。

子任务 2.4　删除触发器

【任务需求】

使用 DROP TRIGGER 语句将触发器 insert_stu 删除。

【任务分析】

不再需要某个触发器时,一定要将该触发器删除。如果没有将这个触发器删除,那么每次执行触发事件时,都会执行触发器中的执行语句,而执行语句会对数据库中的数据进行某些操作,这会造成数据变化。因此,一定要删除不需要的触发器。

删除触发器是指删除数据库中已经存在的触发器。在 MySQL 中使用 DROP TRIGGER 语句来删除触发器。其语法格式如下:

```
DROP TRIGGER   触发器名
```

其中,"触发器名"参数指要删除的触发器的名称。由于 MySQL 中可以同时有多个数据库,如果只指定触发器名称,数据库系统会在当前的数据库下查找该触发器,如果找到就执行删除。如果指定数据库,数据库系统就会到指定的数据库下去查找触发器。例如,JXGL.insert_stu 表示 JXGL 数据库下的触发器 insert_stu。

【任务实现】

在编辑窗口编写代码及执行结果如下：

```
mysql> DROP TRIGGER insert_stu;
Query OK,0 rows affected (0.02 sec)
mysql> SELECT *
    -> FROM information_schema.triggers
    -> WHERE TRIGGER_NAME='insert_stu'\G
Empty set (0.02 sec)
```

【程序说明】

DROP TRIGGER 语句的执行结果显示删除成功，为确定该触发器是否真的被删除，在任务实现部分使用了 SELECT 语句从 TRIGGERS 表中进行了查询，从查询的结果来看，不存在名为"insert_stu"的记录，这说明触发器"insert_stu"已经删除成功。

任务 3 认识 MySQL 数据库中的临时表

预备知识

MySQL 临时表在很多场景中都会用到，比如用户自己创建的临时表用于保存临时数据，以及 MySQL 内部在执行复杂 SQL 操作时，需要借助临时表进行分组、排序、去重等操作。

临时表与普通表的主要区别在于是否在实例、会话或语句结束后自动清理数据。比如，在一个查询中，如果要存储中间结果集，系统就会创建存储中间结果的临时表，而查询结束后，临时表就会自动回收，不会影响用户表结构和数据。另外就是，不同会话的临时表可以重名，所以多个会话执行查询时，如果要使用临时表，不会有重名的担忧。MySQL 5.7 引入了临时表空间后，将所有临时表都存储在临时表空间中，临时表空间的数据可以复用。

子任务 3.1 掌握临时表的定义

认识 MySQL 数据库中的临时表

【任务需求】

从 books 表中查询出每个出版社的名称及出版社出现的次数，并使用 EXPLAIN 查看该查询的执行计划，观察该查询执行的过程中是否用到了临时表。

【任务分析】

为了完成本任务，首先需要完成本任务中涉及的查询，由前面的学习可知，本题中的查询为分组查询(GROUP BY)，即按照出版社的名称(press 字段)分组，然后统计出每个出版社在 books 表中出现的次数，最后在查询语句的前面加上 EXPLAIN 查看该查询的执行计划。

【任务实现】

本任务的代码及执行结果如下：

```
mysql> EXPLAIN SELECT press,COUNT( * ) FROM books GROUP BY press\G
*************************** 1. row ***************************
           id: 1
```

```
SELECT_type   SIMPLE
      table   books
 partitions   NULL
       type   ALL
possible_keys NULL
        key   NULL
    key_len   NULL
        ref   NULL
       rows   7
   filtered   100.00
     Extra:   Using temporary; Using filesort
1 row in set,1 warning (0.18 sec)
```

【程序说明】

上面的 SQL 语句含义是将 books 中的数据按 press 列的值分组，统计每种 press 列值对应的记录数目，EXPLAIN 可以用来查看特定 SQL 操作的执行计划，从执行计划中我们看到了“Using temporary;”，说明在该查询执行的过程中系统自动创建了临时表。事实上对于本任务的 GROUP BY 而言，首先需要统计每个出版社出现的数目，这就需要借助临时表来快速定位，如果该出版社不存在，则插入一条记录；如果存在，则累加计数。当然该临时表只用于存储该查询的中间结果，当该查询结束以后，该临时表就会被收回。

通过本任务可知，所谓临时表，是 MySQL 用于存储一些中间结果集的表，临时表只在当前连接可见，当关闭连接时，MySQL 会自动删除表并释放所有空间。临时表一般会在一些复杂的 SQL 操作过程中被自动创建，但也可以由用户自行创建。

按照创建的方式不同，MySQL 的临时表可以分为两种：一种是用户使用 CREATE TEMPORARY TABLE 创建的，称为外部临时表；另一种是因 UNION、ORDER BY、GROUP BY、DISTINCT 等复杂 SQL 操作产生的，称为内部临时表。由于内部临时表是在一些复杂的 SQL 操作过程中由系统自动创建，所以在后续子任务中如果不加特殊说明，讨论的均为外部临时表。

子任务 3.2 临时表的创建、查看与删除

【任务需求】

根据表 7-3 中临时表“temp1”的定义在数据库中创建该临时表，然后依次查看和删除该表。

表 7-3 临时表“temp1”的定义

序号	列名	数据类型	约束条件	备注
1	xh	char(9)	NOT NULL	
2	xm	varchar(10)	NOT NULL	
3	xb	char(2)		

【任务分析】

创建临时表的语法格式与创建普通表的语法格式类似，不同之处在于增加了关键字 TEMPORARY，具体语法如下：

CREATE TEMPORARY TABLE 表名(列的定义...);

由于临时表的特殊性,因此使用 SHOW TABLES 不会列出临时表,但是可以使用 SHOW CREATE TABLE 或 DESC 命令查看临时表结构的详细信息,这两条命令的语法格式如下:

SHOW CREATE TABLE 临时表名

DESC 临时表名

默认情况下,当断开与数据库的连接后,临时表就会自动被销毁,用户也可以在当前 MySQL 会话中使用 DROP TABLE 命令来手动删除临时表,删除临时表的语法与删除普通表的语法相同,具体格式如下:

DROP [TEMPORARY] TABLE 临时表名

【任务实现】

创建临时表 temp1 的代码及执行结果如下:

```
mysql> CREATE TEMPORARY TABLE temp1
    -> (xh char(9)NOT NULL,
    -> xm varchar(10)NOT NULL,
    -> xb char(2));
Query OK,0 rows affected (0.02 sec)
```

查看 temp1 结构的详细信息的代码及执行结果如下:

```
mysql> DESC temp1;
+-----------+------------+------+-----+---------+-------+
| Field     | Type       | Null | Key | Default | Extra |
+-----------+------------+------+-----+---------+-------+
| xh        | char(9)    | NO   |     | NULL    |       |
| xm        | varchar(10)| NO   |     | NULL    |       |
| xb        | char(2)    | YES  |     | NULL    |       |
+-----------+------------+------+-----+---------+-------+
3 rows in set (0.01 sec)
mysql> SHOW CREATE TABLE temp1;
+--------+-------------------------------------------
| Table  | Create Table
+--------+-------------------------------------------
| temp1  | CREATE TEMPORARY TABLE 'temp1' (
  'xh' char(9)NOT NULL,
  'xm' varchar(10)NOT NULL,
  'xb' char(2)DEFAULT NULL
  )ENGINE=InnoDB DEFAULT CHARSET=utf8 |
+--------+-------------------------------------------
1 row in set (0.02 sec)
```

删除 temp1 的代码及执行结果如下:

```
mysql> DROP TEMPORARY TABLE temp1;
Query OK,0 rows affected (0.02 sec)
```

【程序说明】

从任务实现部分可以发现,临时表的创建、查看及删除的语法格式均与普通表的语法类似或相同。

子任务 3.3 使用临时表的注意事项

【任务需求】

在数据库中创建和普通表 student 同名的临时表(临时表的结构自定义),观察创建的临时表对于普通表的影响。

【任务分析】

临时表在“库名＋表名”基础上又加入了“server_id＋thread_id”,同一会话下临时表名可以和普通表名相同,但是如果创建的临时表在数据库中已存在与之同名的普通表,临时表将有必要屏蔽(隐藏)普通表,直到临时表被删除或当前连接被关闭并重新连接以后普通表才可见。

【任务实现】

在创建临时表之前先使用 DESC student 查看当前数据库中普通表的结构,查看的语句及执行结果如下:

```
mysql> DESC student;
+------------+----------------------+--------+-------+----------+--------+
| Field      | Type                 | Null   | Key   | Default  | Extra  |
+------------+----------------------+--------+-------+----------+--------+
| S_name     | varchar(10)          | NO     |       | NULL     |        |
| S_id       | bigint(8)            | NO     | PRI   | NULL     |        |
| Dept_id    | tinyint(3)unsigned   | NO     |       | NULL     |        |
| S_age      | tinyint(2)unsigned   | NO     |       | NULL     |        |
| S_gender   | char(2)              | NO     |       | NULL     |        |
+------------+----------------------+--------+-------+----------+--------+
5 rows in set (0.01 sec)
```

然后使用 CREATE TEMPORARY TABLE 语句创建临时表 student,为方便起见,临时表只包含一列 a,数据类型为 int,创建的语句及执行结果如下:

```
mysql> CREATE TEMPORARY TABLE student
    -> (a int);
Query OK,0 rows affected (0.02 sec)
```

此时再使用 DESC student 进行查看,查看的语句及结果如下:

```
mysql> DESC student;
+-------+----------+--------+-------+----------+--------+
| Field | Type     | Null   | Key   | Default  | Extra  |
+-------+----------+--------+-------+----------+--------+
| a     | int(11)  | YES    |       | NULL     |        |
+-------+----------+--------+-------+----------+--------+
1 row in set (0.01 sec)
```

【程序说明】

从最后 DESC student 查看的结果来看,临时表 student 创建完成以后会屏蔽数据库中与之同名的普通表 student,此时如果要使得普通表可见,可以使用 DROP TEMPORARY TABLE 命令删除临时表或者关闭当前连接释放临时表。

临时表在 MySQL 中应用场景很多,使用的过程中应该注意以下的一些限制:

(1)临时表在 MEMORY、MyISAM 或者 InnoDB 上使用,并且不支持 mysql cluster(簇)。

(2)一个临时表只能被创建它的会话访问,对其他线程不可见。

(3)临时表名可以与普通表相同,但此时使用 SHOW CREATE TABLE 语句,以及增删改查语句访问的都是临时表,直到临时表被释放,同名的普通表才可见。

(4)SHOW TABLES 语句不会列出临时表,在 information_schema 中也不存在临时表信息。

(5)不能使用 RENAME 来重命名临时表,但是可以使用 ALTER TABLE RENAME 代替。

(6)可以复制临时表得到一个新的临时表。

(7)在同一个 QUERY 语句中,相同的临时表只能出现一次。

(8)相同的临时表不能在存储函数中出现多次。

任务 4　认识 MySQL 数据库中的事件

思政小贴士

春秋时期,齐国管仲实行了一系列改革措施,取得了显著成效,使齐国在短短数年内国富兵强。事件就是为减少数据库管理工作中繁琐的重复性工作问题的改革与创新。

预备知识

数据库的管理是一项重要且烦琐的工作,许多日常管理工作都需要频繁地、周期性地执行,例如定时更新数据、定期维护索引、定时进行数据备份等操作。在实际应用中,为了减少重复性的工作,数据库管理员会选择定义事件对象,从而以自动化的方式来完成这些任务。

事件(event)是 MySQL 5.1 版本后引入的新特性。事件是在特定时刻调用的数据库对象,一个事件可以调用一次,也可以周期性地被调用,它由一个特定的线程来管理,该线程被称为"事件调度器",在创建事件之前,事件调度器必须处于打开状态。

创建事件由 CREATE EVENT 语句完成,其语法格式如下:

```
CREATE EVENT
        [IF NOT EXISTS]
        event_name
        ON SCHEDULE schedule
        [ON COMPLETION [NOT] PRESERVE]
        [ENABLE | DISABLE | DISABLE ON SLAVE ]
        [COMMENT 'comment']
        DO event_body;
schedule:
        AT timestamp [+ INTERVAL interval] ...
        | EVERY interval
        [STARTS timestamp [+ INTERVAL interval] ...]
        [ENDS timestamp [+ INTERVAL interval] ...]
interval:
        quantity {YEAR | QUARTER | MONTH | DAY | HOUR | MINUTE |WEEK | SECOND |
YEAR_MONTH | DAY_HOUR |DAY_MINUTE |DAY_SECOND | HOUR_MINUTE |HOUR_SECOND
| MINUTE_SECOND}
```

语法说明:

(1)IF NOT EXISTS:只有在同名事件不存在时才创建,否则忽略。

(2)ON SCHEDULE schedule:定义执行的时间和时间间隔。

(3)ON COMPLETION [NOT] PRESERVE:定义事件是一次执行还是永久执行,默认为一次执行,即 NOT PRESERVE。

(4)ENABLE | DISABLE | DISABLE ON SLAVE:表示设定事件的状态,ENABLE 表示系统将执行这个事件,DISABLE 表示系统不执行该事件,在主从环境下的 EVENT 操作中,若自动同步主服务器上创建事件的语句,则会自动加上 DISABLE ON SLAVE。

(5)COMMENT 'comment':定义事件的注释。

(6)DO event_body:用于指定事件执行的动作,可以是一条 SQL 语句,也可以是一个存储过程或一个 BEGIN...END 语句块。

子任务 4.1　认识事件的定义

【任务需求】

查看 MySQL 服务器事件调度器的状态,并打开 MySQL 服务器的事件调度器。

【任务分析】

事件和触发器类似,都是在某些事情发生的时候启动。当在数据库的触发器表中执行相应操作(INSERT、UPDATE 和 DELETE)时,触发器就启动了,而事件是根据调度事件来启动的。由于它们具有相似性,所以事件也称为“临时性触发器”。事件取代了原先只能由操作系统的计划任务来执行的工作,但是 MySQL 的事件调度器可以精确到每秒钟执行一个任务,因此在实时性要求比较高的应用中会被广泛使用。

事件调度器是 MySQL 数据库服务器的一部分,负责事件的调度,它不断监视某个事件是否被调用。在创建事件之前,事件调度器必须处于打开状态,在 MySQL 中使用全局系统变量@@EVENT_SCHEDULER 来监控事件调度器是否开启,在实际应用中可以使用 SHOW VARIABLES LIKE 来查看事件调度器的状态,并可以通过修改@@GLOBAL.EVENT_SCHEDULER 的值为 ON 来打开 MySQL 的事件调度器。

【任务实现】

查看 MySQL 服务器事件调度器状态的代码及执行结果如下:

```
mysql> SHOW VARIABLES LIKE 'EVENT_SCHEDULER';
```

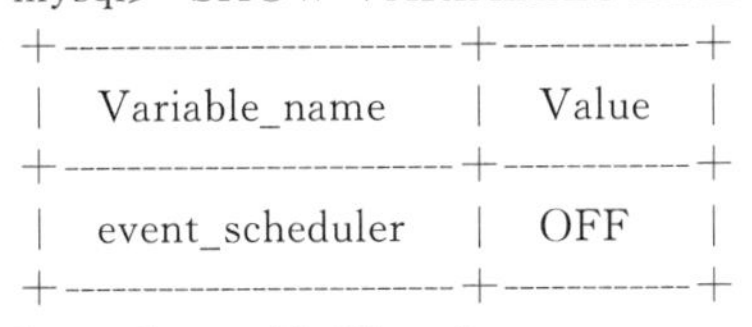

```
+-----------------+-------+
| Variable_name   | Value |
+-----------------+-------+
| event_scheduler | OFF   |
+-----------------+-------+
```

```
1 row in set (0.02 sec)
```

打开 MySQL 服务器事件调度器,语句及执行结果如下:

```
mysql> SET @@GLOBAL.EVENT_SCHEDULER=ON;
Query OK,0 rows affected (0.00 sec)
```

【程序说明】

从执行结果来看,默认情况下事件调度器是处于关闭状态的,此时可以通过 SET 语句来修改@@GLOBAL.EVENT_SCHEDULER 的值为 ON 来打开 MySQL 服务器事件调度器。

打开 MySQL 服务器事件调度器,还可以通过如下的语句实现。

```
SET GLOBAL EVENT_SCHEDULER=1;
```

其中 1 表示开启,0 表示关闭。

但是这两种方式都只能临时修改 MySQL 服务器事件调度器的状态，当服务器重启以后，事件调度器的状态会恢复到默认值。如果想要永久修改，需要修改配置文件 my.ini，在[mysqld]部分添加如下语句，然后重启 MySQL。

EVENT_SCHEDULER=1

子任务 4.2　在数据库中创建事件

【任务需求】

创建名为 event_datetime 的事件，该事件可以每隔一分钟将当前的系统日期时间插入测试表 test 中。

【任务分析】

按照预备知识中关于创建事件的语法格式要求可知，创建该事件可以使用 CREATE EVENT 语句，创建的事件名称为 event_datetime，是一个重复事件，该事件启动后执行的操作为每隔一分钟将当前的系统日期时间插入测试表 test 中，假设 test 表只包含序号(xh)和日期(rq)两列，则 test 表创建的语句及执行结果如下：

```
mysql> CREATE TABLE test
    -> (xh int PRIMARY KEY AUTO_INCREMENT,
    -> rq datetime);
Query OK,0 rows affected (0.03 sec)
```

【任务实现】

创建 event_datetime 事件的代码及执行结果如下：

```
mysql> CREATE EVENT event_datetime
    -> ON SCHEDULE
    -> EVERY 1 MINUTE
    -> DO
    -> INSERT INTO test(rq) VALUES(NOW());
Query OK,0 rows affected (0.00 sec)
```

【程序说明】

上述代码中 EVERY 1 MINUTE 表示该事件为重复事件，每隔一分钟执行一次操作将当前的系统日期时间插入 test 表中，当事件工作一段时间以后，使用查询语句查看 test 表的代码及结果如下：

```
mysql> SELECT * FROM test;
+-------+-----------------------------------+
| xh    | rq                                |
+-------+-----------------------------------+
| 1     | 2019-08-21 15:57:07               |
| 2     | 2019-08-21 15:58:07               |
| 3     | 2019-08-21 15:59:07               |
| 4     | 2019-08-21 16:00:07               |
| 5     | 2019-08-21 16:01:07               |
| 6     | 2019-08-21 16:02:07               |
| 7     | 2019-08-21 16:03:07               |
+-------+-----------------------------------+
7 rows in set (0.00 sec)
```

从查看的结果可以看出，该事件可以满足本任务的需求。

子任务 4.3　在数据库中管理事件

【任务需求】

查看事件 event_datetime 的创建信息，然后修改该事件将其设置为禁用，最后将该事件删除。

【任务分析】

在 MySQL 中对于重复事件可以使用“SHOW EVENTS”或“SHOW CREATE EVENT ＋事件名”两种方式来进行查看，其中“SHOW EVENTS”可以查看当前数据库中所有事件的详细信息，“SHOW CREATE EVENT ＋事件名”可以查看指定事件的创建信息。

当事件的功能或属性发生变化时，可以使用 ALTER EVENT 来修改事件，如禁用或启用事件、更改事件的执行频率等，具体语法格式如下：

```
ALTER
[DEFINER = { user | CURRENT_USER }]
EVENT event_name
[ON SCHEDULE schedule]
[ON COMPLETION [NOT] PRESERVE]
[RENAME TO new_event_name]
[ENABLE | DISABLE | DISABLE ON SLAVE]
[COMMENT 'comment']
[DO event_body]
```

其中，RENAME 表示修改事件的名称，其他参数与创建事件的参数相同。

当事件不再需要时，可以使用 DROP EVENT 删除事件，具体语法格式如下：

```
DROP EVENT [databasename. ]event_name
```

其中，databasename 为事件所在的数据库名称，event_name 为待删除的事件名。

思政小贴士

团队是由两个或更多的人为实现同一目标，共同合作、相互承担责任而组成的工作群体。在完成项目任务的过程中，同学们要不断提高沟通表达、自我学习和团队协作方面能力。

【任务实现】

(1)查看事件 event_datetime 的创建信息的语句及执行结果如下：

```
mysql> SHOW CREATE EVENT event_datetime\G
*************************** 1. row ***************************
               Event:  event_datetime
            sql_mode:  STRICT_TRANS_TABLES,NO_AUTO_CREATE_USER,NO_ENGINE_SUBSTITUTION
           time_zone:  SYSTEM
        Create Event:  CREATE DEFINER='root'@'localhost' EVENT 'event_datetime' ON SCHEDULE
EVERY 1 MINUTE STARTS '2019-08-21 15:57:07'NOW())
character_set_client:  gbk
collation_connection:  gbk_chinese_ci
  Database Collation:  gb2312_chinese_ci
1 row in set (0.00 sec)
```

(2)将事件 event_datetime 禁用的语句及执行结果如下：

```
mysql> ALTER EVENT event_datetime DISABLE;
Query OK,0 rows affected (0.00 sec)
```

(3)删除事件 event_datetime 的语句及执行结果如下：

```
mysql> DROP EVENT event_datetime;
```

Query OK,0 rows affected (0.00 s)

【程序说明】

本任务中查看事件的创建信息时使用的语法格式为“SHOW CREATE EVENT +事件名”。当事件被禁用以后将停止工作直到用户再次启用它。

本项目小结

本项目首先介绍了视图的内容,重点介绍了 CREATE VIEW、SHOW CREATE VIEW 及 DROP VIEW 等语句的用法,并依据所创建的视图阐述了视图的作用及优点。

其次介绍了触发器的内容,重点介绍了触发器的工作原理,触发器工作过程中用到两张逻辑表(NEW 和 OLD),触发器创建、查看、删除等操作的常用语法格式,触发器的触发顺序,并详细介绍了如何使用触发器来解决一些较为复杂的实际问题。

最后介绍了 MySQL 数据库中临时表和事件的内容,重点介绍了临时表和事件的创建及管理的方法。

同步练习与实训

一、选择题

1. 下列可以查看视图的创建语句(　　)。

A. SHOW VIEW　　B. SELECT VIEW

C. SHOW CREATE VIEW　　D. DROP VIEW

2. 在视图中不能完成的操作是(　　)。

A. 查询　　B. 更新视图数据　　C. 定义新的视图　　D. 定义新的基本表

3. 一般激活触发器的事件不包括(　　)。

A. INSERT　　B. SELECT　　C. UPDATE　　D. DELETE

4. 以下关于触发器的说法错误的是(　　)。

A. 常用的触发器有 INSERT、UPDATE 和 DELETE

B. NEW 表在 INSERT 触发器中用来访问被插入的行

C. OLD 表中值只读不能更新

D. 对于同一张基本表,可以同时有两个 BEFORE UPDATE 触发器

5. 创建外部临时表的关键语句是(　　)。

A. CREATE TABLE　　B. CREATE TEMPORARY TABLE

C. CREATE TEMP TABLE　　D. CREATE VIEW

6. 以下不可以打开 MySQL 服务器事件调度器的是(　　)。

A. SET @@GLOBAL. EVENT_SCHEDULER=ON

B. SET GLOBAL EVENT_SCHEDULER=1

C. 修改配置文件 my. ini

D. SET EVENT_SCHEDULER=1

二、简答题

1. 简述视图与表的异同点。

2. 简述触发器和事件的区别。

3. 简述临时表的应用场景。

项目 8

认识 MySQL 的存储过程

学习导航

知识目标

(1)了解存储过程的概念。

(2)了解存储过程的创建与修改方法。

(3)了解错误触发条件及错误处理程序。

(4)了解数据库游标的概念及其特点。

(5)了解数据库的预处理语句的概念。

(6)了解数据库中预处理语句的使用。

素质目标

通过对存储过程、错误处理程序等内容的介绍,引导学生养成注重规划的好习惯,在工作生活中要事事提前规划,做好预案。

技能目标

(1)能够创建存储过程。

(2)能够调用存储过程。

(3)能够设置错误触发条件、设置错误处理程序。

(4)能够对游标进行设置。

(5)能够配置、使用预处理语句。

任务列表

任务 1　初识 MySQL 存储过程

任务 2　了解错误处理程序和错误触发条件

任务 3　认识 MySQL 数据库中的游标

任务 4　使用预处理 SQL 语句

任务描述

前面的项目,介绍的大多数 SQL 语句都是针对一个或多个表的单条语句,但是并非所有操作都是可以用一条语句来完成的,经常有一些操作是需要多条语句配合才能完成。存储过程(Stored Procedure)是一组为了完成特定功能的 SQL 语句集,经编译后存储在数据库中,用户通过指定存储过程的名字并给定参数(如果该存储过程带有参数)来调用执行它。简单来说,存储过程就是为以后使用而保存的一条或多条 SQL 语句。

通常,复杂的业务逻辑需要多条 SQL 语句。这些语句要分别地从客户机发送到服务器,当客户机和服务器之间的操作很多时,将产生大量的网络传输。如果将这些操作放在一个存储过程中,那么客户机和服务器之间的网络传输就会大大减少,降低了网络负载。存储过程只在创建时进行编译,以后每次执行存储过程都不需再重新编译,而一般 SQL 语句每执行一次就编译一次,因此使用存储过程可以大大提高数据库的执行速度。存储过程创建一次便可以重复使用,从而减少数据库开发人员的工作量。存储过程可以屏蔽对底层数据库对象的直接访问,使用 EXECUTE 权限调用存储过程,无须拥有访问底层数据库对象的显式权限,安全性较高。

任务实施

任务 1　初识 MySQL 存储过程

了解并创建存储过程 1

子任务 1.1　了解并创建存储过程

思政小贴士

学习时注意存储过程的书写格式、变量与方法的命名方式,做到合理添加注释、规划工程文件,这些都是合格的软件开发从业人员的基本素质。

SQL 语句需要先编译然后执行,而存储过程(Stored Procedure)是一组为了完成特定功能的 SQL 语句集,经编译后存储在数据库中,用户通过指定存储过程的名字并给定参数(如果该存储过程带有参数)来调用执行它。

存储过程是可编程的函数,在数据库中创建并保存,由 SQL 语句和控制结构组成。当想要在不同的应用程序或平台上执行相同的函数,或者封装特定功能时,存储过程是非常有用的。数据库中的存储过程可以看作是对编程中面向对象方法的模拟。

MySQL 数据库中的存储过程和函数中允许包含数据库模式定义语言(Data Definition Language,DDL,是用于描述数据库中要存储的现实世界实体的语言)语句,也允许在存储过程中执行提交(COMMIT,即确认之前的修改)或者回滚(ROLLBACK,即放弃之前的修改),但是在存储过程和函数中不允许执行 LOAD DATA INFILE 语句。此外,在存储过程和函数中可以调用其他存储过程或者函数。

存储过程的优点:

(1)增强 SQL 语言的功能和灵活性:存储过程可以用控制语句编写,有很强的灵活性,可以完成复杂的判断和运算。

(2)标准组件式编程:存储过程被创建后,可以在程序中被多次调用,而不必重新编写该存储过程的 SQL 语句。数据库专业人员可以随时对存储过程进行修改,对应用程序源代码毫无影响。

(3)较快的执行速度:如果某一操作包含大量的 Transaction-SQL 代码或分别被多次执

行，选择存储过程实现要比批量处理的执行速度快很多。存储过程是预编译的，在首次运行一个存储过程时进行查询，优化器对其进行分析优化，并且给出最终被存储在系统表中的执行计划。而批处理的 Transaction-SQL 语句在每次运行时都要进行编译和优化，速度相对要慢一些。

（4）减少网络流量：针对同一个数据库对象的操作（如查询、修改），如果这一操作所涉及的 Transaction-SQL 语句被组织进存储过程，那么当在客户计算机上调用该存储过程时，网络中传送的只是该调用语句，从而大大减少网络流量并降低网络负载。

（5）作为一种安全机制来充分利用：通过对执行某一存储过程的权限进行限制，能够实现对相应数据的访问权限的限制，避免了非授权用户对数据的访问，保证了数据的安全。

存储过程是数据库的一个重要的功能，MySQL 数据库在 5.0 版本以前并不支持存储过程，这使得 MySQL 数据库在应用的灵活性上大打折扣。MySQL 数据库自 5.0 版本开始支持存储过程，数据库的处理速度大大提高，同时也可以提高数据库编程的灵活性。

另外需要注意的是，在对存储过程或函数进行操作时，需要首先确认用户是否具有相应的权限。例如，创建存储过程或者函数需要 CREATE ROUTINE 权限，修改、删除存储过程或者函数需要 ALTER ROUTINE 权限，执行存储过程或者函数需要 EXECUTE 权限。

MySQL 存储过程的创建语法如下：

```
CREATE PROCEDURE 过程名([[IN|OUT|INOUT] 参数名 数据类型 [,[IN|OUT|INOUT] 参数名
数据类型...]])[特性...]过程体
```

例如：

```
DELIMITER //
CREATE PROCEDURE myproc(OUT s int)
BEGIN
    SELECT COUNT( * )INTO s FROM students;
END //
DELIMITER ;
```

MySQL 数据库默认以“;”为分隔符，如果没有声明分隔符，则编译器会把存储过程当成 SQL 语句进行处理，编译过程会报错。要事先用“DELIMITER //”语句修改当前段分隔符为“//”，也就是说，此语句之后的所有语句要以“//”作为分隔符，让编译器把第一次出现的“//”和第二次出现的“//”之间的全部内容当作存储过程的代码，不会执行这些代码；而后面的“DELIMITER ;”意为把分隔符还原为默认的“;”。注意：在 DELIMITER 与;之间要有一个空格。

存储过程和函数的区别在于函数必须有返回值，而存储过程没有。存储过程如果要进行计算，并且返回计算结果，需要通过特殊的参数类型方式来进行。具体来说，存储过程根据需要可能会有输入、输出、输入/输出参数，如果有多个参数则用“,”分割开。MySQL 数据库存储过程的参数在存储过程中作为变量使用，总共有三种参数类型：IN、OUT、INOUT。

IN：表示该参数值必须在调用存储过程时指定，在存储过程中这个值是不能被返回的。

OUT：表示该参数的值可以被存储过程改变，并且可以返回。

INOUT：表示该参数在调用时指定，并且可以被改变和返回。

存储过程的过程体在开始与结束时使用 BEGIN 与 END 进行标识。举例如下：

【例 8-1】 IN 参数实例。

```
MySQL> DELIMITER // —修改结束符
MySQL> CREATE PROCEDURE demo(IN p_in int)      —定义带参数的存储过程
-> BEGIN
```

```
-> SELECT p_in;
-> SET p_in=2;
-> SELECT p_in;
-> END;
-> //
MySQL> DELIMITER ;
```

例 8-1 中仅创建了存储过程,没有进行调用操作,我们将在子任务 1.2 中介绍调用存储过程的相关知识。

思政小贴士

存储过程是数据库处理中的基本处理单元,多个存储过程构建起了完整而规范的数据库程序,我们工作中也要从基础做起,扎扎实实迈出每一步,实实在在做好工作全过程。

子任务 1.2 调用存储过程

调用存储过程需要使用 CALL 命令和存储过程名以及一个括号,括号里面根据需要加入参数,参数包括输入参数、输出参数、输入/输出参数。具体的调用方法如下所示:

```
CALL proc_name()                    —无参数
CALL proc_name(1,2)                 —有参数,参数全为 IN(默认值)
DECLARE @t1 int;                    —有参数,有 IN、OUT、INOUT
DECLARE @t2 int default 3;
CALL proc_name(1,2,@t1,@t2)
```

【例 8-2】 调用例 8-1 创建的名为 demo 的存储过程。

执行结果如下:

```
MySQL> SET @p_in=1;
MySQL> CALL demo(@p_in);
+ ---------- +
| p_in       |
+ ---------- +
| 1          |
+ ---------- +

+ ---------- +
| p_in       |
+ ---------- +
| 2          |
+ ---------- +

mysql> SELECT @p_in;
+ ---------- +
| @p_in      |
+ ---------- +
| 1          |
+ ---------- +
```

在例 8-2 中,先是调用一个名为 demo 的存储过程,该存储过程有一个参数为 p_in,这个参数是 int 类型,代表了一个整数,并且前面由 IN 来修饰,说明该参数在存储过程执行过程中,不能作为返回值。

在调用 demo 存储过程执行之前，先设定了变量 p_in 的值为 1，然后调用了存储过程 demo，而该存储过程的内容就是修改并显示 p_in 的值。因此，在输出段看到出现了两次 p_in 的值，第一次是存储过程刚开始执行时第一条语句的结果，显示 p_in 的值；第二次是存储过程中第三条语句的结果，显示了 p_in 被修改之后的新值。

当存储过程执行完毕，又一次调用 p_in 变量的值，发现该变量的值仍然是 1，这是因为 demo 存储过程在设定参数的时候已经确定了参数为 IN，因此无论存储过程内部如何对 p_in 变量进行修改，一旦存储过程退出，p_in 变量的值都将恢复到存储过程执行之前的状态。

【例 8-3】 创建 demo_out_parameter 存储过程，参数采用 OUT 类型。

```
MySQL> DELIMITER //
MySQL> CREATE PROCEDURE demo_out_parameter(OUT p_out int)
-> BEGIN
-> SELECT p_out;
-> SET p_out=2;
-> SELECT p_out;
-> END;
-> //
MySQL> DELIMITER ;
```

执行结果如下：

```
MySQL> SET @p_out=1;
MySQL> CALL sp_demo_out_parameter(@p_out);
+ ---------- +
| p_out      |
+ ---------- +
| NULL       |
+ ---------- +

+ ---------- +
| p_out      |
+ ---------- +
| 2          |
+ ---------- +

mysql> SELECT @p_out;
+ ---------- +
| p_out      |
+ ---------- +
| 2          |
+ ---------- +
```

out 类型的参数可以从存储过程内部传值给调用者。无论调用者是否给该类参数设置值，在存储过程内部，该参数初始值为 null。

【例 8-4】 创建 demo_out_parameter 存储过程，参数采用 INOUT 类型。

```
MySQL> DELIMITER //
MySQL> CREATE PROCEDURE demo_inout_parameter(INOUT p_inout int)
-> BEGIN
-> SELECT p_inout;
-> SET p_inout=2;
-> SELECT p_inout;
-> END;
```

```
-> //
MySQL> DELIMITER ;
```

执行结果如下：

```
MySQL> SET @p_inout=1;
MySQL> CALL demo_inout_parameter(@p_inout);
```

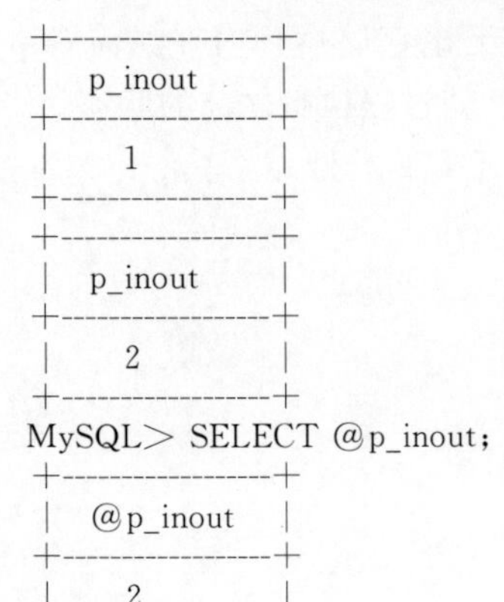

```
+----------------+
|   p_inout      |
+----------------+
|      1         |
+----------------+
+----------------+
|   p_inout      |
+----------------+
|      2         |
+----------------+
MySQL> SELECT @p_inout;
+----------------+
|  @p_inout      |
+----------------+
|      2         |
+----------------+
```

根据前面的介绍，INOUT 参数类型表示该参数在调用时指定，并且可以被改变和返回。因此在例 8-4 中，调用存储过程之前 p_inout 的值为 1，调用存储过程时，存储过程中的语句体内部将 p_inout 的值修改为 2，这个修改也会影响到存储过程结束后 p_inout 的实际值，在例子中可以发现，最后一次查询时 p_inout 的值已经是 2 了。

子任务 1.3　查看存储过程

在实际应用中，要查看某个数据库下面的存储过程，MySQL 数据库提供了三种方法。

方法一：SELECT name FROM mysql. proc WHERE db='数据库名'，此方法只能看到存储过程的名字而没有详细信息。

了解并创建存储过程 2

【例 8-5】 用方法一显示 test 数据库中的存储过程。

```
mysql> SELECT name FROM mysql. proc WHERE db='test';
```

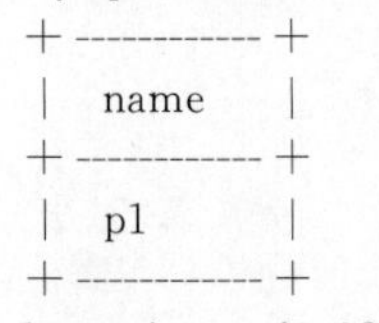

```
+-----------+
|  name     |
+-----------+
|  p1       |
+-----------+
1 row in set (0.02 sec)
```

方法二：

```
SELECT routine_name FROM information_schema. routines WHERE
routine_schema='数据库名';
```

此方法类似于方法一，只能看到存储过程的名字而没有详细信息。

【例 8-6】 用方法二显示 test 数据库中的存储过程。

```
mysql> SELECT routine_name FROM information_schema. routines WHERE routine_schema='test';
+-------------------+
|  routine_name     |
+-------------------+
```

```
|  p1             |
+-----------------+
1 row in set (0.02 sec)
```

方法三:SHOW PROCEDURE STATUS WHERE db='数据库名',此方法列出了较为详细的关于存储过程的信息,包括了创建时间、修改时间、字符集、校对规则等。

【例 8-7】 用方法三显示 test 数据库中的存储过程。

```
mysql> SHOW PROCEDURE STATUS WHERE db='test';
+----------------+------------+--------------+-----------+--------------------+--------------------+
|  Db            |  Name      |  Type        |  Definer  |  Modified          |  Created           |
| Security_type  | Comment    | character_set_client | collation_connection | Database Collation |
+----------------+------------+--------------+-----------+--------------------+--------------------+
|     test       |  p1        | PROCEDURE| test@%     | 2019-08-09 06:53:08 | 2019-08-09 06:53:08 |
| DEFINER        |            | utf8mb4          | utf8mb4_general_ci | utf8_general_ci    |
+----------------+------------+--------------+-----------+--------------------+--------------------+
1 row in set (0.03 sec)
```

如果用户想知道某个存储过程的详细内容,可以采用类似于查看创建数据库或数据表的命令。命令形式如下:

SHOW CREATE PROCEDURE 数据库.存储过程名;

【例 8-8】 显示存储过程 p1 的详细内容。

```
mysql> SHOW CREATE PROCEDURE p1;
| Procedure | sql_mode
| Create Procedure
| character_set_client | collation_connection | Database Collation |
--+----------------------+--------------------+------------------------+
| p1                  |
ONLY_FULL_GROUP_BY,STRICT_TRANS_TABLES,NO_ZERO_IN_DATE,NO_ZERO_DATE,
ERROR_FOR_DIVISION_BY_ZERO,NO_AUTO_CREATE_USER,NO_ENGINE_SUBSTITUTION |
CREATE DEFINER='test'@'%' PROCEDURE 'p1'()
BEGIN
    DECLARE id bigint;
    DECLARE name varchar(10);
    DECLARE done int DEFAULT FALSE;
    DECLARE mc CURSOR FOR SELECT S_id,S_name FROM student;
    DECLARE continue HANDLER FOR NOT FOUND SET done = TRUE;
    OPEN mc;
    FETCH mc INTO id,name;
    SELECT id,name;
    WHILE(NOT DONE) DO
        FETCH mc INTO id,name;
        SELECT id,name;
    END WHILE;
    CLOSE mc;
END | utf8mb4              | utf8mb4_general_ci   | utf8_general_ci     |
----+----------------------+----------------------+------------------------+
1 row in set (0.03 sec)
```

子任务 1.4　删除存储过程

删除一个存储过程比较简单,其命令与删除表的命令类似。

命令如下:

```
DROP PROCEDURE 数据库.存储过程名;
```

【例 8-9】 删除例 8-8 中的存储过程 p1。

```
mysql> DROP PROCEDURE p1;
Query OK,0 rows affected (0.03 sec)
```

子任务 1.5　对比存储过程与函数

MySQL 中的存储过程与函数本质上没区别,执行的本质也一样。但函数有只能返回一个变量的限制。而存储过程可以返回多个(通过 INOUT、OUT 的方式)。函数是可以嵌入在 SQL 中使用的,可以在 SELECT 查询语句中调用。在函数的使用过程中限制较多,如不能用临时表,只能用表变量;一些特殊函数不可用等。而存储过程的限制相对较少。

主要特性区别如下:

(1)一般来说,存储过程实现的功能要复杂一点,函数的功能针对性较强。存储过程功能较强,可以执行包括修改表等一系列数据库操作;而用户定义函数不能用于执行一组修改全局数据库状态的操作。

(2)对于存储过程来说可以返回参数,如记录集;函数只能返回值或者表对象。函数只能返回一个变量;存储过程可以返回多个。存储过程的参数可以有 IN、OUT、INOUT 三种类型;函数只有 IN 类型。存储过程声明时不需要返回类型;函数声明时需要描述返回类型,且函数体中必须包含一个有效的 RETURN 语句。

(3)存储过程一般是作为一个独立的部分来执行(EXECUTE 语句执行),而函数可以作为查询语句的一个部分来调用(SELECT 调用),由于函数可以返回一个表对象,因此它可以在查询语句中位于 FROM 关键字的后面。SQL 语句中不可用存储过程,而可以使用函数。

任务 2　了解错误处理程序和错误触发条件

当存储过程在执行过程中遇到异常或错误时,通常使用 MySQL 数据库错误处理程序来处理。当错误发生时需要确定适当的处理策略,例如:继续或退出当前代码块的执行,并发出有意义的错误消息。MySQL 数据库提供了一种简单的方法来定义处理从一般条件(如警告或异常)到特定条件(例如特定错误代码)的处理程序。

子任务 2.1　了解自定义错误处理程序

在操作 MySQL 过程中,由于操作不当或输入命令的格式不当等原因,经常会出现一些错误或警告。MySQL 数据库中已经预定义了一组错误代码,每个代码对应了一种特定的错误信息。MySQL 返回的错误代码(表 8-1)可以提示用户错误类型,并帮助用户改正错误,用户可以通过常用的错误代码判断错误原因。

表 8-1　　部分 MySQL 错误代码及其含义说明

MySQL 标准错误代码	错误代码含义
1005 SQLSTATE：HY000 (ER_CANT_CREATE_TABLE)	无法创建表'%s' (errno：%d)
1006 SQLSTATE：HY000 (ER_CANT_CREATE_DB)	无法创建数据库'%s' (errno：%d)
1007 SQLSTATE：HY000 (ER_DB_CREATE_EXISTS)	无法创建数据库'%s',数据库已存在
1008 SQLSTATE：HY000 (ER_DB_DROP_EXISTS)	无法撤销数据库'%s',数据库不存在
1009 SQLSTATE：HY000 (ER_DB_DROP_DELETE)	撤销数据库时出错(无法删除'%s',errno：%d)

在存储过程执行的过程中,如果某语句产生了错误或警告,通常情况下,MySQL 数据库系统会抛出异常,不再继续执行接下来的语句;此时为了能够更加灵活地执行存储过程并处理错误和异常,MySQL 数据库引入了自定义错误处理程序,错误处理程序能够针对不同的错误代码,执行相应的处理,并且决定后面的执行流程。

要声明一个处理程序,可以使用 DECLARE HANDLER 语句,命令如下：

```
DECLARE action HANDLER FOR condition_value statement;
```

如果条件的值与 condition_value 匹配,则 MySQL 将执行 statement,并根据该操作继续或退出当前的代码块。

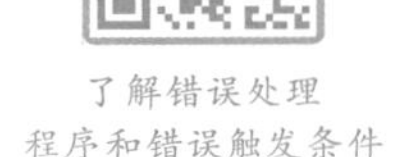
微课
了解错误处理程序和错误触发条件

操作(action)接受以下值之一：

CONTINUE:继续执行封闭代码块(BEGIN... END)。

EXIT:处理程序声明封闭代码块的执行终止。

condition_value 指定一个特定条件或一类激活处理程序的条件。

condition_value 接受以下值之一：

- 一个 MySQL 错误代码。
- 标准 SQLSTATE 值或者它可以是 SQLWARNING、NOTFOUND 或 SQLEXCEPTION 条件,这是 SQLSTATE 值类的简写。NOTFOUND 条件用于游标或 SELECT INTO variable_list 语句。
- 与 MySQL 错误代码或 SQLSTATE 值相关联的命名条件。

错误处理程序可以处理一个或多个条件,如果产生一个或多个条件,则对应该条件的指定语句将被执行。对一个 CONTINUE 处理程序来说,当前子程序的执行在执行处理程序语句之后继续。对于 EXIT 处理程序来说,当前 BEGIN... END 复合语句的执行被终止。下面的子任务 2.2 将通过一个实例来介绍错误处理程序的使用。

子任务 2.2　错误处理程序示例

首先来看几个错误处理程序的例子。

【例 8-10】 创建错误处理程序,完成以下功能:如果发生错误,则将 has_error 变量的值设置为 1 并继续执行。

```
DECLARE CONTINUE HANDLER FOR SQLEXCEPTION SET has_error = 1;
```

【例 8-11】 创建错误处理程序,完成以下功能:如果发生错误,回滚上一个操作,发出错误消息,并退出当前代码块。如果在存储过程的 BEGIN... END 块中声明它,则会立即终止存储过程。

```
DECLARE EXIT HANDLER FOR SQLEXCEPTION
BEGIN
   ROLLBACK;
   SELECT 'An error has occurred,operation rollbacked AND the stored procedure was terminated';
END;
```

【例 8-12】 创建错误处理程序,完成以下功能:如果没有更多的行要提取,在光标或 SELECT INTO 语句的情况下,将 no_row_found 变量的值设置为 1 并继续执行。

```
DECLARE CONTINUE HANDLER FOR NOT FOUND SET no_row_found = 1;
```

【例 8-13】 创建错误处理程序,完成以下功能:如果发生重复的键错误,则会发出 MySQL 错误 1062。它发出错误消息并继续执行。

```
DECLARE CONTINUE HANDLER FOR 1062
   SELECT 'Error,duplicate key occurred';
```

接下来,为了更好地演示,我们创建一个综合实例来演示错误处理程序的使用效果:首先创建一个 article_tags 表,该表用来存储文章和标签之间的关系。每篇文章可能有很多标签,反之亦然。为了简单起见,在 article_tags 表中仅有两个字段 article_id 和 tag_id,分别代表文章 ID 和文章的标签 ID。

【例 8-14】 创建一个名为 article_tags 的新表。

```
CREATE TABLE article_tags(
       article_id int,
       tag_id     int,
   PRIMARY KEY(article_id,tag_id)
);
```

【例 8-15】 创建存储过程,将文章的 ID 和标签的 ID 插入 article_tags 表中。

```
DELIMITER //
CREATE PROCEDURE insert_article_tags(IN article_id int,IN tag_id int)
BEGIN
   DECLARE CONTINUE HANDLER FOR 1062
   SELECT CONCAT('duplicate keys (',article_id,',',tag_id,')found')AS msg;
   -- insert a new record into article_tags
   INSERT INTO article_tags(article_id,tag_id) VALUES(article_id,tag_id);
   -- return tag count for the article
   SELECT COUNT( * ) FROM article_tags;
END //
DELIMITER ;
```

在例 8-15 中,定义了一个错误处理程序,该程序针对 MySQL 错误代码 1062(表示“字段值重复错误”)进行处理,如果在存储过程中出现了字段值重复错误,则先执行指定的 SELECT CONCAT('duplicate keys (',article_id,',',tag_id,')found')AS msg 操作,向用户提示出现了字段重复错误,然后继续执行存储过程中的剩余代码。

【例 8-16】 通过调用 insert_article_tags 存储过程,为文章 ID 为 1 添加标签 ID:1、2 和 3。

```
mysql> CALL insert_article_tags(1,1);
+------------------------+
|  COUNT( * )            |
+------------------------+
|         1              |
```

```
+------------------------+
1 row in set (0.02 sec)
Query OK,0 rows affected (0.03 sec)

mysql> CALL insert_article_tags(1,2);
```

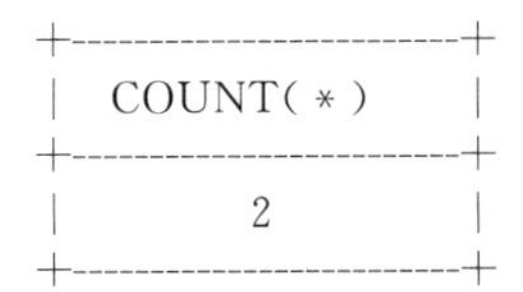

```
+------------------------+
| COUNT(*)               |
+------------------------+
|          2             |
+------------------------+
```

```
1 row in set (0.03 sec)
Query OK,0 rows affected (0.05 sec)

mysql> CALL insert_article_tags(1,3);
```

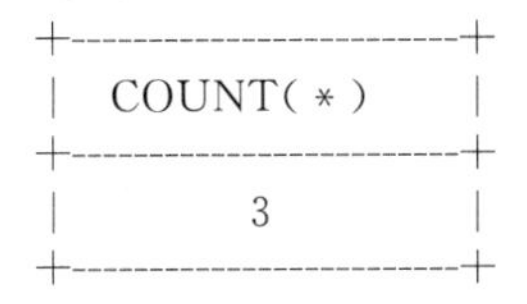

```
+------------------------+
| COUNT(*)               |
+------------------------+
|          3             |
+------------------------+
```

```
1 row in set (0.03 sec)
Query OK,0 rows affected (0.04 sec)

mysql> SELECT * FROM article_tags;
+--------------+-----------+
| article_id   | tag_id    |
+--------------+-----------+
|      1       |     1     |
|      1       |     2     |
|      1       |     3     |
+--------------+-----------+
3 rows in set (0.03 sec)
```

通过例 8-16 的执行可以发现三次调用存储过程都成功了，article_tags 表里已经有了三条记录。接下来有意向表中插入重复的数据，从而产生错误代码为 1062 的"字段值重复错误"，来检验例 8-15 中的错误处理程序是否可以正常工作。

【例 8-17】 仍然使用例 8-15 中名为 insert_article_tags 的存储过程，尝试插入一个重复的记录来检查处理程序的调用情况。

```
mysql> CALL insert_article_tags(1,3);
```

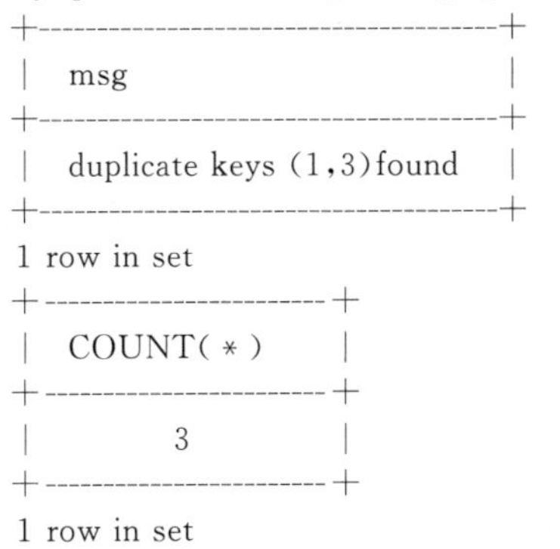

```
+------------------------------------+
| msg                                |
+------------------------------------+
| duplicate keys (1,3)found          |
+------------------------------------+
1 row in set
+----------------------+
| COUNT(*)             |
+----------------------+
|          3           |
+----------------------+
1 row in set
Query OK,0 rows affected
```

由于例 8-15 执行后在数据表中已经存在了一条 article_id 为 1 且 tag_id 为 3 的记录,再次执行 CALL insert_article_tags(1,3)会导致字段值重复错误(该型错误代码为 1062),会收到一条错误消息。但是,由于我们将处理程序声明为 CONTINUE 处理程序,所以存储过程将继续执行。因此,最后获得了文章的标签计数值为 3。

【例 8-18】 将例 8-15 中处理程序声明中的 CONTINUE 更改为 EXIT,然后在例 8-15 的基础上,对表 article_tags 再尝试添加一个重复的记录,检查处理程序调用情况。

```
DELIMITER //
CREATE PROCEDURE insert_article_tags_exit(IN article_id int,IN tag_id int)
BEGIN
  DECLARE EXIT HANDLER FOR SQLEXCEPTION
    SELECT 'SQLException invoked';
  DECLARE EXIT HANDLER FOR 1062
    SELECT CONCAT('duplicate keys (',article_id,',',tag_id,')found')AS msg;
  DECLARE EXIT HANDLER FOR SQLSTATE '23000'
    SELECT 'SQLSTATE 23000 invoked';
  -- insert a new record into article_tags
  INSERT INTO article_tags(article_id,tag_id)
    VALUES(article_id,tag_id);
  -- return tag count for the article
  SELECT COUNT( * ) FROM article_tags;
END //
DELIMITER ;
```

执行上面查询语句,得到以下结果:

```
mysql> CALL insert_article_tags_exit(1,3);
```

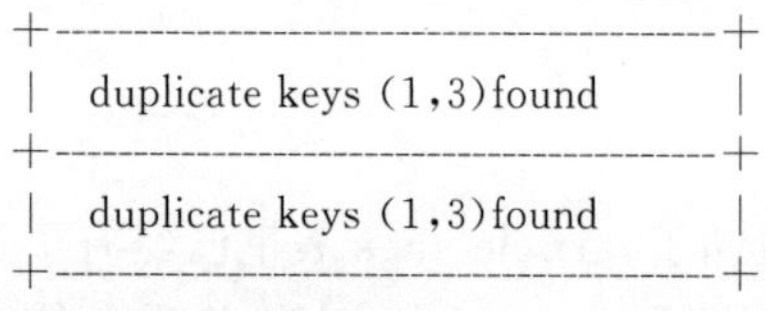

```
+------------------------------------------+
|  duplicate keys (1,3)found               |
+------------------------------------------+
|  duplicate keys (1,3)found               |
+------------------------------------------+
1 row in set
Query OK,0 rows affected
```

通过对比例 8-18 与例 8-17,可以发现例 8-17 中的错误处理程序遇到指定错误发生后就给出错误提示,然后继续执行该错误处理程序中所剩余的代码("SELECT COUNT(*) FROM article_tags"),显示了表中的记录个数;而例 8-18 中的错误处理程序,在一开始就声明成了 EXIT HANDLER,所以其在遇到错误之后不会继续执行剩余代码,而是直接退出了整个存储过程,因此最后的输出没有显示表中的记录个数。

思政小贴士

程序运行出现错误是难免的,出现错误后应当及时想办法补救。同时在数据库的设计阶段就应认真准备,提前做好错误处理的预案。

子任务 2.3 了解错误处理程序的优先级

在存储过程中如果使用多个处理程序来处理错误,MySQL 数据库将基于错误处理器的优先级规则来选择错误处理程序。其中 MySQL 错误处理程序、SQLSTATE 错误处理程序、

SQLEXCEPTION 错误处理程序在顺序上分别排在第 1、2、3 位。MySQL 数据库将调用最确定的处理程序来处理错误。

MySQL 数据库在选择错误处理程序时，通常会选择描述错误最明确的那个处理程序来执行。因为 MySQL 数据库系统执行过程中出现的每个错误都会映射到一个特定的错误码，此错误码不可能出现重复，是最明确的。而一个 SQLSTATE 可以对应到多个 MySQL 错误码，所以没那么明确。SQLEXCEPTION 和 SQLWARNING 分别指代的是 SQLSTATES 中类型相近的一组值，所以它的明确性最低。

思政小贴士

我们在生活中处理事情要按照轻重缓急来，数据库中的错误处理程序也存在优先级的区别，在设计错误处理程序的时候应当合理规划、突出重点。

【例 8-19】 在 insert_article_tags_3 存储过程中声明三个处理程序。通过运行该实例了解多个处理程序之间的优先级选择。

```
mysql> DELIMITER //
CREATE PROCEDURE insert_article_tags_3(IN ARTICLE_ID int,IN TAG_ID int)
BEGIN
 DECLARE EXIT HANDLER FOR 1062
       SELECT 'DUPLICATE KEYS ERROR ENCOUNTERED';
 DECLARE EXIT HANDLER FOR SQLEXCEPTION
       SELECT 'SQLEXCEPTION ENCOUNTERED';
 DECLARE EXIT HANDLER FOR SQLSTATE '23000'
       SELECT 'SQLSTATE 23000';
       -- INSERT A NEW RECORD INTO ARTICLE_TAGS
 INSERT INTO ARTICLE_TAGS(ARTICLE_ID,TAG_ID) VALUES(ARTICLE_ID,TAG_ID);
       -- RETURN TAG COUNT FOR THE ARTICLE
 SELECT COUNT(*) FROM ARTICLE_TAGS;
END //
mysql> DELIMITER ;
```

尝试通过调用存储过程将重复的键插入 article_tags 表中：

```
CALL insert_article_tags_3(1,3);
```

可以看到 MySQL 错误代码处理程序被调用。

```
mysql> CALL insert_article_tags_3(1,3);
+------------------------------------+
| Duplicate keys error encountered   |
+------------------------------------+
| Duplicate keys error encountered   |
+------------------------------------+
1 row in set
Query OK,0 rows affected
```

【例 8-20】 在 insert_article_tags_4 存储过程中声明三个处理程序。通过运行该实例了解多个处理程序之间的优先级选择。

```
mysql> DELIMITER //
CREATE PROCEDURE insert_article_tags_4(IN ARTICLE_ID int,IN TAG_ID int)
BEGIN
 DECLARE EXIT HANDLER FOR SQLEXCEPTION
       SELECT 'SQLEXCEPTION ENCOUNTERED';
```

```
DECLARE EXIT HANDLER FOR SQLSTATE '23000'
        SELECT 'SQLSTATE 23000';
        -- INSERT A NEW RECORD INTO ARTICLE_TAGS
INSERT INTO ARTICLE_TAGS(ARTICLE_ID,TAG_ID) VALUES(ARTICLE_ID,TAG_ID);
        -- RETURN TAG COUNT FOR THE ARTICLE
SELECT COUNT( * ) FROM ARTICLE_TAGS;
END //
mysql> DELIMITER ;
mysql> CALL insert_article_tags_4(1,3);
+-----------------+
| sqlstate 23000 |
+-----------------+
| sqlstate 23000 |
+-----------------+
1 row in set (0.02 sec)
Query OK,0 rows affected (0.02 sec)
```

在例 8-19 中创建了一个新的存储过程 insert_article_tags_4,尝试通过调用这个存储过程,也如例 8-18 一样将重复的记录插入 article_tags 表,在得到的结果中发现得到的错误信息从例 8-18 的"Duplicate keys error encountered"变为了"sqlstate 23000"。例 8-19 中的存储过程和例 8-18 中的存储过程基本相同,只是例 8-19 中去掉了对 MySQL 标准错误代码 1062 的处理,由此证明了 MySQL 数据库在执行的过程中,遇到某个错误发生时,是按照 MySQL 错误处理程序、SQLSTATE 错误处理程序、SQLEXCEPTION 错误处理程序的顺序来进行错误处理的。如果某个错误处理程序不存在,将会顺延到下一个顺序去执行。

任务 3 认识 MySQL 数据库中的游标

前面介绍的 MySQL 函数,无法使用返回多行记录的语句。但如果应用中确实需要使用多行结果,就需要使用到游标。游标可以帮用户选择出某个结果(这样就可以从一组记录集中返回单条记录),使用游标也可以轻易地取出在检索出来的行中前进或后退,从而获得一行或多行的结果。

使用游标时所需要的语法:

认识 MySQL 数据库中的游标

(1)定义游标

DECLARE 游标名 CURSOR FOR SELECT 语句;

(2)打开游标

OPEN 游标名;

(3)获取结果

FETCH 游标名 INTO 变量名[,变量名];

(4)关闭游标

CLOSE 游标名;

【例 8-21】 创建一个存储过程来选择一组记录,并在该存储过程中使用游标访问记录集合中的第一个记录。

```
mysql> DELIMITER //
mysql> CREATE PROCEDURE pa()
    -> BEGIN
    ->     DECLARE id bigint(8);
    ->     DECLARE age tinyint(3);
    ->     DECLARE mc cursor FOR SELECT S_id,S_age FROM student;
    ->     OPEN mc;
    ->     FETCH mc INTO id,age;
    ->     SELECT id,age;
    ->     CLOSE mc;
    -> END //
Query OK,0 rows affected (0.02 sec)

mysql> DELIMITER ;
mysql> CALL pa();
+---------+-----+
| id      | age |
+---------+-----+
| 1113080 |  19 |
+---------+-----+
1 row in set (0.03 sec)

Query OK,0 rows affected (0.03 sec)
```

在例 8-21 中，存储过程先是从 student 表中获取了全部记录的 S_id 和 S_age 字段值，这些记录集中数据量未知(因为没有执行 SELECT COUNT 操作来获取记录数量)，因此使用了游标 mc，并且利用该游标来获取首条记录中的两个指定字段值；如果需要对每条记录都进行访问并输出数值，则需要对存储过程中的代码进行修改，加上 REPEAT... UNTIL 语句来对记录集进行遍历即可。

任务 4　使用预处理 SQL 语句

思政小贴士

古人云："凡事预则立，不预则废。"这里的"预"就是事先确定目标的意思。在工作中要事事提前规划，做好预案。

一条普通 SQL 语句的执行过程，自其在数据库端被接收开始，直至最终执行完毕返回，大致的过程如下：

(1)对语句中的词法和语义进行解析。

(2)优化 SQL 语句，制定执行计划。

(3)执行语句并返回结果。

如上，一条普通 SQL 语句的执行是走流程处理，一次编译后单次运行，此类普通语句被称作 Immediate Statements (即时 SQL)。

在绝大多数情况下,反映某个需求的某一条 SQL 语句可能会被反复调用执行,或者每次执行的时候只有个别的值不同(比如 SELECT 语句中的 WHERE 子句值不同;或 UPDATE 语句中的 SET 子句值不同;INSERT 语句中的 VALUES 值不同)。如果每次都需要经过上面的词法语义解析、语句优化、制定执行计划等,则总体运行效率会很低。

预处理语句(Prepared Statements)就是将此类 SQL 语句中的值用占位符替代,可以视为将 SQL 语句模板化或者参数化。

预处理语句的优势在于:一次编译、多次运行,省去了解析优化等过程;此外预处理语句能防止别有用心的用户利用 SQL 注入的方式对数据库主机进行非法入侵。

子任务 4.1 预处理 SQL 语句的使用步骤

MySQL 官方将 PREPARE、EXECUTE、DEALLOCATE 统称为 PREPARED STATEMENT,习惯称其为预处理语句。MySQL 从早期的版本开始就支持预处理语句,目前普遍使用的 MySQL 版本都是支持这一语法的。

预处理语句的语法要点如下:

(1)定义预处理语句

```
PREPARE stmt_name FROM preparable_stmt;
```

(2)执行预处理语句

```
EXECUTE stmt_name [USING @var_name [,@var_name]...];
```

(3)删除(释放)定义

```
{DEALLOCATE | DROP} PREPARE stmt_name;
```

使用预处理语句时,一定要先进行预处理语句的定义,之后才能进行执行的操作,未定义的预处理语句无法使用。

使用预处理 SQL 语句的注意事项如下:

(1)stmt_name 作为 preparable_stmt 的接收者,唯一标识,不区分大小写。

(2)preparable_stmt 语句中通常包含一个"?"字符,这里的"?"是个占位符,所代表的是一个字符串,不需要将"?"用引号包含起来。

(3)定义一个已存在的 stmt_name,原有的将被立即释放,类似于变量的重新赋值。

(4)PREPARE stmt_name 的作用域是 SESSION 级。

预处理编译 SQL 是占用资源的,所以在使用后注意及时使用 DEALLOCATE PREPARE 释放资源,这是一个好习惯。

思政小贴士

预处理语句使用完毕后要进行回收以释放资源,如同生活中要珍惜保护各类自然资源,构建人与自然间的和谐生态。

子任务 4.2 预处理 SQL 语句的应用

【例 8-22】 利用字符串定义预处理 SQL 来进行求两个数平方和的计算。

```
mysql> PREPARE stmt1 FROM 'SELECT SQRT(POW(?,2)+ POW(?,2))AS pingfanghe';
Query OK,0 rows affected (0.00 sec)
Statement prepared
```

```
mysql> SET @a = 3;
Query OK,0 rows affected (0.00 sec)

mysql> SET @b = 4;
Query OK,0 rows affected (0.00 sec)

mysql> EXECUTE stmt1 USING @a,@b;
+--------------+
| pingfanghe |
+--------------+
|            5 |
+--------------+
1 row in set (0.00 sec)

mysql> DEALLOCATE PREPARE stmt1;
Query OK,0 rows affected (0.00 sec)
```

【例 8-23】 利用变量定义预处理 SQL 来进行求两个数平方和的计算。

```
mysql> SET @s = 'SELECT SQRT(POW(?,2)+ POW(?,2))AS pingfanghe ';
Query OK,0 rows affected (0.00 sec)

mysql> PREPARE stmt2 FROM @s;
Query OK,0 rows affected (0.00 sec)
Statement prepared

mysql> SET @c = 6;
Query OK,0 rows affected (0.00 sec)

mysql> SET @d = 8;
Query OK,0 rows affected (0.00 sec)

mysql> EXECUTE stmt2 USING @c,@d;
+--------------+
| pingfanghe |
+--------------+
|          10  |
+--------------+
1 row in set (0.00 sec)

mysql> DEALLOCATE PREPARE stmt2;
Query OK,0 rows affected (0.00 sec)
```

根据前面数据查询部分的内容可知,对于 LIMIT 子句中的值必须是常量,而不能使用变量,也就是说不能使用类似于如下的语句:

```
SELECT * FROM TABLE LIMIT @x,@y;
```

如此,就可以使用 PREPARE 语句解决此问题。

【例 8-24】 利用预处理解决 LIMIT 子句中对值必须为常量的限制。

```
mysql> SET @x = 1; SET @y = 3;
    Query OK,0 rows affected (0.00 sec)

    mysql> SELECT * FROM student LIMIT @x,@y;
    ERROR 1064 (42000): You have an error in your SQL syntax; check the manual that corresponds
to your MySQL server version for the right syntax to USE near '@skip,@numrows' at line 1
mysql> PREPARE stmt3 FROM "SELECT * FROM student LIMIT ?,?";
    Query OK,0 rows affected (0.00 sec)
    Statement prepared

    mysql> EXECUTE stmt3 USING @x,@y;
+------------+------------+------------+------------+--------------+
| S_name     | S_id       | Dept_id    | S_age      | S_gender     |
+------------+------------+------------+------------+--------------+
| 郑俊       | 1113238    |      0     |     20     | 男           |
| 任欣       | 1113332    |      0     |     19     | 女           |
| 张海霞     | 1113446    |      0     |     19     | 女           |
+------------+------------+------------+------------+--------------+
3 rows in set (0.03 sec)

mysql> DEALLOCATE PREPARE stmt3;
Query OK,0 rows affected (0.00 sec)
```

在此例子中,对比第二条和第三条语句,可以看出用变量定义预处理 SQL 能够顺利解决 LIMIT 子句中对值必须为常量的限制。

同步练习与实训

一、单项选择题

1. 可以用(　　)来声明游标。

A. CREATE TABLE　　　　B. ALTER CURSOR

C. SET GLOBAL　　　　D. DECLARE CURSOR

2. 存储过程是一组预先定义并(　　)的 Transact-SQL 语句。

A. 保存　　B. 编写　　C. 编译　　D. 解释

3. 关于游标,下列说法不正确的是(　　)。

A. 声明后必须打开游标以供使用　　　　B. 结束游标使用时,必须关闭游标

C. 使用游标前可以不声明　　　　D. 游标只能用于存储过程和函数

4. 对同一存储过程连续两次执行命令 DROP PROCEDURE IF EXISTS,则(　　)。

A. 第一次执行删除存储过程,第二次产生一个错误

B. 第一次执行删除存储过程,第二次无提示

C. 存储过程不能被删除　　　　D. 无法删除存储过程

二、简答题

1. 简述使用游标的基本步骤。

2. 简述存储过程和函数的区别。

3. 简述静态 SQL 语句与预处理 SQL 语句的区别。

项目 9

认识 MySQL 数据库中的事务机制与锁机制

学习导航

知识目标

(1)理解事务的概念。

(2)理解事务的机制。

(3)掌握事务的 ACID 特性。

(4)掌握事务的隔离级别。

(5)掌握数据库锁的概念。

(6)了解数据库的间隙锁和死锁。

素质目标

在深入理解数据库事务机制与操作的基础上,引导学生时刻树立敬业爱岗的信念,注重细节和规范,培养精益求精的理念。

技能目标

(1)掌握 MySQL 数据库的事务机制,能够开启事务,并提交或者回滚。

(2)能够设置事务的隔离级别。

(3)能够在 MyISAM 表中使用表级锁。

(4)能够在 InnoDB 表中使用行级锁。

任务列表

任务 1　认识数据库中的事务机制

任务 2　认识事务的 ACID 特性(原子性、一致性、隔离性、持久性)

任务 3　认识 MySQL 数据库中的锁机制

任务描述

前面的项目从数据库的使用角度,对 MySQL 数据库做了基本的介绍。本项目将对数据库中事务和锁的概念进行阐述。

在数据库的使用中,事务是非常重要的概念,它从数据库事件的业务逻辑层对数据库的操作进行了定义。事务具有原子性、一致性、隔离性、持久性四个特性,并通过锁的机制,采用四个隔离级别(分别为 Read uncommitted 级、Read committed 级、Repeatable read 级和 Serializable 级),有效地保证了数据操作的可靠性。

任务实施

任务1 认识数据库中的事务机制

预备知识

事务主要指包含一个完整顺序的读写操作，这个操作能够起到以下两个作用：(1)在数据库的操作中，从意外或者错误导致的失败中准确恢复数据，即使产生错误也能保证数据的前后一致；(2)当多个用户或者程序同时访问数据库中某一资源时，能够采用有效的手段隔离并发的情景，使多个用户的操作互不干扰。

在有多个用户同时访问的数据库中，当执行一系列操作时，在将这些操作提交给数据库管理系统后，如果操作全部成功，事务即将结果数据写入数据库；如果某些操作步骤产生错误，导致数据的紊乱，事务需能使数据库恢复到操作产生之前。事务机制对数据库来说，具有保证数据的稳定性、一致性的重要作用。

1. 事务的开启

MySQL 数据库中事务通常是采用 START TRANSACTION 语句作为开始。从事务的开启到事务的结束，所有的操作将是一个完整的过程，要么全部执行成功，要么全部撤销从而恢复到事务的开始之前。

2. 事务的提交

事务在使用 START TRANSACTION 语句开启之后采用 COMMIT 语句提交，如果没有 COMMIT 语句，MySQL 数据库系统将判定这个开启的事务没有结束。当 COMMIT 语句被执行时，这个事务包含的所有操作将作为一个整体被系统执行，结果保存进数据库的物理磁盘内。

3. 事务的回滚

回滚(Rollback)表示当事务中的一项或者多项操作失败导致事务无法继续运行时，系统将该事务已运行的所有操作全部撤销，回到事务所有操作开启之前的状态(MySQL 数据库采用 SAVEPOINT 语句可以指定回滚的位置)。

4. MySQL 数据库的存储引擎与事务

MySQL 数据库的存储引擎主要分为两种，分别是 InnoDB 存储引擎和 MyISAM 存储引擎。其中 InnoDB 存储引擎是事务安全的，在后续内容中涉及事务时，创建表一般采用 InnoDB 存储引擎。

5. MySQL 的自动提交功能

MySQL 的默认模式是自动提交模式，该模式是 InnoDB 存储引擎的特有模式，即在执行 DML 语句时，会立刻采用隐性事务，将执行结果提交数据库系统。也可以通过设置 autocommit 参数的值修改这一默认模式，当 autocommit=1 时为自动提交模式；当 autocommit=0 时为非自动提交模式。修改 autocommit 参数需要使用 COMMIT 语句进行提交。

子任务 1.1 了解事务机制的必要性

了解事务机制的必要性

【任务需求】

通过一个删除管理员帐号的实例来了解事务机制的必要性。当删除操作进行途中，发现操作有误，可以及时恢复数据。

【任务分析】

在各种软件系统中，管理员帐号是需要经常添加和删除的，往往在这些操作中会出现人为的失误，特别是误删除操作，将产生严重的后果。在数据库中，使用事务去处理添加或者删除工作，会使操作的安全性得到大大的提高。

下面开始做好操作前的准备工作：

(1)使用 SQL 语句创建 admin 表。

```
mysql> CREATE TABLE admin (
->      id int,
->      name varchar(50)
->      )ENGINE=InnoDB
Query OK,0 rows affected (0.05 sec)
```

(2)向表中插入一条数据，并查询结果。

```
mysql> INSERT INTO admin(id,name) VALUES(1,'张三');
Query OK,1 row affected (0.03 sec)
mysql> SELECT * FROM admin;
```

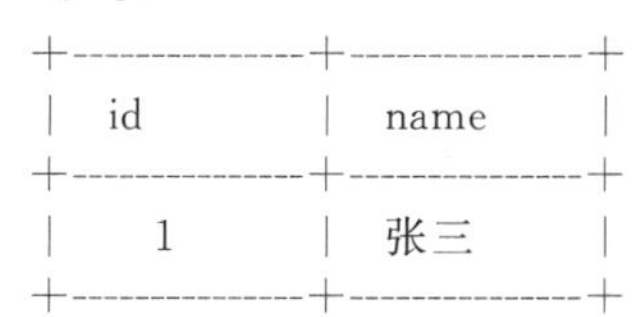

```
+--------------+--------------+
| id           | name         |
+--------------+--------------+
|      1       | 张三         |
+--------------+--------------+
1 row in set (0.00 sec)
```

(3)现在在 admin 表中有了一条管理员数据，以下将进入具体的删除操作。

【任务实现】

(1)采用无事务的操作(这里利用 MySQL 默认的自动提交模式来模拟无事务的操作，后续内容会详细介绍)，删除管理员“张三”，在命令窗口编写代码：

```
mysql> DELETE FROM admin WHERE name='张三';
Query OK,1 row affected (0.01 sec)
```

再查询删除结果，可以看到：

```
mysql> SELECT * FROM admin;
Empty set (0.00 sec)
```

表中为“张三”的管理员用户被删除，无法还原到删除前的状态。

(2)使用事务来删除管理员“张三”，在命令窗口编写代码：

```
mysql> START TRANSACTION;
Query OK,0 rows affected (0.00 sec)
mysql> DELETE FROM admin WHERE name='张三';
Query OK,1 row affected (0.01 sec)
```

删除命令已经运行，这时如果发现操作有误，可以执行回滚命令用于恢复数据。在命令窗口编写代码：

```
mysql> ROLLBACK;
Query OK,0 rows affected (0.05 sec)
mysql> SELECT * FROM admin;
```

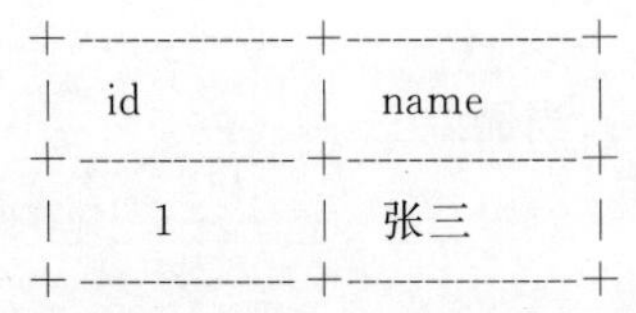

```
+-------------+--------------+
| id          | name         |
+-------------+--------------+
| 1           | 张三         |
+-------------+--------------+
1 row in set (0.00 sec)
```

可以看到执行回滚操作之后,原来的数据依然保存在 admin 表中,并没有被删除。

【程序说明】

从例子可以看出,当没有使用事务机制时,admin 表中的数据在执行删除操作后,就永久被删除了。而在使用 START TRANSACTION 开启事务后,删除的命令虽然被执行,但是继续输入 ROLLBACK 命令,依然可以恢复数据。

事务的操作在自动取款机的操作中尤其明显。例如当用户在取款机屏幕上点击取款后,在账户被扣除相应的金额但是还没有取出货币时,恰好机器断电,在没有事务机制的帮助下,会出现账户被扣款,但是储户没有取出货币的情况;如果设置了事务机制,在机器恢复供电后,就像上例中的数据一样,账户将恢复到取款之前的正常状态。

【拓展任务】

对照上例,在添加一条管理员帐户记录后,使用事务机制恢复到添加之前。

思政小贴士

2022 年 6 月 29 日,中国计算机学会主办的数字经济高级研修班活动中,阿里云数据库负责人表示,以 PolarDB 为代表的中国云数据库已经跻身全球第一阵营。

子任务 1.2　了解 MySQL 的自动提交功能

【任务需求】

以子任务 1.1 中的 admin 表为例,通过设置 autocommit(自动提交)参数的值来理解 MySQL 数据库的自动提交功能(确保 admin 表是 InnoDB 存储引擎,如果不是则参照任务 1.1 创建;隔离级别使用 MySQL 默认值)。

【任务分析】

在使用 InnoDB 存储引擎的模式下,MySQL 数据库在执行 DML 语句时,采用的是自动提交功能模式,即会立刻采用隐性事务,将执行结果提交数据库系统,这种模式的优点是方便用户的使用。提交模式可以通过设置 autocommit 参数的值来确定,当 autocommit=0 时为非自动提交模式;当 autocommit=1 时为自动提交模式。在实现这个任务之前,首先必须确保 admin 表是采用 InnoDB 存储引擎,如果 admin 表没有采用 InnoDB 存储引擎,则应先使用“ALTER TABLE admin ENGINE = InnoDB;”语句来进行修改。

因为要查看运行的提交结果,所以一个 SESSION 已经无法满足要求,需要使用 Session1 和 Session2 两个命令窗口去检查表中的结果。

思政小贴士

认真做好需求分析,有助于了解问题的核心和细节,从而为后续的设计提供指引。毛主席说过“世界上怕就怕‘认真’二字,共产党就最讲认真”,在学习和工作中要做到认真如一、贯彻始终。

【任务实现】

(1)自动提交模式:操作步骤见表 9-1 和表 9-2。

表 9-1 Session1 自动提交模式操作步骤

<table>
<tr><th>步骤</th><th>Session1</th></tr>
<tr><td>1</td><td>1. 设置 autocommit =1,为自动提交模式
mysql> SET autocommit =1;
Query OK,0 rows affected (0.00 sec)
2. 向 admin 表中插入一条数据
mysql> INSERT INTO admin(id,name) VALUES(1,'张三');
Query OK,1 row affected (0.03 sec)</td></tr>
<tr><td>2</td><td>查询表中记录,"张三"已被插入数据库
mysql> SELECT * FROM admin;
+------+--------+
| id | name |
+------+--------+
| 1 | 张三 |
+------+--------+
1 row in set (0.00 sec)</td></tr>
</table>

表 9-2 Session2 自动提交模式操作步骤

<table>
<tr><th>步骤</th><th>Session2</th></tr>
<tr><td>1</td><td>等待 Session1 的步骤 1 执行完毕</td></tr>
<tr><td>2</td><td>等待 Session1 的步骤 2 执行完毕后,查询表中记录,"张三"已被插入数据库
mysql> SELECT * FROM admin;
+------+--------+
| id | name |
+------+--------+
| 1 | 张三 |
+------+--------+
1 row in set (0.00 sec)</td></tr>
</table>

(2)非自动提交模式:操作步骤见表 9-3 和表 9-4。

表 9-3 Session1 非自动提交模式操作步骤

<table>
<tr><th>步骤</th><th>Session1</th></tr>
<tr><td>1</td><td>1. 设置 autocommit =0,为非自动提交模式
mysql> SET autocommit =0;
Query OK,0 rows affected (0.00 sec)
2. 向 admin 表中插入一条数据
mysql> INSERT INTO admin(id,name) VALUES(2,'李四');
Query OK,1 row affected (0.02 sec)</td></tr>
<tr><td>2</td><td>等待 Session2 执行步骤 2</td></tr>
<tr><td>3</td><td>等待 Session2 的步骤 2 执行完毕后,执行 COMMIT 提交命令
mysql> COMMIT;
Query OK,0 rows affected (0.01 sec)</td></tr>
<tr><td>4</td><td>查询表中记录,"李四"被插入数据库
mysql> SELECT * FROM admin;
+------+--------+
| id | name |
+------+--------+
| 1 | 张三 |
| 2 | 李四 |
+------+--------+
2 rows in set (0.00 sec)</td></tr>
</table>

表 9-4　　Session2 非自动提交模式操作步骤

<table>
<tr><th>步骤</th><th>Session2</th></tr>
<tr><td>1</td><td>等待 Session1 的步骤 1 执行完毕</td></tr>
<tr><td>2</td><td>等待 Session1 的步骤 1 执行完毕后,查询表中记录,“李四”没有被插入数据库<pre>mysql> SELECT * FROM admin;
+------+--------+
| id | name |
+------+--------+
| 1 | 张三 |
+------+--------+
1 row in set (0.00 sec)</pre></td></tr>
<tr><td>3</td><td>等待 Session1 的步骤 3 执行完毕</td></tr>
<tr><td>4</td><td>等待 Session1 的步骤 4 执行完毕后,查询表中记录,“李四”被插入数据库<pre>mysql> SELECT * FROM admin;
+------+--------+
| id | name |
+------+--------+
| 1 | 张三 |
| 2 | 李四 |
+------+--------+
2 rows in set (0.00 sec)</pre></td></tr>
</table>

【程序说明】

(1)自动提交模式

表 9-1 和表 9-2 所示为自动提交模式的操作步骤。该模式下设置 autocommit =1,MySQL 在执行 DML 语句时,采用的是自动提交功能模式,即会立刻采用隐性事务,将执行结果提交数据库系统。可以看到 Session1 执行插入语句后,Session2 可以立刻在 admin 表中查询到新记录。

(2)非自动提交模式

表 9-3 和表 9-4 所示为非自动提交模式的操作步骤。该模式下设置 autocommit =0,MySQL 在执行 DML 语句时,没有将执行结果立刻提交数据库系统。可以看到 Session1 执行插入语句后,Session2 在 admin 表中查询不到新记录,只有当 Session1 执行了 COMMIT 语句之后,Session2 才能在 admin 表中查到新记录。所以当系统为非自动提交模式时,每一条 DML 语句需要在 COMMIT 语句提交后,才能真正地执行完毕。

【小技巧】

(1)MySQL 的默认模式是自动提交模式,并且是 InnoDB 存储引擎的特有模式,先确保测试的表是采用 InnoDB 的存储模式,如果不是,则使用“ALTER TABLE 表名 ENGINE=InnoDB;”语句进行修改。

(2)SET autocommit =0,默认是 SESSION 级别,在上例中,只有 Session1 是非自动提交模式,Session2 仍然是自动提交模式。如果想让所有 Session 都是自动提交模式,可以使用“SET GLOBAL autocommit=0;”语句进行全局设置。

【拓展任务】

对照上例,以子任务 1.1 中的 admin 表为例,通过设置 autocommit 参数的值和删除 admin 表的记录来验证 MySQL 的自动提交功能。

子任务 1.3 了解事务的提交

【任务需求】

以子任务 1.1 中的 admin 表为例，采用 START TRANSACTION 开启事务后，利用 COMMIT 语句提交结果，并查看 COMMIT 语句的作用(确保 admin 表采用了 InnoDB 存储引擎，如果不是，则参照任务 1.1 创建；隔离级别使用 MySQL 默认值)。

【任务分析】

该任务需要使用 COMMIT 语句，则必然先要使用 START TRANSACTION 开启事务。在学习事务的使用方法时，通常需要利用两个 Session 来验证，所以必须开启两个命令窗口。对于 COMMIT 的作用，可以采用插入新数据的方式验证。

【任务实现】

操作步骤详见表 9-5 和表 9-6。

表 9-5 Session1 事务执行的操作步骤

<table>
<tr><th>步骤</th><th>Session1</th></tr>
<tr><td>1</td><td>1. 开启事务
mysql> START TRANSACTION;
Query OK, 0 rows affected (0.00 sec)
2. 插入新数据“王五”
mysql> INSERT INTO admin(id,name) VALUES(3,'王五');
Query OK, 1 row affected (0.00 sec)</td></tr>
<tr><td>2</td><td>等待 Session2 的步骤 2 执行完毕</td></tr>
<tr><td>3</td><td>等待 Session2 的步骤 2 执行完毕，使用 COMMIT 命令提交事务
mysql> COMMIT;
Query OK, 0 rows affected (0.00 sec)</td></tr>
<tr><td>4</td><td>查询到新记录“王五”
mysql> SELECT * FROM admin;
+------+--------+
| id | name |
+------+--------+
| 1 | 张三 |
| 2 | 李四 |
| 3 | 王五 |
+------+--------+
3 rows in set (0.00 sec)</td></tr>
</table>

表 9-6 Session2 事务执行的操作步骤

<table>
<tr><th>步骤</th><th>Session2</th></tr>
<tr><td>1</td><td>等待 Session1 的步骤 1 执行完毕</td></tr>
<tr><td>2</td><td>等待 Session1 的步骤 1 执行完毕后，查询 admin 表，“王五”没有插入数据库
mysql> SELECT * FROM admin;
+------+--------+
| id | name |
+------+--------+
| 1 | 张三 |
| 2 | 李四 |
+------+--------+
2 rows in set (0.02 sec)</td></tr>
</table>

(续表)

步骤	Session2
3	等待 Session1 的步骤 3 执行完毕
4	等待 Session1 的步骤 4 执行完毕后,查询到新记录"王五" mysql> SELECT * FROM admin; +------+--------+ | id | name | +------+--------+ | 1 | 张三 | | 2 | 李四 | | 3 | 王五 | +------+--------+ 3 rows in set (0.00 sec)

【程序说明】

从代码来看,开启事务 START TRANSACTION 并使用 COMMIT 语句后,事务才会真正提交给数据库系统执行。当表 9-5 中 Session1 的插入语句执行时,表 9-6 中 Session2 在步骤 2 中的查询语句并没有在 admin 表中找到相应的记录,只有当步骤 3 中的 Session1 执行了 COMMIT 并且执行完毕后才能完成查询。

子任务 1.4　了解事务的回滚

【任务需求】

以子任务 1.1 中的 admin 表为例,采用 START TRANSACTION 开启事务后,利用 ROLLBACK 语句对插入语句操作验证回滚效果,并采用 SAVEPOINT 指定回滚的位置(确保 admin 表是 InnoDB 存储引擎,如果不是则参照任务 1.1 创建;隔离级别使用 MySQL 默认值)。

【任务分析】

(1)验证回滚则必然要先使用 START TRANSACTION 开启事务。在观察事务的使用方法时,通常需要利用两个 Session 来验证,所以必须开启两个命令窗口。对于回滚的作用,可以采用插入新数据的方式验证。

(2)在回滚的操作中,SAVEPOINT 语句可以指定回滚的位置。

【任务实现】

首先利用 DELETE FROM admin 语句清空 admin 表。操作步骤详见表 9-7 和表 9-8。

表 9-7　Session1 事务执行及回滚的操作步骤

步骤	Session1
1	查询 admin 表,确定表内数据为空 mysql> SELECT * FROM admin; Empty set (0.00 sec)
2	等待 Session2 的步骤 1 执行完毕后: 1.启动事务 mysql> START TRANSACTION; Query OK,0 rows affected (0.00 sec) 2.向 admin 表中插入一条新记录 mysql> INSERT INTO admin(id,name) VALUES(1,'张三'); Query OK,1 row affected (0.03 sec)

（续表）

<table>
<tr><th>步骤</th><th>Session1</th></tr>
<tr><td>3</td><td>查询时可以看到刚才的记录已经插入
mysql> SELECT * FROM admin;
+------+--------+
| id | name |
+------+--------+
| 1 | 张三 |
+------+--------+
1 row in set (0.00 sec)</td></tr>
<tr><td>4</td><td>等待Session2的步骤3执行完毕后，设置一个保存点，起名为mypoint
mysql> SAVEPOINT mypoint;
Query OK,0 rows affected (0.00 sec)
在设置保存点后，继续插入一条数据
mysql> INSERT INTO admin(id,name) VALUES(2,'李四');</td></tr>
<tr><td>5</td><td>可以看到刚才插入的所有数据，“张三”是保存点之前，“李四”是保存点之后
mysql> SELECT * FROM admin;
+------+--------+
| id | name |
+------+--------+
| 1 | 张三 |
| 2 | 李四 |
+------+--------+
2 rows in set (0.00 sec)</td></tr>
<tr><td>6</td><td>等待Session2的步骤5执行完毕后，执行：
1.回滚到保存点mypoint
mysql> ROLLBACK TO SAVEPOINT mypoint
Query OK,0 rows affected (0.01
2.查询admin表中的记录，可以发现“李四”已经被回滚
mysql> SELECT * FROM admin;
+------+--------+
| id | name |
+------+--------+
| 1 | 张三 |
+------+--------+
1 row in set (0.00 sec)</td></tr>
<tr><td>7</td><td>等待Session2的步骤6执行完毕后，执行：
1.使用COMMIT提交
mysql> COMMIT;
Query OK,0 rows affected (0.00 s)
2.查询admin表中的记录，可以看到只有“张三”被保存入数据库，“李四”的记录被回滚
mysql> SELECT * FROM admin;
+------+--------+
| id | name |
+------+--------+
| 1 | 张三 |
+------+--------+
1 row in set (0.02 sec)</td></tr>
</table>

表 9-8　　Session2 事务执行及回滚的操作步骤

<table>
<tr><th>步骤</th><th>Session2</th></tr>
<tr><td>1</td><td>等待 Session1 的步骤 1 执行完毕后，查询 admin 表，确定表内数据为空
mysql> SELECT * FROM admin;
Empty set (0.00 sec)</td></tr>
<tr><td>2</td><td>等待 Session1 的步骤 2 执行完毕</td></tr>
<tr><td>3</td><td>等待 Session1 的步骤 3 执行完毕后，查不到任何记录
mysql> SELECT * FROM admin;
Empty set (0.00 sec)</td></tr>
<tr><td>4</td><td>等待 Session1 的步骤 4 执行完毕</td></tr>
<tr><td>5</td><td>等待 Session1 的步骤 5 执行完毕后，查不到任何记录
mysql> SELECT * FROM admin;
Empty set (0.00 sec)</td></tr>
<tr><td>6</td><td>等待 Session1 的步骤 6 执行完毕后，查不到任何记录
mysql> SELECT * FROM admin;
Empty set (0.00 sec)</td></tr>
<tr><td>7</td><td>等待 Session1 的步骤 7 执行完毕后，执行：
查询 admin 表，只有“张三”的记录被保存
mysql> SELECT * FROM admin;
+------+--------+
| id | name |
+------+--------+
| 1 | 张三 |
+------+--------+
1 row in set (0.00 sec)</td></tr>
</table>

【程序说明】

从程序中可以看到，当表 9-7 中 Session1 在步骤 2 启动事务并插入数据“张三”后并没有提交，所以表 9-8 中 Session2 在步骤 3 查不到数据。只有 Session1 自身可以查到这条在缓存中的数据。Session1 在步骤 4 设置了一个保存点 mypoint，并又插入一条新记录“李四”。当执行到步骤 6 时，Session1 回滚到保存点 mypoint，由于“李四”的记录在 Session1 中就被回滚操作清除掉了，因此 Session2 依然查不到数据。在最后的步骤 7 中，Session1 执行提交，最终只有“张三”被提交入数据库，这时 Session2 才能看到最终的结果。

【拓展任务】

对照上例，以子任务 1.1 中的 admin 表为例，采用 START TRANSACTION 开启事务后，利用 ROLLBACK 语句对删除语句操作验证回滚效果，并采用 SAVEPOINT 指定回滚的位置。

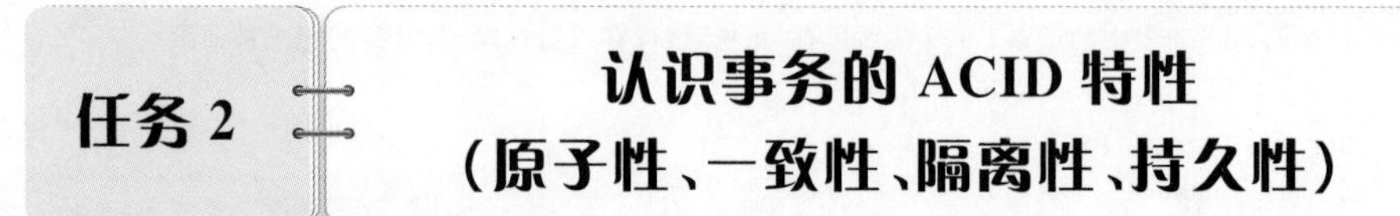

任务 2　认识事务的 ACID 特性（原子性、一致性、隔离性、持久性）

预备知识

1. 并发

并发的概念广泛地存在于计算机领域。一般来说，并发的概念有两种，一种是计算机操作系统的概念，指同一个时间段内，有多个程序处于启动、执行和完毕之间，但是任意时刻只有一个程序在运行；另一种并发是数据库技术中的概念，表示同一个时刻有多个用户在占有或者共享数据。本项目的并发特指数据库技术中的并发。

2. 并发可能导致的问题

更新丢失(Lost Update)，是指同一行数据被两个或者多个事务同时进行修改，导致参与修改的所有事务，都得不到正确数据的问题。由于事务之间的修改相互覆盖，导致更新的丢失。

脏读(Dirty Reads)，是指第一个事务在处理一组记录时，第二个事务恰好在此时读取了该组记录，然后第一个事务又修改了这组记录后提交，导致该组记录的最终结果与第二个事务读取的结果不一致。此时称第二个事务读取的那组记录为“脏数据”。

不可重复读(Non-Repeatable Reads)，是指第一个事务读取某行数据进行计算时，第二个事务修改了该数据并提交，当第一个事务第二次读取该行数据时，发现和第一次读取时的数据不一致。

幻读(Phantom Reads)，是指第一个事务对指定数据集进行查询时，第二个事务向指定数据集插入了新数据；而当第一个事务进行第二次查询时，发现获得的结果中含有新的数据。

子任务 2.1　了解事务的 ACID 特性

【知识点】

事务有四大特征：原子性(Atomicity)、一致性(Consistency)、隔离性(Isolation)、持久性(Durability)，简称 ACID 特性。

1. 原子性(Atomicity)

事务的原子性，一般是指事务所包含的序列操作，要么全部执行成功，要么出现失败全部回滚。所以，事务的操作如果全部成功将写入数据库，如果操作出现任何失败，则恢复到事务开始的初始状态。

2. 一致性(Consistency)

事务的一致性，一般是指事务执行之前，数据库是一个一致的状态；事务执行之后，数据库必须处于一致性状态。

3. 隔离性(Isolation)

事务的隔离性，一般是指当多个事务并发访问数据库时，在事务的内部与别的事务相隔离，对外不可见，也就不会产生干扰，独立地运行。

4. 持久性(Durability)

事务的持久性，一般是指事务一旦被提交了，所做出的数据改变是永久性的，即使出现数据库系统故障，也不会丢失提交事务的操作。

子任务 2.2　认识事务的隔离级别与并发问题

【概要描述】

在预备知识中，介绍了并发会导致更新丢失、脏读、不可重复读以及幻读的问题。为了解决并发的隐患，事务设定了四个隔离级别，有针对性地处理这些问题。

【知识详解】

MySQL 数据库的事务设置有四个隔离级别，根据级别的严格程度，由低到高依次为：读未提交(Read uncommitted)、读提交(Read committed)、可重复读取(Repeatable read)、串行化(Serializable)。这四个隔离级别，能够依次解决更新丢失、脏读、不可重复读、幻读的并发问题。下面分别对这四个隔离级别进行阐述：

1. 读未提交(Read uncommitted)

该级别属于未授权读取，当第一个事务开始对某行数据进行修改，第二个事务可以读取此行数据，但是不允许修改。可以使用“排他锁”实现此隔离级别，后续内容会详细介绍“排他锁”。这个级别虽然禁止了多个事务并发修改某行数据，解决了“更新丢失”的问题，但是依然会出现第二个事务读取到了第一个事务未提交的数据，导致“脏读”。

2. 读提交(Read committed)

该级别属于授权读取，当第一个事务读取某行数据时，也允许第二个事务继续读取该行数据，但是如果对该行数据有未提交的写操作，则第一个事务将禁止其他事务访问该行数据。该隔离级别解决了“脏读”的问题，但是却没有解决“不可重复读”的问题。例如第一个事务开始对某行数据进行操作，第二个事务读取了该行数据，第一个事务对数据进行了更新，并提交了事务，由于隔离机制，在提交前第二个事务无法读取该数据。等到第一个事务提交完毕后，第二个事务继续读取得到该数据，与上次读取时的数据相比，已经发生了改变。

3. 可重复读(Repeatable read)

可重复读是表示在同一个事务之内，多次读取同一行数据，其读取结果是相同的。例如，第一个事务要对某行数据进行两次读取，第二个事务在第一个事务的两次读取操作之间，对该数据进行修改，但是第一个事务第二次读到的数据依然和第一次相同。所以该隔离级别被称为“可重复读”。这样避免了不可重复读取和脏读，但是仍然不能避免幻读。

4. 串行化(Serializable)

该级别是最严格的事务隔离。事务的串行化，表示所有事务不能并发执行，必须依次执行。在该级别下所有事务都顺序执行，不仅可以避免脏读、不可重复读，还避免了幻读。串行化虽然解决了所有问题，但是代价也最高，它会导致数据库的性能很低，在实际应用中很少使用。

【总结说明】

数据库中的隔离级别越高，对数据的完整性和一致性越能保证。但是越高的隔离级别，对并发性能的影响也越大。很多优秀的数据库，例如微软的 SQL Server 和 Oracle 都把数据库系统的隔离级别默认设为读提交(Read Committed)。这个级别能够避免脏读，并发性能也保持良好。而针对不可重复读、幻读等并发问题，可以由应用程序采用悲观锁或乐观锁来控制。在 MySQL 的默认隔离级别中，相对较高的是可重复读(Repeatable read)。隔离级别与能够解决的问题见表 9-9。

表 9-9 隔离级别与能够解决的问题

事务隔离级别	丢失更新	脏读	不可重复读	幻读
读未提交	否	是	是	是
读提交	否	否	是	是
可重复读	否	否	否	是
串行化	否	否	否	否

子任务 2.3 设置事务的隔离级别

设置事务的隔离级别

【任务需求】

以任务 1.1 中 admin 表为基础，设置事务的读未提交、读提交、可重复读和串行化四个隔离级别并进行事务操作，查看每个隔离级别的特点（确保 admin 表是 InnoDB 存储引擎，如果不是，则参照任务 1.1 创建）。

【任务分析】

事务的隔离级别分为四级，分别是读未提交、读提交、可重复读、串行化，为了能够体现四个隔离级别的特点，需要按照以下的步骤执行：

（1）创建两个 Session，分别是 Session1 和 Session2。

（2）Session1 中设置隔离级别：读未提交（read-uncommitted）、读提交（read-committed）、可重复读（repeatable-read）、串行化（serializable）。

（3）Session1 开启事务并执行操作，随后 Session2 开启事务并执行操作。

（4）查看不同隔离级别下的执行效果。

【任务实现】

（1）读未提交：Session1 和 Session2 步骤分别见表 9-10 和表 9-11。

表 9-10 Session1 设置隔离级别并执行事务步骤

<table>
<tr><th>步骤</th><th>Session1</th></tr>
<tr><td>1</td><td>1. 将隔离级别设置为“读未提交”
mysql> SET tx_isolation='READ-UNCOMMITTED';
Query OK,0 rows affected (0.00 sec)
2. 查看隔离级别，检查是否设置成功
mysql> SELECT @@tx_isolation;
+-------------------------------+
|@@tx_isolation |
+-------------------------------+
|READ-UNCOMMITTED |
+-------------------------------+
1 row in set (0.00 sec)</td></tr>
<tr><td>2</td><td>开启一个事务，并查询 admin 表内的数据
mysql> START TRANSACTION;
Query OK,0 rows affected (0.00 sec)
mysql> SELECT * FROM admin;
+------+--------+
| id | name |
+------+--------+
| 1 | 张三 |
+------+--------+
1 row in set (0.00 sec)</td></tr>
<tr><td>3</td><td>等待 Session2 的步骤 3 执行完毕</td></tr>
<tr><td>4</td><td>等待 Session2 的步骤 3 执行完毕后，查看表中的数据，读取 Session2 的事务中修改的数据，此时 Session2 未提交
mysql> SELECT * FROM admin;
+------+--------+
| id | name |
+------+--------+
| 99 | 张三 |
+------+--------+
1 row in set (0.00 sec)</td></tr>
</table>

表 9-11　　Session2 执行事务步骤

<table>
<tr><th>步骤</th><th>Session2</th></tr>
<tr><td>1</td><td>等待 Session1 的步骤 1 执行完毕</td></tr>
<tr><td>2</td><td>等待 Session1 的步骤 2 执行完毕</td></tr>
<tr><td>3</td><td>等待 Session1 的步骤 2 执行完毕后,执行:
1. 开启一个事务
mysql> START TRANSACTION;
Query OK,0 rows affected (0.00 sec)
2. 表中 id 的值从 1 修改为 99
mysql> UPDATE admin SET id=99 WHERE id =1;
Query OK,1 row affected (0.01 sec)
Rows matched: 1　Changed: 1　Warnings: 0
3. 检查修改效果
mysql> SELECT * FROM admin;
+------+--------+
| id | name |
+------+--------+
| 99 | 张三 |
+------+--------+
1 row in set (0.00 sec)</td></tr>
</table>

(2)读提交:Session1 和 Session2 步骤分别见表 9-12 和表 9-13。

表 9-12　　Session1 设置“读提交”隔离级别并执行事务步骤

<table>
<tr><th>步骤</th><th>Session1</th></tr>
<tr><td>1</td><td>1. 将隔离级别设置为“读提交”
mysql> SET tx_isolation='read-committed';
Query OK,0 rows affected (0.00 sec)
2. 查看隔离级别设置是否成功
mysql> SELECT @@tx_isolation;
+------------------------+
|@@tx_isolation |
+------------------------+
|READ-COMMITTED |
+------------------------+
1 row in set (0.00 sec)</td></tr>
<tr><td>2</td><td>1. 开启一个事务
mysql> START TRANSACTION;
Query OK,0 rows affected (0.00 sec)
2. 查看 admin 表的所有记录
mysql> SELECT * FROM admin;
+------+--------+
| id | name |
+------+--------+
| 99 | 张三 |
+------+--------+
1 row in set (0.00 sec)</td></tr>
<tr><td>3</td><td>等待 Session2 的步骤 3 执行完毕</td></tr>
<tr><td>4</td><td>等待 Session2 的步骤 3 执行完毕后,查询 admin 表中的所有记录,发现 id 仍然是 99
mysql> SELECT * FROM admin;
+------+--------+
| id | name |
+------+--------+
| 99 | 张三 |
+------+--------+
1 row in set (0.00 sec)</td></tr>
</table>

（续表）

步骤	Session1
5	等待 Session2 的步骤 5 执行完毕
6	等待 Session2 的步骤 5 执行完毕后，查询 admin 表，发现 id 变成 100 mysql> SELECT * FROM admin; +------+--------+ | id | name | +------+--------+ |100 | 张三 | +------+--------+ 1 row in set (0.00 sec)

表 9-13 Session2 执行事务步骤

步骤	Session2
1	等待 Session1 的步骤 1 执行完毕
2	等待 Session1 的步骤 2 执行完毕
3	等待 Session1 的步骤 2 执行完毕后，执行： 1.开启一个事务 mysql> START TRANSACTION; Query OK,0 rows affected (0.00 sec) 2.修改 id 从 99 到 100 mysql> UPDATE admin SET id=100 WHERE id =99; Query OK,1 row affected (0.01 sec) Rows matched: 1 Changed: 1 Warnings: 0 3.查询修改结果 mysql> SELECT * FROM admin; +------+--------+ | id | name | +------+--------+ |100 | 张三 | +------+--------+ 1 row in set (0.00 sec)
4	等待 Session1 的步骤 4 执行完毕
5	等待 Session1 的步骤 4 执行完毕后，提交事务 mysql> COMMIT; Query OK,0 rows affected (0.02 sec)

(3)可重复读:Session1 和 Session2 步骤分别见表 9-14 和表 9-15。

表 9-14 Session1 设置"可重复读"隔离级别并执行事务步骤

步骤	Session1
1	1.设置隔离级别为"可重复读" mysql> SET tx_isolation='repeatable-read'; Query OK,0 rows affected (0.00 sec) 2.查看隔离级别设置是否成功 mysql> SELECT @@tx_isolation; +-----------------------+ | @@tx_isolation | +-----------------------+ |REPEATABLE-READ | +-----------------------+ 1 row in set (0.02 sec)

(续表)

<table>
<tr><th>步骤</th><th>Session1</th></tr>
<tr><td>2</td><td>1. 开启一个事务
mysql> START TRANSACTION;
Query OK,0 rows affected (0.00 sec)
2. 查看 admin 表的所有记录
mysql> SELECT * FROM admin;
+------+--------+
| id | name |
+------+--------+
|100 | 张三 |
+------+--------+
1 row in set (0.00 sec)</td></tr>
<tr><td>3</td><td>等待 Session2 的步骤 3 执行完毕</td></tr>
<tr><td>4</td><td>等待 Session2 的步骤 3 执行完毕后,查询 admin 表中的结果,发现 id 仍然是 100
mysql> SELECT * FROM admin;
+------+--------+
| id | name |
+------+--------+
|100 | 张三 |
+------+--------+
1 row in set (0.00 sec)</td></tr>
<tr><td>5</td><td>1. 提交事务
mysql> COMMIT;
Query OK,0 rows affected (0.00 sec)
2. 查询 id 的结果,发现变成 55
mysql> SELECT * FROM admin;
+------+--------+
| id | name |
+------+--------+
| 55 | 张三 |
+------+--------+
1 row in set (0.00 sec)</td></tr>
</table>

表 9-15　　Session2 设置“可重复读”隔离级别并执行事务步骤

<table>
<tr><th>步骤</th><th>Session2</th></tr>
<tr><td>1</td><td>等待 Session1 的步骤 1 执行完毕</td></tr>
<tr><td>2</td><td>等待 Session1 的步骤 2 执行完毕</td></tr>
<tr><td>3</td><td>等待 Session1 的步骤 2 执行完毕后,执行:
1. 开启一个事务
mysql> START TRANSACTION;
Query OK,0 rows affected (0.00 sec)
2. 修改 id 从 100 到 55
mysql> UPDATE admin SET id=55 WHERE id =100;
Query OK,1 row affected (0.01 sec)
Rows matched: 1 Changed: 1 Warnings: 0
3. 查询修改结果
mysql> SELECT * FROM admin;
+------+--------+
| id | name |
+------+--------+
| 55 | 张三 |
+------+--------+
1 row in set (0.00 sec)
4. 提交事务
mysql> COMMIT;
Query OK,0 rows affected (0.01 sec)</td></tr>
</table>

(4)串行化：Session1 和 Session2 步骤分别见表 9-16 和表 9-17。

表 9-16 Session1 设置“串行化”隔离级别并执行事务步骤

<table>
<tr><th>步骤</th><th>Session1</th></tr>
<tr><td>1</td><td>1. 设置隔离级别为“串行化”
mysql> SET tx_isolation='serializable';
Query OK, 0 rows affected (0.00 sec)
2. 查看隔离级别设置是否成功
mysql> SELECT @@tx_isolation;
+--------------------+
| @@tx_isolation |
+--------------------+
| SERIALIZABLE |
+--------------------+
1 row in set (0.00 sec)</td></tr>
<tr><td>2</td><td>1. 开启一个事务
mysql> START TRANSACTION;
Query OK, 0 rows affected (0.00 sec)
2. 进行查询操作
mysql> SELECT * FROM admin;
+------+--------+
| id | name |
+------+--------+
| 55 | 张三 |
+------+--------+
1 row in set (0.00 sec)</td></tr>
<tr><td>3</td><td>等待 Session2 的步骤 3 执行完毕</td></tr>
<tr><td>4</td><td>等待 Session2 的步骤 3 执行完毕后，等待 10 秒后，输入提交事务语句
mysql> COMMIT;
Query OK, 0 rows affected (0.00 sec)</td></tr>
</table>

表 9-17 Session2 设置“可重复读”隔离级并执行事务步骤

<table>
<tr><th>步骤</th><th>Session2</th></tr>
<tr><td>1</td><td>等待 Session1 的步骤 1 执行完毕</td></tr>
<tr><td>2</td><td>等待 Session1 的步骤 2 执行完毕</td></tr>
<tr><td>3</td><td>等待 Session1 的步骤 2 执行完毕后，进行修改操作，修改语句不执行，持续等待
mysql> UPDATE admin SET id=55 WHERE id =100;</td></tr>
<tr><td>4</td><td>等待 Session1 的步骤 4 执行完毕后，上一步的 UPDATE 语句执行，可以看到修改语句等待了 10.92 秒
Query OK, 0 rows affected (10.92 sec)
Rows matched: 0 Changed: 0 Warnings: 0</td></tr>
</table>

【程序说明】

1. 读未提交(见表 9-10 和表 9-11)

在步骤 1 中，Session1 设置隔离级别，并查看是否设置成功。在步骤 2 中，Session1 开启一个事务，查询 admin 表中 id 的值为 1。在步骤 3 中，Session2 开启一个事务，将 id 从 1 改为 99，并且未提交事务。在步骤 4 中，Session1 读取 id 的值，发现 id 的值为 99。在这个例子中，Session2 并未提交事务，但是其修改的 id 值已经被 Session1 读取，Session1 读取的就是脏数据。

2. 读提交(见表 9-12 和表 9-13)

在步骤 1 中，Session1 设置隔离级别，并查看是否设置成功。在步骤 2 中，Session1 开启一个事务,查询 admin 表中 id 的值为 99。在步骤 3 中,Session2 开启一个事务,将 id 从 99 改为 100,查询 id 的值修改为 100,但是未提交事务。步骤 4 中,Session1 读取 id 的值,发现 id 的值仍然为 99。在步骤 5 中,Session2 提交事务。在步骤 6 中,Session1 读取 id 的值发现变成 100。在这个例子中,Session1 读取了 id 的值,但是 Session2 随后开启事务修改 id 的值,在 Session2 未提交事务之前,Session1 读取的 id 值始终是原来的 id 值。当 Session2 提交后,Session1 立刻可以读取 Session2 更新的 id 值。

3. 可重复读(见表 9-14 和表 9-15)

在步骤 1 中,Session1 设置隔离级别,并查看是否设置成功。在步骤 2 中,Session1 开启一个事务,查询 admin 表中 id 的值为 100。在步骤 3 中,Session2 开启一个事务,将 id 从 100 改为 55,查询 id 的值修改为 55,然后提交事务。在步骤 4 中,Session1 读取 id 的值,发现 id 的值仍然为 100。在步骤 5 中,Session1 提交事务,再查询 id 的值发现变成了 55。在这个例子中,Session1 读取了 id 的值,但是 Session2 随后开启事务修改 id 的值,并提交了事务。在 Session1 未提交事务之前,Session1 读取的 id 值始终是原来的 id 值。当 Session1 提交后,Session1 就可以读取 Session2 更新的 id 值。这里保证 Session1 在同一事务中,重复读取 id 的值都是一致的。

4. 串行化(见表 9-16 和表 9-17)

在步骤 1 中,Session1 设置隔离级别,并查看是否设置成功。在步骤 2 中,Session1 开启一个事务,查询 admin 表。在步骤 3 中,Session2 进行修改操作,但是 UPDATE 语句持续等待。在步骤 4 中,Session1 的用户等待 10 秒后提交事务,同时 Session2 的 UPDATE 语句自动执行,并显示运行时间(实际就是等待时间)。在这个例子中,Session1 的操作没有提交前,Session2 的操作会一直等待,一旦 Session1 提交事务,Session2 立刻执行等待中的操作。

思政小贴士

对数据库操作务必做到执着专注,学习伊始就要先学习工匠精神,时刻树立敬业爱岗的信念。注重细节和规范,培养精益求精、从一而终的理念。在掌握基本技能之后,再拓展思维,深入创新。

任务 3 认识 MySQL 数据库中的锁机制

预备知识

1. 锁机制定义

数据库是由一个以上用户共享并使用的资源库。多个用户在使用数据库时,会产生并发的问题,为此数据库引入了事务的概念。而当多个事务同时对一行数据进行操作时,如果不加控制会出现数据的读取和更新的不可靠性,所以事务的隔离性就显得非常重要了。

在任务 2 中介绍了事务的四大特征,其中隔离性是事务的重要特征。事务的隔离性主要由锁机制来实现。事务在对某个数据库对象进行操作时,向系统发出加锁的请求,加锁后事务对该对象就有了一定范围的控制权。在这个范围内,该事务不释放锁之前,其他的事务不能对该对象进行修改的操作,这就是锁机制。

2. MySQL 数据库的锁机制

MySQL 数据库的锁机制较为特殊，不同的存储引擎支持不同的锁机制。在前面介绍过，MySQL 数据库的存储引擎主要分为 InnoDB 存储引擎、BDB 存储引擎和 MyISAM 存储引擎三种，它们的锁机制各不相同。其中 BDB 存储引擎的使用较少，所以主要对 InnoDB 存储引擎和 MyISAM 存储引擎进行介绍。

MyISAM 存储引擎支持表级锁(table-level locking)，表级锁的优点是资源开销小，可以实现迅速加锁，并且不会出现死锁的情况；缺点是锁的粒度大，容易发生锁冲突，并发效果不好。

InnoDB 存储引擎支持行级锁(row-level locking)，也支持表级锁。行级锁的优点是锁粒度最小，不容易发生锁冲突，并发效果好；缺点是资源开销很大，加锁速度缓慢，容易出现死锁。

3. 间隙锁

在 InnoDB 存储引擎中，当事务请求锁时，InnoDB 会给符合条件的已有数据的索引项上加锁，但是也会在符合查询条件的范围内，将不存在的记录上加锁，这些不存在的记录，被称为“间隙”(GAP)。因为这个“间隙”被加了锁，所以这个机制叫“间隙锁”。

间隙锁的运行机制如下，例如，admin 表中有 10 条 id 的数据，其值为 1，2，3，……，10，查询语句“SELECT * FROM admin WHERE id > 10 FOR UPDATE”，InnoDB 不仅仅在这 10 条记录上加锁，也在 11，12，13，……这样“不存在”的间隙上加锁。如果有用户此时向 admin 表中插入新的 id，那么插入操作会被阻塞。

4. 死锁

两个进程或者多个进程之间，对某一资源进行争夺，最终造成阻塞的僵局。若无外力的帮助下，永远无法继续下去。MyISAM 存储引擎不存在死锁的问题，因为 MyISAM 存储引擎每次都是获得所有的锁，要么全部满足，否则全部等待。而 InnoDB 的锁是逐个获得，在这些步骤中，容易发生死锁。

一般情况下，InnoDB 在发生死锁后能自动检测到，让一个事务释放锁并回退，另一个事务则获得锁，从而推进事务。但在涉及外部锁，或涉及表锁的情况下，InnoDB 并不能完全自动检测到死锁，需要对锁的超时参数 innodb_lock_wait_timeout 进行设置解决。但是如果程序员设计的应用逻辑过于糟糕，InnoDB 也无法应付所有的死锁。所以好的程序设计，是避免数据库死锁的关键。

子任务 3.1 了解锁机制的必要性

微课

了解锁机制的必要性

【任务需求】

对任务 1.1 中的 admin 表为基础，开启一个事务实现一个锁表的基本操作，防止另一个事务修改数据(确保 admin 表是 InnoDB 存储引擎，如果不是，则参照任务 1.1 创建；隔离级别使用 MySQL 默认值)。

【任务分析】

事务是 MySQL 数据库的核心内容，而事务的隔离性主要由锁机制来实现。事务在对某个数据库对象进行操作时，向系统发出加锁的请求，加锁后事务对该对象就有了一定范围的控制权。在这个范围内，该事务不释放锁之前，其他的事务不能对该对象进行修改的操作，这就是锁机制。对于一般应用型开发，了解 DDL 和 DML 语句的编写就足够了，但是在数据交换比较大的程序中,锁机制是必须考虑的问题。

这个任务中需要利用两个 Session 来验证,一个 Session 锁表,另一个 Session 进行数据修改操作,演示锁表后效果,操作步骤见表 9-18 和表 9-19。

【任务实现】

表 9-18　Session1 查询数据并锁表操作步骤

<table>
<tr><th>步骤</th><th>Session1</th></tr>
<tr><td>1</td><td>1. 查询 admin 表中的数据
mysql> SELECT * FROM admin;
+------+--------+
| id | name |
+------+--------+
| 1 | 张三 |
+------+--------+
1 row in set (0.00 sec)
2. 使用读锁,锁住 admin 表
mysql> LOCK TABLE admin READ;
Query OK,0 rows affected (0.02 sec)</td></tr>
<tr><td>2</td><td>等待 Session2 的步骤 2 完毕</td></tr>
<tr><td>3</td><td>等待 Session2 的步骤 2 完毕后,用户在 45 秒后,输入释放读锁的命令
mysql> UNLOCK TABLES;
Query OK,0 rows affected (0.00 sec)</td></tr>
</table>

表 9-19　Session2 修改表操作步骤

<table>
<tr><th>步骤</th><th>Session2</th></tr>
<tr><td>1</td><td>等待 Session1 的步骤 1 完毕</td></tr>
<tr><td>2</td><td>等待 Session1 的步骤 1 完毕后,修改 admin 表,发现 UPDATE 语句处于等待状态,并不执行
mysql> UPDATE admin SET id=99 WHERE id=1;</td></tr>
<tr><td>3</td><td>等待 Session1 的步骤 3 完毕后,Update 语句立刻自动执行,显示等待 45 秒
Query OK,1 row affected (45.71 sec)
Rows matched: 1 Changed: 1 Warnings: 0</td></tr>
</table>

【程序说明】

实现这个任务一共是 3 个步骤:

(1)Session1 查询 admin 表,使用"读锁"锁住 admin 表。

(2)Session2 修改 admin 表中的数据,发现 UPDATE 语句并不执行,持续等待。

(3)Session1 等待 45 秒,以体现锁表的时间。45 秒后输入解锁命令。Session2 中等待的 UPDATE 语句立刻执行,并显示等待 45 秒。

在这个任务中,Session1 和 Session2 之间就是相互隔离的,只有 Session1 释放锁之后,Session2 才获得修改表内数据的权限。

【拓展任务】

在上例中,Session1 使用了"读锁"锁住 admin 表,如果 Session2 使用了 SELECT * FROM admin 会有什么效果?

思政小贴士

《北京日报》报道:2022 年 8 月 10 日,国产自研分布式数据库 OceanBase 发布 4.0 版本。这是业内首个单机分布式一体化架构数据库,极大地降低了企业使用金融级分布式数据库的门槛。

子任务 3.2 了解 MySQL 数据库的锁机制

【概要描述】

MySQL 数据库是不同的存储引擎支持不同的锁机制。MySQL 数据库的存储引擎分为 InnoDB 存储引擎、BDB 存储引擎和 MyISAM 存储引擎三种，本项目只对 InnoDB 存储引擎和 MyISAM 存储引擎进行介绍。

【知识详解】

1. MyISAM 存储引擎

MyISAM 存储引擎只支持表级锁，表级锁有两种：一种是表共享读锁（Table Read Lock）；一种是表独占写锁（Table Write Lock）。两种锁的兼容性见表 9-20。

表 9-20　　表级锁的兼容性

当前的锁	请求的锁	
	读锁	写锁
读锁	兼容	不兼容
写锁	不兼容	不兼容

从表 9-20 中可以看到，Session1 加了读锁后，对于被加锁的资源，Session2 只能读取不能修改。如果 Session1 加了写锁，对于 Session2 的读请求和写请求都会阻塞。值得注意的是，无论是读锁还是写锁，Session1 只要给某些资源加了锁，那么它的访问范围就被制定在加锁的资源范围内，如果访问这个范围之外的资源，会被系统拒绝并报错。

MyISAM 是如何管理锁的请求呢？MyISAM 有着一套锁调度机制。在这个机制中，无论是读请求锁还是写请求锁，都在队列中等待，先到先申请。但是写请求锁的优先级比读请求锁高，所以写请求锁往往优先执行。一般来说，如果应用程序对数据库经常采用增、删、改，并且又有大量的查询工作，那么不适合使用 MyISAM 存储引擎，读请求锁的优先级低，会导致查询工作一直等待。

2. InnoDB 存储引擎

与 MyISAM 存储引擎只支持表级锁不同，InnoDB 存储引擎除了支持表级锁也支持行级锁。行级锁是加在数据的索引上，如果该表没有索引，那么行级锁就换成表锁。其中行级锁也分为两种：

（1）共享锁（S）：允许获得共享锁的事务读取数据，阻止其他事务对该数据集添加排他锁。使用 SELECT... IN SHARE MODE 获得共享锁。

（2）排他锁（X）：允许获得排他锁的事务删除和修改数据，阻止其他事务对该数据集添加共享锁和排他锁。使用 SELECT... FOR UPDATE 方式获得排他锁。

由于 InnoDB 存储引擎也支持表级锁，为了能够使表级锁和行级锁共存，InnoDB 在系统内部还使用了两种锁：

（1）意向共享锁（IS）：一个事务如果希望给数据集加上共享锁，必须先获得这个数据集所在表的 IS 锁。

（2）意向排他锁（IX）：一个事务如果希望给数据集加上排他锁，必须先获得这个数据集所在表的 IX 锁。

四种锁的兼容性见表 9-21。

表 9-21　　InnoDB 存储引擎的锁兼容性

当前的锁	请求的锁			
	排他锁 X	意向排他锁 IX	共享锁 S	意向共享锁 IS
排他锁 X	不兼容	不兼容	不兼容	不兼容
意向排他锁 IX	不兼容	兼容	不兼容	兼容
共享锁 S	不兼容	不兼容	兼容	兼容
意向共享锁 IS	不兼容	兼容	兼容	兼容

需要注意的是，意向共享锁和意向排他锁，用户不需要也不能进行操作，是由 InnoDB 进行系统维护的。

【总结说明】

在使用 MySQL 数据库时，要针对应用程序的特点来分析并选择合适的数据存储引擎。

MyISAM 是非事务安全型的，它的锁粒度是表级，支持全文类型索引，保有表的总行数，但是不支持外键。MyISAM 提供高速存储、检索和全文搜索能力。如果需要海量的查询工作，应用 MyISAM 比较合适。

InnoDB 是事务安全型的，支持行级锁定，不支持全文索引。InnoDB 支持外键，只能通过遍历得到表的总行数。InnoDB 表比 MyISAM 表更安全，使用 ALTER TABLE tablename type=InnoDB 可以在保证数据不会丢失的情况下，切换非事务表到事务表。当需要执行大量的插入和删除操作时，应用 InnoDB 可以提高并发性和安全性。

子任务 3.3　使用 MyISAM 表的表级锁

【任务需求】

创建 teacher 表和 department 表，采用 MyISAM 存储引擎，验证该引擎表级锁的用法。

【任务分析】

MyISAM 在执行查询语句 SELECT 时，会直接给所有要查询的表加上读锁。如果是执行增(INSERT)、删(DELETE)、改(UPDATE)时，会直接给所有涉及的表加上写锁。为了验证效果，采用显式加锁的方式来实现这个任务。

首先创建 department 表，执行以下 SQL 语句：

```
mysql> CREATE TABLE department (
    -> Dept_name varchar(50),
    -> Dept_id int
    -> )ENGINE=MyISAM;
Query OK,0 rows affected (0.05 sec)
```

插入一条记录到 department 表中：

```
mysql> INSERT INTO department (Dept_name,Dept_id) VALUES('计算机',1);
Query OK,1 row affected (0.00 sec)
```

再创建 teacher 表，执行以下的 SQL 语句：

```
mysql> CREATE TABLE teacher (
    -> T_name varchar(50),
    -> T_id int,
    -> Dept_id int
```

```
    -> )ENGINE=MyISAM;
Query OK,0 rows affected (0.02 sec)
```

插入一条记录到 teacher 表中：

```
mysql> INSERT INTO teacher (T_name,T_id,Dept_id) VALUES('张三',101,1);
Query OK,1 row affected (0.00 sec)
```

这里需要注意的是，表中的存储引擎一定要使用 ENGINE=MyISAM。验证表锁需要两个会话，分别命名为 Session1 和 Session2，Session1 将在表中进行加锁操作，Session2 将在表中进行操作验证。

【任务实现】

(1)加读锁：操作步骤见表 9-22 和表 9-23。

表 9-22 Session1 给数据表加读锁并操作验证步骤

步骤	Session1
1	在 department 表上加读锁 mysql> LOCK TABLE department READ; Query OK,0 rows affected (0.00 sec)
2	加读锁后，可以读取 department 表 mysql> SELECT * FROM department; +-------------+-----------+ |Dept_name | Dept_id | +-------------+-----------+ |计算机 | 1 | +-------------+-----------+ 1 row in set (0.00 sec)
3	等待 Session2 的步骤 2 完毕后，查询 teacher 表失败，因为 Session1 只能访问加了读锁的表 mysql> SELECT * FROM teacher; ERROR 1100 (HY000): Table 'teacher' was not locked with lock tables
4	等待 Session2 的步骤 3 完毕后，插入 department 表失败，因为加了读锁的表不能进行写操作 mysql> INSERT INTO department (Dept_name,Dept_id) VALUES('会计',2); ERROR 1099 (HY000): Table 'department' was locked with a read lock and can't be updated
5	等待 Session2 的步骤 4 完毕后，释放读锁 mysql> UNLOCK TABLES; Query OK,0 rows affected (0.00 sec)

表 9-23 Session2 读取数据表并查询验证步骤

步骤	Session2
1	等待 Session1 的步骤 1 完毕
2	等待 Session1 的步骤 2 完毕，Session1 加读锁后，Session2 也可以读取 department 表 mysql> SELECT * FROM department; +-------------+-----------+ |Dept_name | Dept_id | +-------------+-----------+ |计算机 | 1 | +-------------+-----------+ 1 row in set (0.00 sec)
3	等待 Session1 的步骤 3 完毕后，Session2 可以对 teacher 表进行查询和修改 mysql> SELECT * FROM teacher; +----------+---------+-----------+ |T_name | T_id | Dept_id |

(续表)

<table>
<tr><th>步骤</th><th>Session2</th></tr>
<tr><td></td><td>+----------+---------+-----------+
|张三 | 101 | 1 |
+----------+---------+-----------+
1 row in set (0.02 sec)
mysql> UPDATE teacher SET T_id=102 WHERE T_id=101;
Query OK,1 row affected (0.00 sec)
Rows matched: 1 Changed: 1 Warnings: 0</td></tr>
<tr><td>4</td><td>等待 Session1 的步骤 4 完毕后,插入 department 表等待,因为 Session1 加了读锁,不能进行写操作
mysql> INSERT INTO department (Dept_name,Dept_id) VALUES('会计',2);
等待 Session1 读锁的释放</td></tr>
<tr><td>5</td><td>等待 Session1 的步骤 5 完毕后,Session2 等待 48 秒的 INSERT 语句立即自动执行
Query OK,1 row affected (48.95 sec)</td></tr>
</table>

(2)加写锁:操作步骤见表 9-24 和表 9-25。

表 9-24 Session1 给数据表加写锁并操作验证步骤

<table>
<tr><th>步骤</th><th>Session1</th></tr>
<tr><td>1</td><td>在 department 表上加写锁
mysql> LOCK TABLE department write;
Query OK,0 rows affected (0.00 sec)</td></tr>
<tr><td>2</td><td>可以对 department 表进行查询和写操作
mysql> SELECT * FROM department;
+-------------+-----------+
|Dept_name | Dept_id |
+-------------+-----------+
|计算机 | 1 |
|会计 | 2 |
+-------------+-----------+
2 rows in set (0.00 sec)
mysql> INSERT INTO department (Dept_name,Dept_id) VALUES('电子',3);
Query OK,1 row affected (0.00 sec)</td></tr>
<tr><td>3</td><td>等待 Session2 的步骤 2 完毕后,释放写锁
mysql> UNLOCK TABLES;
Query OK,0 rows affected (0.00 sec)</td></tr>
</table>

表 9-25 Session2 读取数据表并查询验证步骤

<table>
<tr><th>步骤</th><th>Session2</th></tr>
<tr><td>1</td><td>等待 Session1 的步骤 1 完毕</td></tr>
<tr><td>2</td><td>等待 Session1 的步骤 2 完毕后,查询 department 表,因为被加了写锁,等待执行查询
mysql> SELECT * FROM department;</td></tr>
<tr><td>3</td><td>等待 Session1 的步骤 3 完毕后,立即执行等待的查询语句
+-------------+-----------+
|Dept_name | Dept_id |
+-------------+-----------+
|计算机 | 1 |
|会计 | 2 |
|电子 | 3 |
+-------------+-----------+
3 rows in set (32.01 sec)</td></tr>
</table>

【程序说明】

这个任务分成了两个部分,分别是读锁和写锁。

在读锁中(表 9-22 和表 9-23)可以看到,在步骤 1 中,Session1 在 department 表上加了读锁。在步骤 2 中,Session1 可以查询该表,Session2 也可以查询该表。在步骤 3 中,Session1 只能访问已经加了锁的表,所以当它访问未加锁的 teacher 表时出现系统报错,而 Session2 却可以访问和修改未加锁的 teacher 表。在步骤 4 中,Session1 同样不能对加了读锁的 department 表进行写操作,而 Session2 在对 department 表进行写操作时,由于读锁的存在,需要等待读锁的释放。在步骤 5 中,Session1 释放读锁,Session2 等待的写操作会立即执行。

在写锁中(表 9-24 和表 9-25)可以看到,在步骤 1 中,Session1 对 department 表加了写锁,在步骤 2 中,Session1 可以对 department 表进行查询和写操作,而 Session2 对 department 表的查询操作被等待。在步骤 3 中,Session1 释放写锁,Session2 等待中的查询语句立刻执行。

子任务 3.4 使用 InnoDB 表的行级锁

【任务需求】

创建 department 表,采用 InnoDB 存储引擎,验证 InnoDB 的表级锁、行级锁的使用(隔离级别使用 MySQL 默认值)。

【任务分析】

(1)创建两张 InnoDB 存储类型的表:department 表和 teacher 表。

首先创建 department 表,执行以下 SQL 语句:

```
mysql> CREATE TABLE department (
    -> Dept_name varchar(50),
    -> Dept_id int
    -> )ENGINE=InnoDB;
Query OK,0 rows affected (0.05 sec)
```

向 department 表插入两条记录:

```
mysql> INSERT INTO department (Dept_name,Dept_id) VALUES('计算机',1);
Query OK,1 row affected (0.00 sec)
mysql> INSERT INTO department (Dept_name,Dept_id) VALUES('电子',2);
Query OK,1 row affected (0.00 sec)
```

这里需要注意的是,表中的存储引擎一定要使用 ENGINE=InnoDB。验证表锁需要两个 Session,分别为 Session1 和 Session2,Session1 将在表中加上锁,Session2 将在表中进行操作验证。

(2)department 表不加索引,验证行级锁的操作变成表级锁。

(3)department 表添加索引,验证索引加锁、行锁使用相同索引和多索引锁定。

【任务实现】

(1)表级锁:操作步骤见表 9-26 和表 9-27。

表 9-26 Session1 操作验证表级锁

步骤	Session1
1	开启一个事务,并查询所有记录 mysql> START TRANSACTION; Query OK,0 rows affected (0.00 sec) mysql> SELECT * FROM department WHERE Dept_id=1; +-------------+-----------+ |Dept_name | Dept_id | +-------------+-----------+ |计算机 | 1 | +-------------+-----------+ 1 row in set (0.00 sec)

（续表）

<table>
<tr><th>步骤</th><th>Session1</th></tr>
<tr><td>2</td><td>等待 Session2 的步骤 1 完毕后，无索引可直接加锁
mysql> SELECT * FROM department WHERE Dept_id=1 FOR UPDATE;
+--------------+-----------+
| Dept_name | Dept_id |
+--------------+-----------+
| 计算机 | 1 |
+--------------+-----------+
1 row in set (0.00 sec)</td></tr>
</table>

表 9-27　　Session2 操作验证表级锁

<table>
<tr><th>步骤</th><th>Session2</th></tr>
<tr><td>1</td><td>等待 Session1 的步骤 1 完毕后，开启一个事务，并查询所有记录
mysql> START TRANSACTION;
Query OK,0 rows affected (0.00 sec)
mysql> SELECT * FROM department WHERE Dept_id=2;
+--------------+-----------+
| Dept_name | Dept_id |
+--------------+-----------+
| 电子 | 2 |
+--------------+-----------+
1 row in set (0.00 sec)</td></tr>
<tr><td>2</td><td>等待 Session1 的步骤 2 完毕</td></tr>
<tr><td>3</td><td>等待 Session1 的步骤 2 完毕后，发现不是同 Dept_id=1 的记录也无法加锁
mysql> SELECT * FROM department WHERE Dept_id=2 FOR UPDATE;</td></tr>
</table>

(2)添加索引后，验证行级锁

①行级锁

给 department 表中的 Dept_id 字段添加索引 Dept_id：

```
mysql> ALTER TABLE department ADD INDEX Dept_id(Dept_id);
Query OK,0 rows affected (0.06 sec)
Records: 0  Duplicates: 0  Warnings: 0
```

操作步骤见表 9-28 和表 9-29。

表 9-28　　Session1 操作验证行级锁

<table>
<tr><th>步骤</th><th>Session1</th></tr>
<tr><td>1</td><td>开启事务，并查询 Dept_id =1 的行数据
mysql> START TRANSACTION;
Query OK,0 rows affected (0.00 sec)
mysql> SELECT * FROM department WHERE Dept_id =1;
+--------------+-----------+
| Dept_name | Dept_id |
+--------------+-----------+
| 计算机 | 1 |
+--------------+-----------+
1 row in set (0.03 sec)</td></tr>
<tr><td>2</td><td>等待 Session2 的步骤 1 完毕后，给 Dept_id =1 加上排他锁，正常运行
mysql> SELECT * FROM department WHERE Dept_id =1 FOR UPDATE;
+--------------+-----------+
| Dept_name | Dept_id |
+--------------+-----------+
| 计算机 | 1 |
+--------------+-----------+
1 row in set (0.00 sec)</td></tr>
</table>

表 9-29 Session2 操作验证行级锁

<table>
<tr><th>步骤</th><th>Session2</th></tr>
<tr><td>1</td><td>等待 Session1 的步骤 1 完毕后，开启事务，并查询 Dept_id =2 的行数据
mysql> START TRANSACTION;
Query OK,0 rows affected (0.00 sec)
mysql> SELECT * FROM department WHERE Dept_id =2;
+-------------+-----------+
|Dept_name | Dept_id |
+-------------+-----------+
|电子 | 2 |
+-------------+-----------+
1 row in set (0.00 sec)</td></tr>
<tr><td>2</td><td>等待 Session1 的步骤 2 完毕后，给 Dept_id =1 加上排他锁，正常运行
mysql> SELECT * FROM department WHERE Dept_id =2 FOR UPDATE;
+-------------+-----------+
|Dept_name | Dept_id |
+-------------+-----------+
|电子 | 2 |
+-------------+-----------+
1 row in set (0.00 sec)</td></tr>
</table>

②使用相同索引键出现等待

在 department 表保留 Dept_id 字段索引，并插入一条新数据，查询所有记录：

```
mysql> INSERT INTO department (Dept_name,Dept_id) VALUES('计算机',2);
Query OK,1 row affected (0.01 sec)
mysql> SELECT * FROM department;
+-------------+-----------+
| Dept_name | Dept_id |
+-------------+-----------+
| 计算机 | 1 |
| 电子 | 2 |
| 计算机 | 2 |
+-------------+-----------+
```

操作步骤见表 9-30 和表 9-31。

表 9-30 Session1 操作验证排他锁

<table>
<tr><th>步骤</th><th>Session1</th></tr>
<tr><td>1</td><td>开启一个事务
mysql> START TRANSACTION;
Query OK,0 rows affected (0.00 sec)</td></tr>
<tr><td>2</td><td>等待 Session2 的步骤 1 完毕后，给 Dept_id =2 和 Dept_name='计算机'的索引加锁
mysql> SELECT * FROM department WHERE Dept_id =2 AND Dept_name='计算机' FOR UPDATE;
+-------------+-----------+
|Dept_name | Dept_id |
+-------------+-----------+
|计算机 | 2 |
+-------------+-----------+
1 row in set (0.00 sec)</td></tr>
<tr><td>3</td><td>等待 Session2 的步骤 3 完毕</td></tr>
</table>

(续表)

步骤	Session1
4	等待 Session2 的步骤 3 完毕后，提交事务 mysql> COMMIT; Query OK，0 rows affected (0.00 sec)

表 9-31　Session2 操作验证排他锁

步骤	Session2
1	等待 Session1 的步骤 1 完毕后，开启一个事务 mysql> START TRANSACTION; Query OK，0 rows affected (0.00 sec)
2	等待 Session1 的步骤 2 结束
3	等待 Session1 的步骤 2 完毕后，因为 Dept_id =2 被加排他锁，该语句等待锁的释放将持续等待 mysql> SELECT * FROM department WHERE Dept_id = 2 AND Dept_name ='电子' FOR UPDATE;
4	等待 Session1 的步骤 4 完毕后，加锁成功

③多索引锁定

做好准备工作，操作步骤见表 9-32。

表 9-32　多索引锁定预备工作步骤

步骤	说明	语句
1	给 Dept_name 字段加上索引，这样表上有两个索引 Dept_name、Dept_id	mysql> ALTER TABLE department ADD INDEX Dept_name(Dept_name); Query OK，0 rows affected (0.14 sec)
2	清空 department 表	DELETE * FROM department
3	插入数据	INSERT INTO department (Dept_name，Dept_id) VALUES('计算机',1); INSERT INTO department (Dept_name，Dept_id) VALUES('计算机',2); INSERT INTO department (Dept_name，Dept_id) VALUES('电子',3);
4	查看所有数据	mysql> SELECT * FROM department; +-----------+---------+ |Dept_name | Dept_id | +-----------+---------+ |计算机 | 1 | |计算机 | 2 | |电子 | 3 | +-----------+---------+ 3 rows in set (0.00 sec)

接下来进行验证工作，操作步骤见表 9-33 和表 9-34。

表 9-33　Session1 操作验证多索引排他锁步骤

步骤	Session1
1	开启一个事务 mysql> START TRANSACTION; Query OK，0 rows affected (0.00 sec)

（续表）

<table>
<tr><th>步骤</th><th>Session1</th></tr>
<tr><td>2</td><td>等待 Session2 的步骤 1 完毕后，给 Dept_name='计算机'加上排他锁，正常执行
mysql> SELECT * FROM department WHERE Dept_name='计算机' FOR UPDATE;
+-------------+-----------+
|Dept_name | Dept_id |
+-------------+-----------+
|计算机 | 1 |
|计算机 | 2 |
+-------------+-----------+
2 rows in set (0.00 sec)</td></tr>
<tr><td>3</td><td>等待 Session2 的步骤 3 完毕</td></tr>
<tr><td>4</td><td>等待 Session2 的步骤 4 完毕</td></tr>
<tr><td>5</td><td>等待 Session2 的步骤 4 完毕后，提交事务
mysql> COMMIT;
Query OK,0 rows affected (0.00 sec)</td></tr>
</table>

表 9-34 Session2 操作验证多索引排他锁步骤

<table>
<tr><th>步骤</th><th>Session2</th></tr>
<tr><td>1</td><td>等待 Session1 的步骤 1 完毕后，开启一个事务
mysql> START TRANSACTION;
Query OK,0 rows affected (0.00 sec)</td></tr>
<tr><td>2</td><td>等待 Session1 的步骤 2 完毕</td></tr>
<tr><td>3</td><td>等待 Session1 的步骤 2 完毕后，给 Dept_name='电子'加上排他锁正常执行
mysql> SELECT * FROM department WHERE Dept_name='电子' FOR UPDATE;
+-------------+-----------+
|Dept_name | Dept_id |
+-------------+-----------+
|电子 | 3 |
+-------------+-----------+
1 row in set (0.00 sec)</td></tr>
<tr><td>4</td><td>给 Dept_id=2 加上排他锁，被阻塞。因为该行记录已被 Dept_name='计算机'加上了排他锁
mysql> SELECT * FROM department WHERE Dept_id=2 FOR UPDATE;</td></tr>
<tr><td>5</td><td>等待 Session1 的步骤 5 完毕后，被阻塞的加锁语句立即执行，加锁成功
mysql> SELECT * FROM department WHERE Dept_id=2 FOR UPDATE;
+-------------+-----------+
|Dept_name | Dept_id |
+-------------+-----------+
|计算机 | 2 |
+-------------+-----------+
1 row in set (19.13 sec)</td></tr>
</table>

【程序说明】

1. 表级锁（表 9-26 和表 9-27）

在步骤 1 中，Session1 开启一个事务并查询所有记录，Session2 开启一个事务并查询所有记录。在步骤 2 中，因为 department 表没有索引，直接在 Dept_id=1 上加上排他锁。在步骤 3 中，发现不是 Dept_id=1 范围的记录也无法查看，因为 department 表被加了表级锁。

2. 行级锁(表 9-28 和表 9-29)

先将 Dept_id 字段加上索引。在步骤 1 中,Session1 和 Session2 都开启一个事务,查询出所有记录。在步骤 2 中,Session1 给 Dept_id =1 加上排他锁,Session2 给 Dept_id =2 加上排他锁,所有操作正常执行,这就是行级锁的添加方法。

3. 行级锁使用相同索引(表 9-30 和表 9-31)

在步骤 1 中,Session1 和 Session2 都开启一个事务。在步骤 2 中,Session1 给 Dept_id =2 和 Dept_name='计算机'的索引加上排他锁。在步骤 3 中,Session2 给 Dept_id =2 和 Dept_name='电子'加上排他锁,因为 Dept_id =2 已经被 Session1 加上排他锁排他锁,所以等待 Session1 的锁释放才能执行。在步骤 4 中,Session1 提交事务,排他锁释放,Session2 获得锁。

4. 多索引锁定(表 9-32、表 9-33 和表 9-34)

在步骤 1 中,Session1 和 Session2 都开启一个事务。在步骤 2 中,Session1 给 Dept_name='计算机'加上排他锁,正常执行。在步骤 3 中,Session2 给 Dept_name='电子'加上排他锁,因为结果集和 Dept_name='计算机'没有交集,所以正常执行。在步骤 4 中,Session2 给 Dept_id='2'加上排他锁,由于结果集的 Dept_name='计算机'已经被 Session1 加了排他锁,所以等待 Session1 的锁释放。在步骤 5 中,Session1 提交事务,锁释放,Session2 获得锁。

思政小贴士

2001 年 12 月 20 日中国颁布了《计算机软件保护条例》(2013 年修订),对软件实施著作权法律保护,保护软件开发者的合理权益,鼓励软件、数据库系统的开发与流通,广泛持久地推动计算机的应用。

子任务 3.5　了解间隙锁避免幻读现象

【任务需求】

基于任务 3.4 中的 department 表,使用间隙锁防止幻读(隔离级别使用 MySQL 默认值)。

【任务分析】

在预备知识中已经介绍,在 InnoDB 存储引擎中,当事务请求锁时,InnoDB 会给符合条件的已有数据的索引项上加锁,但是也会在符合查询条件的范围内,将不存在的记录加锁,这些不存在的记录,就称之为"间隙",也叫 GAP。因为这个"间隙"被加了锁,所以这个机制叫作"间隙锁"。例如,department 表中有 10 条 Dept_id 的数据,其值为 1,2,3,……,10,查询语句 SELECT * FROM department WHERE id > 10 FOR UPDATE 执行时,InnoDB 不仅仅在这 10 条记录上加锁,也在 11,12,13,……这样"不存在"的间隙上加锁。如果有其他事务操作此时向 department 表中插入新的 id,那么插入操作会被阻塞。

实现这个任务依然需要两个 Session 用于验证间隙锁的功能。

(1)首先 department 表保持 MySQL 数据库的默认隔离机制,即可重复读。

(2)插入三条记录:

```
INSERT INTO department (Dept_name,Dept_id) VALUES('计算机',1);
INSERT INTO department (Dept_name,Dept_id) VALUES('计算机',2);
INSERT INTO department (Dept_name,Dept_id) VALUES('电子',3);
```

(3)若 department 表 Dept_id 字段如果没有索引,就在 Dept_id 字段添加索引 Dept_id:

```
ALTER TABLE department ADD INDEX Dept_id(Dept_id)
```

【任务实现】

操作步骤见表 9-35 和表 9-36。

表 9-35 Session1 操作验证间隙锁步骤

<table>
<tr><th>步骤</th><th>Session1</th></tr>
<tr><td>1</td><td>确定隔离级别是默认的可重复读
mysql> SELECT @@tx_isolation;
+-----------------------------+
|@@tx_isolation |
+-----------------------------+
|REPEATABLE-READ |
+-----------------------------+
1 row in set (0.00 sec)</td></tr>
<tr><td>2</td><td>等待 Session2 的步骤 1 完毕后，查看所有记录
mysql> SELECT * FROM department;
+-------------+-----------+
|Dept_name | Dept_id |
+-------------+-----------+
|计算机 | 1 |
|计算机 | 2 |
|电子 | 3 |
+-------------+-----------+
3 rows in set (0.00 sec)</td></tr>
<tr><td>3</td><td>等待 Session2 的步骤 2 完毕后，执行下列语句
mysql> START TRANSACTION;
Query OK,0 rows affected (0.00 sec)
mysql> SELECT * FROM department WHERE Dept_id > 2 FOR UPDATE;
+-------------+-----------+
|Dept_name | Dept_id |
+-------------+-----------+
|电子 | 3 |
+-------------+-----------+
1 row in set (0.01 sec)</td></tr>
<tr><td>4</td><td>等待 Session2 的步骤 4 完毕</td></tr>
<tr><td>5</td><td>等待 Session2 的步骤 4 完毕后，提交事务
mysql> COMMIT;
Query OK,0 rows affected (0.00 sec)</td></tr>
</table>

表 9-36 Session2 操作验证间隙锁步骤

<table>
<tr><th>步骤</th><th>Session2</th></tr>
<tr><td>1</td><td>等待 Session1 的步骤 1 完毕后，确定隔离级别是默认的可重复读
mysql> SELECT @@tx_isolation;
+-----------------------------+
|@@tx_isolation |
+-----------------------------+
|REPEATABLE-READ |
+-----------------------------+
1 row in set (0.00 sec)</td></tr>
<tr><td>2</td><td>等待 Session1 的步骤 2 完毕后，查看所有记录
mysql> SELECT * FROM department;
+-------------+-----------+
|Dept_name | Dept_id |
+-------------+-----------+
|计算机 | 1 |
|计算机 | 2 |
|电子 | 3 |
+-------------+-----------+</td></tr>
<tr><td>3</td><td>等待 Session1 的步骤 3 完毕</td></tr>
</table>

(续表)

<table>
<tr><th>步骤</th><th>Session2</th></tr>
<tr><td>4</td><td>等待 Session1 的步骤 3 完毕后,运行插入语句,结果处于等待状态
mysql> START TRANSACTION;
Query OK,0 rows affected (0.00 sec)
mysql> INSERT INTO department (Dept_name,Dept_id) VALUES('会计',4);</td></tr>
<tr><td>5</td><td>等待 Session1 的步骤 5 完毕后,等待的插入语句立即执行
Query OK,1 row affected (5.23 sec)
mysql> SELECT * FROM department;
+------------+-----------+
|Dept_name | Dept_id |
+------------+-----------+
|计算机 | 1 |
|计算机 | 2 |
|电子 | 3 |
|会计 | 4 |
+------------+-----------+
4 rows in set (0.00 sec)</td></tr>
</table>

【程序说明】

步骤 1 和步骤 2 确定了隔离级别是 MySQL 默认的“可重复读”,并且查看了表中的初始记录。在步骤 3 中,Session1 启动一个事务,并在索引 Dept_id > 2 上加了排他锁。在步骤 4 中,Session2 启动一个事务,向 department 表中插入一条 Dept_id=4 的记录,由于索引字段 Dept_id > 2 上加了排他锁,所以该插入操作必须等待 Session1 释放锁才能继续执行。在步骤 5 中,Session1 提交事务释放锁,Session2 立刻执行等待的插入语句,并查看结果显示插入成功。

【拓展任务】

Session1 使用 SELECT * FROM department WHERE Dept_id = 4 FOR UPDATE 加锁,Session2 仍然执行语句 INSERT INTO department (Dept_name,Dept_id) VALUES('会计',4),看看有什么效果?

子任务 3.6 了解死锁与锁等待

【任务需求】

基于任务 1.1 的 admin 表和任务 3.4 的 department 表,验证行级锁的死锁场景,并提供死锁的一般解决办法(确保 admin 表和 department 表是 InnoDB 存储引擎,如果不是,则参照任务 1.1 和任务 3.4 创建;在 admin 表的 id 字段上加上索引,并在 department 表的 Dept_id 字段上加上索引;隔离级别使用 MySQL 数据库的默认值)。

【任务分析】

实现这个任务依然需要两个 Session 用于验证死锁。行级锁的死锁可以通过两张表的相互加行级锁实现。

首先向表中插入数据,保证 admin 表和 department 表不为空:

```
INSERT INTO admin (id,name) VALUES(1,'张三');
INSERT INTO admin (id,name) VALUES(2,'李四');
INSERT INTO department (Dept_name,Dept_id) VALUES('计算机',1);
INSERT INTO department (Dept_name,Dept_id) VALUES('会计',2);
```

【任务实现】

操作步骤见表 9-37 和表 9-38。

表 9-37 Session1 操作验证死锁步骤

步骤	Session1
1	开启一个事务 mysql> START TRANSACTION;
2	等待 Session2 的步骤 1 完毕后，在 admin 表的 id=1 上加行锁 mysql> SELECT * FROM admin WHERE id=1 FOR UPDATE; +------+--------+ | id | name | +------+--------+ | 1 | 张三 | +------+--------+ 1 row in set (0.00 sec)
3	等待 Session2 的步骤 2 完毕后，在 department 表的 Dept_id =1 上加行锁，与 Session2 加的行锁冲突，所以等待 mysql> SELECT * FROM department WHERE Dept_id =1 FOR UPDATE;
4	获得锁

表 9-38 Session2 操作验证死锁步骤

步骤	Session2
1	等待 Session1 的步骤 1 完毕后，开启一个事务 mysql> START TRANSACTION;
2	等待 Session1 的步骤 2 完毕后，在 department 表的 Dept_id =1 上加行锁 mysql> SELECT * FROM department WHERE Dept_id =1 FOR UPDATE; +-------------+-----------+ |Dept_name | Dept_id | +-------------+-----------+ |计算机 | 1 | +-------------+-----------+ 1 row in set (0.00 sec)
3	等待 Session1 的步骤 3 完毕
4	等待 Session1 的步骤 3 完毕后，在 admin 表的 id=1 上加行锁，与 Session1 加的锁冲突，所以等待。系统自动判断出现死锁，发出异常警告 mysql> SELECT * FROM admin WHERE id=1 FOR UPDATE; ERROR 1213 (40001): Deadlock found when trying to get lock; try restarting transaction

【程序说明】

在步骤 1 中，Session1 和 Session2 都开启了事务。

在步骤 2 中，Session1 对 admin 表加了行锁，Session2 对 department 表加了行锁，都执行成功。

在步骤 3 中，Session1 对 department 表加行锁，由于 Session2 对该表已经加了锁，所以加锁的处于阻塞状态。

在步骤 4 中，Session2 对 admin 表加行锁，终于出现死锁。

由于 Session1 锁住 admin 表，等待 Session2 释放 department 表的锁，否则事务无法进行；另一方面，Session2 锁住 department 表，等待 Session1 释放 admin 表的锁，否则事务也无法进行。

Session1 由于得不到 department 表的锁,事务无法进行提交,就无法释放 admin 表的锁;同理 Session2 由于得不到 admin 表的锁,事务无法进行提交,也就无法释放 department 表的锁,最终陷入僵局。

InnoDB 引擎在发生死锁后能自动检测到,让一个事务释放锁并回退,另一个事务则获得锁,从而推进事务的进展,在上例中,InnoDB 引擎在 Session2 中报出死锁异常警告后,就让 Session2 退出了锁,从而使 Session1 获得了锁,僵局也随之解开。

在涉及外部锁或表锁的情况下,InnoDB 引擎并不能完全自动检测到死锁,需要对锁的超时参数 innodb_lock_wait_timeout 进行设置来解决。例如,事务 A 占据行级锁,事务 B 一直等待事务 A 提交,如果事务 A 一直不提交,锁等待超过一定的时间,会出现以下的错误异常:

```
ERROR 1205 (HY000): Lock wait timeout exceeded; try restarting transaction
```

因此,如果出现锁等待时间过长的问题,需要对 innodb_lock_wait_timeout 参数进行设置;更重要的是,需要找出事务 A 迟迟不提交的真正原因。

本项目小结

本项目主要从数据库的事务机制出发,介绍了事务的基本概念和 MySQL 数据库的自动提交功能,以及事务的提交与回滚功能。

其次介绍了事务的 ACID 特性,即原子性、一致性、隔离性和持久性,并对事务的四个隔离级别:读未提交(Read uncommitted)、读提交(Read committed)、可重复读取(Repeatable read)、串行化(Serializable)以及如何设置这四个隔离级别做了详细的介绍。

最后介绍了 MySQL 数据库的锁机制,以及如何使用 MyISAM 表的表级锁,介绍了如何使用 InnoDB 表的行级锁。对使用间隙锁解决幻读现象以及死锁问题也做了详细阐述。

同步练习与实训

一、选择题

1. 事务的原子性是指(　　)。

A. 事务中包括的所有操作要么都做,要么都不做

B. 事务一旦提交,对数据库的改变是永久的

C. 一个事务内部的操作及使用的数据对并发的其他事务是隔离的

D. 事务必须是使数据库从一个一致性状态变到另一个一致性状态

2. 事务的一致性是指(　　)。

A. 事务中包括的所有操作要么都做,要么都不做

B. 事务一旦提交,对数据的改变是永久的

C. 一个事务内部的操作及使用的数据对并发的其他事务是隔离的

D. 事务必须是使数据库从一个一致性状态变到另一个一致性状态

3. 若事务 T 对数据 R 已经加 X 锁,则其他事务对数据 R(　　)。

A. 可以加 S 锁,不能加 X 锁　　B. 不能加 S 锁,可以加 X 锁

C. 可以加 S 锁,也可以加 X 锁　　D. 不能加任何锁

4. 关于“死锁”，下列说法中正确的是(　　)。

A. 死锁是操作系统中的问题，数据库操作中不存在

B. 在数据库操作中防止死锁的方法是禁止两个用户同时操作数据库

C. 当两个用户竞争相同资源时不会发生死锁

D. 只有出现并发操作时，才有可能出现死锁

5. 对并发操作若不加以控制，可能会带来(　　)问题。

A. 不安全　　B. 死锁　　C. 死机　　D. 不一致

6. 并发操作会带来哪些数据不一致性？(　　)

A. 丢失修改、不可重复读、脏读、死锁　　B. 不可重复读、脏读、死锁

C. 丢失修改、脏读、死锁　　D. 丢失修改、不可重复读、脏读

7. 如果事务 T 获得了数据 Q 上的排他锁，则 T 对 Q(　　)。

A. 只能读不能写　　B. 既可读又能写

C. 只能写不能读　　D. 不能读不能写

二、问答题

1. 在 MySQL 数据库中，事务有哪四个隔离级别，每个隔离级别的特点是什么？

2. InnoDB 存储引擎和 MyISAM 存储引擎有什么区别？

3. 什么是幻读？如何解决幻读现象？

4. 什么是死锁？死锁产生的原因是什么？

5. 生活中有哪些事件，可以分别用来为事务的四个特征举例？

参考文献

[1] 孔祥盛. MySQL 数据库基础与实例教程[M]. 北京:人民邮电出版社,2014.

[2] 卜耀华,石玉芳. MySQL 数据库应用与实践教程[M]. 北京:清华大学出版社,2017.

[3] 刘玉红,郭广新. MySQL 数据库应用案例课堂[M]. 北京:清华大学出版社,2016.

[4] 秦凤梅,丁允超,杨倩,等. MySQL 网络数据库设计与开发[M]. 北京:电子工业出版社,2014.

[5] (美)罗素 · 戴尔. MySQL 与 MariaDB 学习指南[M]. 袁志鹏,译. 北京:人民邮电出版社,2016.

[6] 张工厂. MySQL 5.7 从入门到精通(视频教学版)[M]. 北京:清华大学出版社,2019.

[7] 郑阿奇. MySQL 实用教程[M]. 3 版. 北京:电子工业出版社,2018.

[8] 明日科技. MySQL 从入门到精通[M]. 北京:清华大学出版社,2017.